教育部 重庆市高等院校特色专业建设重点规划项目·教育学（学前教育系列）
主编 朱德全　副主编 王牧华 唐智松 李 静 张家琼
"0—6岁儿童发展与教育协同创新网络平台"（项目号：2017XJPT03）科研成果

学前儿童心理发展概论

XUEQIAN ERTONG XINLI FAZHAN GAILUN

主　编　张家琼　蒋宗珍
副主编　羊晓莹　姜利琼

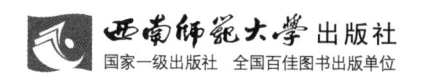

西南师范大学出版社
国家一级出版社　全国百佳图书出版单位

图书在版编目(CIP)数据

学前儿童心理发展概论 / 张家琼，蒋宗珍主编. —重庆：西南师范大学出版社，2017.7
ISBN 978-7-5621-8808-7

Ⅰ.①学… Ⅱ.①张…②蒋… Ⅲ.①学前儿童-儿童心理学-概论 Ⅳ.①B844.12

中国版本图书馆 CIP 数据核字(2017)第 156108 号

学前儿童心理发展概论

主　编：张家琼　蒋宗珍
副主编：羊晓莹　姜利琼

责任编辑：	郑先俐
封面设计：	尚品视觉 周　娟　尹　恒
出版发行：	西南师范大学出版社
	地址：重庆市北碚区天生路 1 号
	邮编：400715　市场营销部电话：023-68868624
	网址：http://www.xscbs.com
经　销：	全国新华书店
印　刷：	重庆市正前方彩色印刷有限公司
幅面尺寸：	185mm×260mm
印　张：	21
字　数：	436 千字
版　次：	2018 年 6 月　第 1 版
印　次：	2020 年 9 月　第 2 次印刷
书　号：	ISBN 978-7-5621-8808-7
定　价：	54.00 元

前 言

随着社会经济水平的提高和计划生育政策的变动,社会大众越来越重视学前儿童的教育和培养,对幼儿教师的需求量日益增大,对师资水平的要求也逐渐提高。目前,全国的师范院校和综合性高校纷纷开设学前教育专业,力图培养具有扎实理论功底和较强实践能力的学生。学前儿童发展心理学是学前教育专业的一门重要专业课,主要研究0～6岁学龄前儿童心理发生发展的规律和学前儿童心理发展的基本理论。学前儿童发展心理学方面的知识不仅构成每一位学前教育工作者必需的教育素养,也是其专业成长的必备知识。

本教材注重学生的实践技能与理论水平的提升,突出实用性与操作性,按照国家幼儿教师教育课程标准的新理念和幼儿园教师资格证考试的要求编写。在充分借鉴国内外优秀学前教育研究成果和同类教材长处的基础上,由多位具有丰富学前儿童发展心理学教学经验的教师共同完成。与已有的同类教材相比,本教材具有以下几方面的特色。

第一,教学目标设定更清晰。在教材的编写过程中,借鉴吸取了部分优秀教材的精华,按照应用型人才培养目标的要求,紧密围绕学科知识内容,将学生必修的理论知识精讲、深讲;让学生掌握学前儿童心理发展的基本理论和知识,并能将其运用于幼儿的教育实践中,为幼儿教师观察能力与评价能力的发展打下坚实的基础。

第二,重视实用性和操作性。本教材注重学生实践技能与理论水平的提升,突出实用性与操作性。在编写过程中,每一种学前儿童的心理现象都对应了相关研究方法和测评方法,有利于提高学生的应用能力。

第三,增设课后作业栏目。传统教材的思考题比较多,而对关键知识点的检测很少,因此,学生课后复习难以把握章节学习的重点和难点。本教材中的课后习题部分,包括了名词解释、选择题、判断题、简答题等题型,针对性强,便于学生及时检测学习效果。

第四,趣味性和可读性强。本教材的每个章节都设置了"案例导读""问题聚焦""百度拾遗""经典实验""知识拓展"等栏目,增强了教材的趣味性和可读性。

本教材由重庆第二师范学院张家琼、蒋宗珍担任主编,羊晓莹、姜利琼担任副主编。全书共12章:第一章、第十一章由蒋宗珍教授撰写;第二章、第三章、第十二章由姜利琼副教授撰写;第四章、第五章、第六章由羊晓莹副教授撰写;第七章、第九章由李雪副教授撰写;第八章、第十章由王婧文讲师撰写。

  本书的出版得到了西南师范大学出版社的大力支持。在编写的过程中,我们参考了国内外有关的资料,在此对原作者表示衷心的感谢。由于条件和水平所限,书中的不足之处在所难免,恳请读者们不吝指正。

编　者

2017 年 4 月

目 录

第一章 学前儿童心理发展概述 ··· 001
 第一节 学前儿童心理发展研究的内容 ·· 003
 第二节 学前儿童发展心理学的研究方法 ··· 009
 第三节 学前儿童发展心理学的历史与研究进展 ···································· 014

第二章 学前儿童发展的心理基础 ·· 023
 第一节 行为主义的心理发展观 ·· 025
 第二节 精神分析的心理发展观 ·· 033
 第三节 皮亚杰的心理发展观 ··· 041
 第四节 维果茨基的心理发展观 ·· 045

第三章 学前儿童发展的生理基础 ·· 051
 第一节 学前儿童的身体发育 ··· 053
 第二节 学前儿童的大脑发育 ··· 062
 第三节 学前儿童的动作发展 ··· 067

第四章 学前儿童注意的发展 ·· 073
 第一节 学前儿童注意发展概述 ·· 075
 第二节 学前儿童注意的发生与发展 ·· 079
 第三节 学前儿童注意力的培养 ·· 082
 第四节 学前儿童注意力的研究方法 ·· 087
 第五节 学前儿童注意力的测量与评估 ··· 088

第五章 学前儿童感知觉的发展 ··· 091
 第一节 学前儿童感知觉发展概述 ··· 093

  第二节　学前儿童感觉的发展 ································· 095
  第三节　学前儿童知觉的发展 ································· 101
  第四节　学前儿童观察力的发展和培养 ·················· 107
  第五节　学前儿童感知觉发展的研究方法 ··············· 110
  第六节　学前儿童感知觉发展的测量与评估 ············ 113

第六章　学前儿童记忆的发展 ································· 119
  第一节　学前儿童记忆概述 ···································· 121
  第二节　学前儿童记忆的发生和发展 ······················ 124
  第三节　学前儿童记忆力的培养 ······························ 134
  第四节　学前儿童记忆力的研究 ······························ 136
  第五节　学前儿童记忆力的测量与评估 ··················· 139

第七章　学前儿童思维的发展 ································· 143
  第一节　思维的概念和基本问题 ······························ 145
  第二节　学前儿童思维发展的理论 ·························· 149
  第三节　学前儿童思维形式的发展 ·························· 152
  第四节　学前儿童思维的研究方法 ·························· 158
  第五节　学前儿童思维的测量与评估 ······················ 162

第八章　学前儿童想象的发展 ································· 171
  第一节　学前儿童想象概述 ···································· 173
  第二节　学前儿童想象发展的特点 ·························· 179
  第三节　学前儿童想象力的培养 ······························ 184
  第四节　学前儿童想象力的研究 ······························ 186
  第五节　学前儿童想象力的测量与评估 ··················· 188

第九章　学前儿童语言的发展 ································· 191
  第一节　学前儿童语言的发生与发展 ······················ 193

第二节　关于语言获得的理论 …………………………………………… 201
　　第三节　学前儿童语言发展的研究方法 ………………………………… 208
　　第四节　学前儿童语言发展的测量与评估 ……………………………… 211

第十章　学前儿童情绪的发展 …………………………………………… 221
　　第一节　学前儿童情绪情感概述 ………………………………………… 223
　　第二节　学前儿童情绪情感发展的特点 ………………………………… 230
　　第三节　学前儿童积极情绪情感的培养 ………………………………… 234
　　第四节　学前儿童情绪情感的研究 ……………………………………… 239
　　第五节　学前儿童情绪情感的测量与评估 ……………………………… 240

第十一章　学前儿童社会性的发展 ……………………………………… 243
　　第一节　学前儿童的社会性概述 ………………………………………… 245
　　第二节　学前儿童的亲子交往 …………………………………………… 248
　　第三节　学前儿童的同伴交往 …………………………………………… 256
　　第四节　学前儿童的社会性行为 ………………………………………… 263
　　第五节　学前儿童社会性行为的研究 …………………………………… 269
　　第六节　学前儿童社会性行为发展的测量与评估 ……………………… 272

第十二章　学前儿童个性的发展 ………………………………………… 277
　　第一节　个性的一般概述 ………………………………………………… 279
　　第二节　学前儿童气质的发展 …………………………………………… 287
　　第三节　学前儿童自我意识的发展 ……………………………………… 294
　　第四节　学前儿童个性的研究 …………………………………………… 299
　　第五节　学前儿童个性的测量与评估 …………………………………… 304

参考文献 …………………………………………………………………… 317
部分练习题参考答案 ……………………………………………………… 321

第一章 学前儿童心理发展概述

案例导读

【案例1】小华3岁左右时妈妈说,小华越来越好动、反抗、执拗,不再像以前那样听话了,一有机会便要采取独立的行动。比如,妈妈给他穿衣喂饭,他都很反抗,往往要求自己穿衣吃饭;爱说"不",妈妈不让他去摸的电源插座、开水壶等,他偏用手去摸,不知什么叫危险、什么叫"不行"。如果受到成人的预先限制或强行制止,就会表现出情绪烦躁或反抗。妈妈觉得小华变了,很担心以前的乖宝宝找不回来了。

【案例2】4岁的小明特别喜欢听古典音乐,他也很崇拜音乐家。有一天,他跟妈妈说:"今天,肖邦叔叔到我们幼儿园来了,还给我们弹钢琴呢!"妈妈听了吓了一跳,以为孩子在说谎。

问题聚焦

这两个案例说明儿童在成长的过程中会出现一些让我们困惑的心理发展问题,如果我们不了解这些现象,不分析背后的原因,就不能进行有针对性的教育。因此,我们需要学习学前儿童发展心理学的相关知识。

学习目标

1. 理解学前儿童发展心理学的相关概念。
2. 理解学前儿童发展心理学的研究内容与意义。
3. 了解学前儿童发展心理学的研究方法。
4. 了解学前儿童发展心理学的研究历史与进展。

第一节　学前儿童心理发展研究的内容

一、学前儿童发展心理学与心理学、发展心理学、儿童发展心理学的关系

(一)心理学的概念

心理学是研究心理现象的发生、发展及其规律的科学,是研究人自身的科学。心理学通常将心理现象划分为心理过程和个性心理。所谓心理过程,是指人在客观事物的作用下,在一定的时间内大脑反映客观现实的过程。心理过程包括认识过程、情感过程与意志过程三个方面。例如,人可以辨别物体的颜色、形状,分辨各种声音、气味、味道以及空间远近和时间长短等,这是由于感觉和知觉的作用。人可以记住和回忆经历过的事物,这是记忆的作用。人在日常生活中可以憧憬未来,在艺术活动中可以创造出新的形象,这和想象的作用有关。人还能发现事物之间的关系和联系,而且能够思索问题、解决问题,这是思维在起作用。感觉、知觉、记忆、想象和思维都是心理现象,心理学上把这些心理现象称为认识过程。看到亲人的愉悦、离开亲人的不舍、走进新学校的兴奋等,以及人的哭、笑、怒等状态,这些也是心理现象,心理学上将其称之为情绪和情感过程。人还常常为了改善自己、变革现实而自觉地树立某种目标,并努力克服各种困难去达到预定的目标;或者根据自己的认识和集体的要求而克制自己的愿望、改变自己的行为,这种心理现象,心理学上称为意志过程。

个性心理是人心理活动另一方面的内容。上述心理过程的三个方面,是每个正常人都有的心理活动,体现了人的心理活动共性的一面。但由于每个人的遗传素质不同,所处的生活环境、所受的教育不同,人的各种心理活动都带有主体自身的特点,形成了人的心理的个别差异,这就是个性心理。个性心理是指一个人的整体精神面貌,具体表现在人的个性倾向性、个性心理特征和自我意识三个方面。个性倾向性是指决定人对事物的态度和行为方式的动力系统,包括人的需要、动机、兴趣、理想、信念、世界观等。个性心理特征是指某个人身上经常表现出来的、比较稳定的心理学特点,主要包括人的能力、气质、性格。自我意识是个体对自己的态度和认识,是个性心理的调控结构,体现着一个人的成熟度,决定着个性心理的发展水平,它包括自我认识、自我评价、自我监督、自我控制等。个性心理的三个方面互相依存、互相制约、协调发展,构成一个有机的个性心理整体。

(二)发展心理学的概念

发展心理学又称年龄心理学,它的研究对象是人的个体从胎儿、出生、成熟直至衰老的生命过程中心理发生、发展的特点和规律,即它是研究人毕生心理发展特点和规律的科学。发展心理学又可分为儿童心理学、老年心理学等。发展心理学的研究对象主要是儿童心理的发展。研究儿童心理发展的各阶段也可以分别独立成为一些学科,如学前儿童心理学、小学生心理学等。

(三)儿童发展心理学的概念

心理学中所涉及的"儿童"这一概念,与日常生活中所说的"儿童"略有不同,其年龄跨度是0～18岁。在个体心理发展中,从出生到十七八岁这一年龄阶段在人的一生中具有特殊的意义,是人生长发育最旺盛、变化最快、可塑性最强的时期,也是人一生接受教育的最佳阶段,因而受到研究者较大的关注。个体发展心理学的主要研究成果都集中在这个时期,从而形成了独立的学科——儿童发展心理学,也正是由于这一缘故,儿童发展心理学成为个体发展心理学的核心部分。

(四)学前儿童的概念

目前,我国学前教育界和发展心理学界对"学前儿童"这一概念的认识不完全一致,存在广义和狭义之分。广义的学前期是指从出生到上小学之前(0～6、7岁)或从受精卵开始到上小学之前。狭义的学前期等同于幼儿期,是指从进入幼儿园到上小学之前(3～6、7岁)。本书所指的学前期,指的是广义的学前期,即正式进入小学学习阶段之前的时期。

1.婴儿期

有关婴儿期的年龄范围界定在不同的历史时期,从不同的角度出发会存在争议。第一种认为婴儿期是0～1岁,欧美的心理学界把出生至1岁的、不会说话的孩子称之为婴儿;第二种主张将婴儿期定义为0～2岁,由劳拉·E.贝克编著的、在世界儿童心理学界颇具影响的《发展心理学》(2004)一书中就是这样划分的;第三种主张将婴儿的思维、语言、情感和个性等纳入婴儿期的研究领域,因此婴儿期是0～3岁。目前,在美国影响较大的"0～3岁协会"就是该观点的证明。我国1995年出版的《心理学百科全书》也明确将婴儿期界定为"个体从出生到3岁以前的时期",这也是现在在儿童心理学研究和早期教育研究中被大家普遍接受的界定。本书将婴儿期界定为从出生到3岁。

2.幼儿期

我国有关儿童心理发展的教材和著作都将幼儿期界定为3～6、7岁,相当于幼儿园教育阶段,即狭义的学前期。这种分类依据了国际和国内医学界、教育界的分法。

综上所述,本书所指的学前儿童包括0~3岁的婴儿期儿童和3~6、7岁的幼儿期儿童。除此之外,学前儿童的心理发展要追溯到胎儿,因为条件反射、听觉等心理发展起始于胎儿,所以,婴儿期的心理发展研究也应包括对胎儿的研究。

(五)学前儿童发展心理学的概念

学前儿童发展心理学是发展心理学的重要组成部分,属于心理学的一个分支。学前儿童发展心理学是研究从胎儿到入学前儿童(0~6、7岁)的生理和心理机制的发生、发展特点和规律的一门科学。

(六)科学儿童心理学的诞生

科学儿童心理学产生于19世纪后半期,一般以1882年德国生理学家和实验心理学家普莱尔的《儿童心理》一书的出版为标志。

📖 **知识链接**

儿童心理学之父——普莱尔

普莱尔(W.T.Preyer,1841—1897),德国生理学家和实验心理学家。他对他的孩子从出生起直到3岁,每天做系统的观察,有时也进行实验,他把这些记录整理出来,写成了一部著作《儿童心理》,于1882年出版。这部著作的出版为科学儿童心理学奠定了最初的基石。

《儿童心理》共分三编:第一编讲感觉的发展(关于视觉、听觉、肤觉、嗅觉、味觉和机体觉的发展);第二编讲意志的发展(关于动作的发展);第三编讲智力的发展(关于语言的发展)。直到现在,这部古典的儿童心理学著作还具有一定的生命力和参考价值。普莱尔被视为"儿童心理学之父"的原因主要有以下几点。

第一,从时间上看,《儿童心理》一书出版于1882年,是第一部研究儿童心理发展的著作。

第二,从著作的目的和内容上看,普莱尔之前的学者都不是完全以儿童心理发展为研究的主要课题,而是像达尔文那样,研究儿童心理只是为进化论提供依据。《儿童心理》的目的就在于研究儿童自身的心理特点,对儿童的身体发育和心理发展进行专门的论述。

第三,从研究方法和手段上看,普莱尔对其孩子从出生直至3岁这段时间不仅每天都做系统的观察和记录,而且也进行诸如内省法之类的科学心理实验。

第四,从影响上看,《儿童心理》一出版就受到国际心理学界的高度重视和同行学者的青睐,各国心理学家先后把它译成十几种文字,向全世界推广,从此儿童心理学随之发展起来。可见,普莱尔的《儿童心理》对科学儿童心理学的发展有多么深远的影响。

二、学前儿童发展心理学的研究内容

学前儿童发展心理学的研究内容可以突出地以"三 W"来表示,即"What"(是什么),揭示或描述心理发展过程的共同特征与模式;"When"(什么时间),这些特征与模式发展变化的时间表;"Why"(什么原因),对这些发展变化的过程进行解释,分析发展变化的影响因素,揭示发展变化的内在机制。学前儿童发展心理学的研究内容具体可以概括为以下四个方面。

(一)学前儿童心理发展的年龄特征

学前儿童的心理和成人的心理有许多不同之处,从本质上说,其差别主要在心理的发展上。儿童的心理机能随着年龄的增长而发生积极的、有次序的变化。

年龄特征是指在每个年龄阶段中形成并表现出来的一般的、典型的、本质的心理特征。学前儿童心理发展的年龄特征主要针对学前儿童心理发展的年龄阶段,在一定的社会和教育条件下,从出生到入学前大致经历了胎儿期、婴儿期、婴幼儿期。这些年龄阶段的儿童具有各自普遍的、典型的本质特征,如思维水平的差异、语言发展的差异等。儿童心理发展的年龄特征只代表这一年龄阶段儿童心理发展的一般趋势和典型特点,而不是该年龄阶段中每个儿童都具有这些特点;儿童心理发展的年龄特征代表该年龄阶段儿童本质的心理特点,而不代表各具体儿童的个别差异。在儿童心理发展年龄特征的问题上,应正确处理一般性与个别性、典型性与多样性、本质特征与非本质特征的辩证关系。

(二)学前儿童心理的发生和发展规律

学前阶段是人生的早期阶段,各种心理活动都会在这个阶段发生。学前儿童的心理发展是非常迅速的,各种心理现象在从无到有中经历了从量变到质变的过程。

每个学前儿童心理发展的表现是不同的,其心理发展有早晚之别。但是,学前儿童心理发展的过程都是从简单到复杂、从具体到抽象、从被动到主动、从零乱到体系化的,其发展趋势和顺序大致相同。这种发展顺序和方向带有客观规律性,是不以人的意志为转移的。此外,遗传、环境和教育等也制约着儿童的心理发展,虽然这些因素所起的作用不可捉摸,但是有规律可循的。学前儿童心理发展过程本身的规律和制约儿童心理发展的各种客观规律,是学前儿童发展心理学的重要研究内容。

(三)学前儿童心理发展的个别差异

学前儿童的心理是各不相同、因人而异的,但个别差异的表现是有规律可循的。学前儿童发展心理学不仅要研究儿童心理发展的个别差异表现及其规律,更重要的是要研究这些差异是如何形成的。儿童心理发展的个别差异主要指不同个体在心理发展过程中表现出来的心理状况、速度、水平等方面的差别。虽然学前儿童在同一年龄段无论是在身体还是在心理方面都存在共同的发展趋势和规律，但对于不同儿童而言，其发展的速度、发展的优势领域和最终达到的水平等都可能是不同的。

(四)学前儿童心理发展的基本理论问题

学前儿童发展心理学还要探讨学前儿童心理发展的动因、影响因素以及各种因素如何相互作用等问题。学前儿童心理发展的影响因素是多方面的，关于遗传和环境问题的争论从没有停止过，存在遗传决定论、环境决定论和相互作用论等观点。

三、研究学前儿童发展心理学的意义

学前儿童发展心理学的研究，既有重大的理论价值，也有重要的实践意义。

(一)研究学前儿童发展心理学的理论意义

学前儿童发展心理学的研究成果可以为辩证唯物论、普通心理学等提供理论依据。

1.学前儿童发展心理学可以为辩证唯物主义的基本原理提供科学根据

学习学前儿童发展心理学可以帮助我们理解辩证唯物主义的基本原理，形成辩证唯物主义的科学世界观，提高同一切迷信思想和唯心主义偏见做斗争的能力。

2.学前儿童发展心理学有助于丰富和充实心理学的一般理论

学前儿童发展心理学的研究成果不仅有助于丰富和充实心理学的一般理论，还为学前教育学等学科提供理论依据。

(二)研究学前儿童发展心理学的实践意义

儿童心理学(包括学前儿童发展心理学)是一门实践性很强的学科，它的实践性表现在它和社会实践有密切的联系上。它来源于社会实践，又必须为社会实践服务。

1.社会实践的需要是儿童心理学产生的根源

研究证明，在原始社会早期，人类无所谓童年，儿童很小就和成人一起参加社会劳动，成人对儿童的教育以成人方式的说教为主，儿童被看成"小大人"。学前教育产生后，教育家在研究问题时，开始接触儿童心理问题。西方资产阶级革命引起儿童观的根本转变，"顺自然，展个性"的近代教育要求尊重儿童、了解儿童，根据儿童心理发展的规律和特征进行教育。由此，儿童心理的研究才开始受到重视。20世纪以来，科学技术飞速发展，国际之间的竞争突出地表现为人才的竞争，人才的培养质量直接关系到国家的前途和命运，早期教育越来越受到社会的重视。社会发展的需要为学前儿童心理的研究提供了更为广阔的发展前景。

2.学前儿童发展心理学必须为实践服务

一方面,学前儿童发展心理学必须为教育实践服务。从早期教育实践来看,学前儿童心理发展面临着许多新的课题,如儿童发展的潜力、儿童不同心理过程发展的最佳时期、儿童不同年龄阶段认知发展的特点与学前教育课程改革之间的关系等。无论是家长还是幼儿教育工作者,只有充分了解相关知识,才能引导儿童健康成长和发展。

另一方面,学前儿童发展心理学必须为婴幼儿相关的工作领域服务。不仅早期教育,一切与学前儿童有关的工作,如婴幼儿卫生保健、儿童文学艺术创作、儿童玩具和服装的设计等,都需要学前儿童发展心理学的帮助。学前儿童发展心理学只有为社会实践服务才有生命力。

学前儿童发展心理学是学前教育专业的一门重要的专业基础理论课。为了更好地学习和研究学前教育科学,必须掌握学前儿童心理的基础知识。学前教育如果离开了学前儿童发展心理学的理论基础,就只能成为经验之谈,因此,学前教育专业的同学必须认真学好学前儿童发展心理学。

第二节　学前儿童发展心理学的研究方法

科学研究成功与否,很大程度上取决于研究方法是否恰当。学前儿童发展心理学以马克思主义哲学为理论指导,实事求是地研究学前儿童心理发展事实,求得规律性知识。研究学前儿童的心理发展时,要特别注意贯彻以下几个原则。

第一,客观性原则。学前儿童的心理是在活动中表现,也在活动中发展的。研究婴幼儿在活动中所表现出的行为、语言、表情、动作等以及活动的成果,如所讲的故事、所做的泥塑、所画的图画等,可以客观地了解婴幼儿的心理。

第二,普遍联系原则。学前儿童心理的发展与许多因素密切相关,脑的成熟水平、所处的社会环境、受到的教育等都可以影响学前儿童心理的发展。在研究时必须联系这些因素进行考察,才能正确理解和说明学前儿童心理发展的过程。

第三,发展性原则。我们必须用发展的眼光来研究学前儿童心理,不仅要关注已经形成的心理特点,更要关注那些刚刚萌芽的新特点及发展趋势。

第四,教育性原则。研究学前儿童心理时,必须注意研究方法的教育性,绝不能违背教育方针的要求,损害婴幼儿身心的健康发展。凡是有害的材料内容或不恰当的研究方法,都可能引起儿童惊怕、紧张、疲劳等,都不应采用。

以上讨论了对学前儿童进行心理发展研究应贯彻的基本原则,学前儿童发展心理学的具体研究方法有哪些,各自有什么特点及注意事项,以下将详细阐述。

一、观察法

观察法是由研究者有计划、有目的地直接考察婴幼儿的行为表现,或者把婴幼儿在日常生活中发生的活动用录音机或摄像机记录下来,而后进行观察,从而分析得出心理发展的特点和规律的一种研究方法。例如,直接观察婴幼儿的游戏活动,研究它的特点以及对学前儿童心理发展的影响。

观察法一般是在婴幼儿的日常生活情境中进行的,儿童照常活动,丝毫不受干扰。观察法应用于学前儿童心理研究时有两种特殊形式:传记法和活动产品心理分析法。

(一)传记法

由父母或研究者全面观察儿童心理发展事实,将自然发生的心理现象,不论动作、言语、感知觉、思维、记忆还是性格、智力活动等都加以系统记录,进行分析研究,写成一个儿童的"传记"。这是儿童心理学发展过程中最早应用的方法。传记法可为儿童心理发展提供一些研究资料。

(二)活动产品心理分析法

研究者专门观察分析婴幼儿的活动产品,如绘画、泥塑、折纸、舞蹈、故事、儿歌,以及游戏中所搭的积木等,从这些产品中分析了解学前儿童心理发展的规律。

观察法的优点在于:儿童的心理现象在日常生活情境中表现出来,因而自然、真实。观察法的缺点在于:研究者只能等待心理现象自然发生后进行观察,不能主动进行有选择、有控制的研究。

运用观察法研究学前儿童心理时应注意以下几个问题:第一,观察前观察者要做好准备。明确规定观察目的,以便集中注意力于所要观察的活动。第二,观察时尽量使儿童保持自然状态。研究者要在不影响婴幼儿的地点进行观察,在使用录音机、摄像机等工具时更要注意,以免因为有人在场而影响了婴幼儿的心理活动。第三,观察记录要详细、准确、客观。观察时要详细记录婴幼儿的言语、动作等表现,要随时记录,不要靠事后追记,也不要只记结论,不记详细事实。第四,观察时不仅要注意婴幼儿所表现出的心理现象,而且要注意影响心理现象的各种因素,把这些因素记录下来,作为解释观察结果的参考。第五,观察应排除偶然性。由于学前儿童心理活动的不稳定性,其行为往往表现出偶然性,因此,对学前儿童的观察一般应在较长时间内反复进行。

二、实验法

实验法是一种有计划、有控制的研究方法。研究者根据一定的研究目的,事先拟订周密的计划,把与研究无关的因素控制起来,在一定的条件下引发被研究者的某种行为,从而研究一定条件与某种行为之间的因果关系。在心理学中,通常把实验的研究者称为主试,把被研究者称为被试。实验法是一种较严格的、客观的研究方法,在心理学中占有重要位置。实验法既可以在实验室里进行,也可以在被试原有的环境中进行。实验法分为自然实验法和实验室实验法。对学前儿童开展的研究更适合于在儿童熟悉的自然环境中进行。

(一)自然实验法

自然实验法既能在日常生活条件下自然进行,又能有计划地引起各种心理活动。自然实验法的优点是:儿童在实验过程中心理状态比较自然,而研究者又可以控制儿童心理产生的条件。自然实验法的缺点是:由于强调在自然活动条件下进行实验,难免出现各种不易控制的因素。它兼有观察法和实验室实验法的优点,并克服了它们的缺点,用来研究学前儿童心理发展较为适宜。

(二)实验室实验法

实验室实验法是在专门的实验室内,利用一定的仪器设备研究儿童心理发展的一种方法。例如,对婴儿颜色知觉的研究可以采用此方法。在研究中,研究者先让3个月和4个月的婴儿对波长为480nm的蓝色形成习惯化,然后再向他们呈现波长为450nm的蓝色或者波长为510nm的绿色。结果发现,虽然后两种刺激与原来习惯化的刺激在波长上都相差30nm,但婴儿对波长为450nm的蓝光没有表现出去习惯化,而对波长为510nm的绿色表现出了去习惯化。这表明,婴儿和成人一样,是按颜色的不同类别做出反应的。

运用实验室实验法研究学前儿童心理时,应该考虑到以下几点:第一,学前儿童心理实验室内的布置应尽量接近婴幼儿的日常生活环境;第二,针对婴幼儿的实验室实验可通过游戏等婴幼儿熟悉的活动进行;第三,实验开始前应有较多的准备时间,使婴幼儿被试熟悉环境和主试;第四,实验指导语应用简明的语言和肯定的语气;第五,实验进行过程应考虑到婴幼儿的心理状态和情绪背景;第六,实验记录应考虑到婴幼儿表达能力的特点。

实验法的优点在于:第一,研究时可以主动创造条件使心理现象发生,不像观察法那样等待心理现象的自然发生,如可以随机取样和随机安排,保证样本的代表性及不同被试组间的可比性;第二,可以控制条件,有意识地引起心理现象的变化,排除无关因素的干扰,获得精确的结论;第三,在实验室研究中,还可以大量使用专门仪器来呈现刺激和记录实验结果,其结果记录客观、准确,便于进行定量分析,提高了研究的科学性。

三、调查访问法

研究学前儿童心理时,除直接观察婴幼儿的心理现象外,也可以采用调查访问法,向了解婴幼儿的父母、教师等提出问题、收集资料,而后进行分析,得出结论。调查访问可采用多种方式。

(一)个别访问

对父母、教师等逐个进行访问,以获取资料。

(二)集体座谈

请熟悉婴幼儿情况又有经验的人开座谈会,按照预先拟订好的座谈提纲提问,以获取有针对性的资料。

(三)填写问卷

研究者预先将一系列问题汇编成一份问卷,分别请熟悉婴幼儿的人按照实际情况回答填写,而后加以统计,得出结论。这种研究方式称为问卷法。

曾有研究者应用调查访问法研究婴幼儿的游戏,向父母和幼儿园教师提出了下列问题:最喜欢玩什么游戏?一个人玩还是几个人一起玩?有没有定规则?是否分角色?应用什么游戏材料?常在什么时候玩?一次玩多久?……父母和老师的回答有很多不一致之处,因此,采用调查访问法要注意以下几点:第一,调查访问的对象一定要选熟悉儿童的人;第二,提出的问题要十分明确,使被调查者回答时不致误解;第三,研究者要说明调查访问的目的与意义,取得被调查者的真诚合作,使其能提供可靠的答案;第四,研究者对调查中得到的不同意见要做区分、选择或进一步的调查验证。

四、谈话法

谈话法就是对婴幼儿提出预先准备好的问题,要求婴幼儿自己来回答。研究者除用笔记录或用录音机记录答话内容外,还要观察记录婴幼儿的谈话态度、表情变化、表达能力等,通过这些客观表现研究学前儿童心理发展规律。例如,研究者研究婴幼儿社会性的发展,向婴幼儿提出:家里你最喜欢的人是谁?最不喜欢的人是谁?为什么?幼儿园中你最喜欢的小朋友是谁?最不喜欢的小朋友是谁?为什么?……从婴幼儿的答话中了解他们和家庭成员以及同龄伙伴的关系,并探索婴幼儿期形成不同人际关系的原因。

进行谈话时要注意:第一,事先要和婴幼儿建立亲密的关系,谈话时态度要亲切、和蔼,使婴幼儿能在愉快、信任的气氛中谈话,而且乐于回答问题;第二,提出的问题要明确,能为婴幼儿完全理解;第三,问题不能太多,以免婴幼儿疲劳、厌倦;第四,婴幼儿回答时,要把答话按照原词和原来的语气记下,答话和观察结果都要及时记录,不要事后凭记忆补记。

五、测验法

测验法是根据一定的测验项目和量表来了解儿童心理发展水平和规律的方法。测验主要用于查明儿童心理发展的个别差异,也可用于了解不同年龄儿童心理发展的差异。心理测验是一种"标准化"的刺激,按照严格规定的程序让儿童做出反应,而后和"标准化"的"常模"做比较,从而确定受试儿童心理发展的水平或特点,进而揭示心理发展规律。

心理测验种类很多,包括测量智力水平的智力测验,测量兴趣、性格等个性心理特征的个性测验等。国际上已有一些较好的婴幼儿发展测验量表,如格塞尔成熟量表(1938)、贝利婴儿发展量表(1969)、韦克斯勒学前和小学儿童智力量表(1967)等。我国早在1924年已有陆志韦修订的中国比奈西蒙智力测验,1936年进行了第二次修订,1982年吴天敏做了第三次修订,该修订本名为"中国比奈测验"。近年来,各地还有一些对其他量表的修订。另外,我国还编制和修订了一些标准化的心理测验材料。

测验法的进行必须选用标准化的测验材料,并且要按照规定的手续实施测验和评定结果。对学前儿童的测验应注意以下几点:第一,对学前儿童的测验宜用个别测验,不宜用团体测验;第二,测验人员必须经过专门训练;第三,切不可仅以任何一次测验的结果作为判断某个儿童发展水平的依据。

测验法的优点是:比较简便,在较短时间内能够粗略了解儿童的发展状况。测验法的不足在于:灵活性差,对施测者的要求较高,结果难以进行定性分析,儿童测试的成绩可能受练习、测试经验的影响。另外,测验法无法反映儿童思考的过程和方式,测验题目很难同时适用于不同生活背景中的各种儿童。因此,测验法应与其他方法配合使用。

综上所述,研究学前儿童心理的方法是多种多样的,运用各种方法时都必须以正确的思想为指导,根据研究目的和课题的不同采用不同的方法。由于各种方法都有优缺点,研究时也可以综合运用,一项研究用两种或更多的方法,使所得结果互相补充和印证,才能正确认识学前儿童心理发展的规律。

随着现代科学技术和社会的迅速发展,学前儿童发展心理学的研究方法有许多新的特点,主要表现为研究思路的生态化,研究方式的跨学科、跨文化、跨领域,研究手段的综合化和多元化,研究技术的计算机化。

第三节　学前儿童发展心理学的历史与研究进展

一、西方学前儿童心理发展的早期研究

学前儿童发展心理学的历史是儿童心理学发展史的组成部分。在西方封建社会以前,儿童的地位是不受重视的,由于生产力发展水平低下,儿童从小就随成人一起劳动,仅仅作为附属价值、工具性价值而被动地依附于成人,儿童应有的内在价值被忽视。受14~16世纪文艺复兴人文主义进步思想的影响,一些思想家、教育家提出尊重儿童、了解儿童的新教育思想,为儿童心理的研究奠定了最初的思想基础。

1693年,英国资产阶级哲学家、思想家和教育家约翰·洛克出版了《教育漫话》一书,从反对天赋观念出发提出了"白板说",认为儿童心理发展的原因在于后天、在于教育。该书对教育力量的深刻信念、对父母的教育责任和早期教育的重视以及对一些具体教育工作的见解,至今对人们还很有启发。

18世纪,法国杰出的启蒙思想家、哲学家、教育家、文学家让-雅克·卢梭在他的教育名著《爱弥儿》中提出了"自然教育论",主张教育的目的在于培养自然人,反对封建教育戕害、轻视儿童,要求提高儿童在教育中的地位;主张改革教育内容和方法,顺应儿童的本性,让他们的身心自由发展,反对成人不顾儿童的特点,按照传统与偏见强制儿童接受违反自然的所谓的教育,干涉或限制儿童的自由发展。

19世纪,英国生物学家、博物学家查尔斯·罗伯特·达尔文,在其进化论思想的推动下,研究了个体心理的发生与发展。他根据长期观察自己孩子的心理发展记录,于1876年写成并发表了《一个婴儿的传略》,这是儿童心理学早期专题研究的成果之一,对推动儿童心理的传记法研究有重要影响,并为儿童心理学的产生做好了直接准备。

19世纪后半期,德国生理学家和实验心理学家普莱尔为儿童心理学的发展做出了杰出贡献,从而成为科学儿童心理学的奠基人。普莱尔对其孩子从出生起直到3岁,不仅每天做系统的观察,而且也进行心理实验,即科学心理学的实验研究。普莱尔把他所有的观察、实验记录整理出来,撰写了《儿童心理》一书。1882年,《儿童心理》一书的出版标志着科学儿童心理学的诞生。在《儿童心理》一书中,普莱尔肯定了儿童心理研究的可能性,并系统地研究了儿童的心理发展;他比较正确地阐述了遗传、环境与教育在儿童心理发展中的作用,并旗帜鲜明地反对当时盛行的"白板说";他运用系

统观察和传记的方法开展了比较研究,对比了儿童与动物的异同点,对比了儿童智力与成人特别是有缺陷的成人智力的异同点,为比较心理学乃至发展心理学做出了不可磨灭的贡献。该书被公认为是一部科学的、系统的儿童心理学专著。

美国心理学家、教育家,美国第一位心理学哲学博士斯坦利·霍尔,主要采用问卷法对儿童心理进行研究,掀起了儿童研究运动,并创办了《教育研究》(后改名为《发生心理学》)等刊物,刊登心理学研究的报告和论文。他提倡用复演论(Recapitulation Theory)解释人类身心发展,认为个体心理的发展反映着人类发展的历史,胎儿在母体内的发展复演了动物进化的过程,儿童时期的心理发展则复演了人类进化的过程。这一学说虽引起了很大的争议,但对推动美国儿童心理学的发展有重要意义。

二、西方学前儿童心理发展研究的发展

20世纪初到60年代中期,儿童心理学研究经历了一个快速发展的时期,众多学者投身到儿童心理学的研究浪潮中来,围绕儿童心理发展问题进行了多方面的理论和实验研究。研究围绕着三个基本问题展开:一是遗传和环境对儿童发展有什么影响;二是儿童发展是主动的还是被动的;三是儿童发展是连续的还是分阶段的。儿童发展心理学家们各自用一套理论体系对这些基本问题加以解释和预测,从而形成了不同的理论派别,如精神分析理论、行为主义理论、自然成熟理论、认知发展理论等。

三、西方学前儿童心理发展研究的新进展

在西方,新行为主义者斯金纳、新精神分析的代表埃里克森都提出了各自新的儿童心理学观点和研究成果,一些儿童心理学家还将认知理论和信息加工理论结合起来,使得现代儿童心理学的研究呈现出百家争鸣之景象。近年来,西方学前儿童发展心理学研究的新趋向主要体现在以下几个方面。

(一)儿童早期心理发展研究备受重视

社会的进步、科学技术的发展及人们教育观念的变化,推动了儿童早期心理研究的发展,在胎儿发育及优生优育、新生儿与乳婴儿的认知能力、早期教育、儿童发展的关键期等方面取得了一系列的新成果。

1.关于乳婴儿认知能力的研究

长期以来,关于乳婴儿认知能力的研究,由于方法和技术上的困难,一直处于落后状态。20世纪60年代以后,美国心理学家范兹、吉布森等人的创造性工作,使得这方面的研究获得了一些新的成果。近年来,美国的一些心理学家已采用一些新的方法和技术来研究乳婴儿认知能力的发展。

(1)注视时间

这是目前研究者采用较多的一种探索乳婴儿感知能力发展的方法,其中最常用的是偏视方法。这种方法的具体程序是将两种不同的刺激物同时呈现于乳婴儿面前,观察被试是否对其中之一注视的时间更长,如果是这样,则表明乳婴儿对该刺激的偏好。

(2)动作表现

动作在出生后的第一年就开始发展了。很多心理学家以动作作为另一项测查儿童早期感知能力发展的指标,如吉布森的"视崖"实验。

(3)物体辨别

美国的一些心理学家,如范兹等人,用"习惯化"和"去习惯化"的方法研究早期儿童辨别不同物体的能力。当实验者反复向乳婴儿呈现一定结构的图形或一定色调的颜色时,开始时刺激物的新颖性使得乳婴儿对它产生偏视,但是,当不断地呈现同一刺激时,乳婴儿就不再注视了,这就是出现了习惯化。这时呈现另一种不同的刺激,乳婴儿又积极注意了,这就是去习惯化。由习惯化到去习惯化的过程,证明了乳婴儿能够辨别两种不同的刺激。用这种方法可以研究乳婴儿的图形知觉、深度知觉及颜色知觉等感知能力,也可以研究乳婴儿的记忆力。

(4)心率及其他生理变化

研究者发现,当乳婴儿在睡眠中被突然叫醒或受惊时,心率就会加快;而在这时,若呈现新颖、有趣的刺激,心率就会减慢。心率的下降和平稳状态表明乳婴儿此时在积极感知某一刺激物。在这方面,研究者常使用的其他生理指标有脑电、皮肤电等。

以上所述的这些研究,只是表明一些新进展,但尚不成熟。

2. 早期智力、早期经验及教育问题的研究

美国心理学家布卢姆通过追踪研究,发现人的智力发展的50%是在4岁前完成的,30%是在4~8岁完成的,另20%则是在8~17岁完成的。由此可见,儿童在出生后的最初4年是智力发展的重要时期。20世纪70年代以后,西方心理学家对学前儿童心理发展更为重视,如美国一些心理学家对不同家庭背景的儿童进行追踪调查,在调查的基础上,他们建立教育发展中心,编印儿童发展的材料,采取多种形式向家长提供教育咨询等。心理学家们同时还开展了早期经验和早期教育问题的研究。

3. 儿童发展关键期问题的研究

"关键期"的概念最早是由奥地利生态学家洛伦兹提出的。近年来,有关关键期的研究工作仍在进行。例如,有人试图通过研究某一特定心理能力的变化来探讨特定的环境和经验在关键期中的作用。美国心理学家戈特利伯于1976年提出了知觉发展的三种模式,以此来描述在关键期经验对于儿童知觉的影响。1982年,阿斯林等人对这三种模式进行了进一步的补充,在结论中,更加突出了经验的作用。

(二)儿童社会性发展问题成为新的研究领域

儿童个性研究的重点明显转向儿童社会性发展方面。关于儿童社会性发展研究的课题,主要包括亲子关系、同伴关系、自我系统的发展、性别化、攻击性行为和亲社会行为的发展、道德的发展、社会认知的发展、学校、社区及其他文化环境对儿童社会化的作用等。下面就主要课题的研究情况做简要介绍。

1.亲子关系的研究

一般认为,亲子关系是一种双向作用关系,儿童在双亲的抚养下长大,同时,儿童的身心反应又影响着双亲的行为。亲子关系研究中的一个重要方面是母婴依恋关系。研究者首先对动物进行了观察和实验,进而又研究了人类乳婴儿,发现乳婴儿对母亲有一种天然的情感依恋。目前,对于依恋的研究涉及动物的依恋行为、人类依恋行为的生物学和社会学意义、依恋的起源及其发展变化、依恋产生及其消失的原因、早期依恋的后果、不同依恋类型的特点,以及母亲和乳婴儿在依恋关系中的作用等。亲子关系研究中的另一方面是探讨父亲对儿童发展的作用。有研究表明,父亲对于男女儿童的性别角色发展有着特别重要的作用,那些早年未与父亲有过接触的男女儿童,其性别的社会化往往是不完全的。

2.同伴关系的研究

同伴关系从20世纪30年代开始就受到了心理学家们的普遍关注,后来由于某种原因中断了,近年又研究了起来。同伴关系的主要研究课题包括不同年龄阶段同伴活动的特点及其发展,儿童友谊的发展,儿童群体的形成、结构、活动特点和功能,以及儿童同伴关系对个体社会化的作用等。关于同伴关系的研究还有许多新的领域,如同伴关系的情感基础等。

3.自我系统或自我意识发展的研究

这是儿童心理学的传统课题。近年来,在这方面的主要研究有自我系统的起源及各年龄阶段自我系统的发展特点、自尊心和自我控制的发展等。具体研究内容包括:自我认知,即儿童如何认识自己的面貌和身体;自我命名,即儿童如何理解和学会使用"我"之类的人称代词;儿童如何确认自我和他人以及如何发展理想的自我等。自尊心和控制点(个体将自己的行为归因于内部原因还是外部原因)发展的研究,相对来说是儿童个性领域中出现较晚的研究倾向,但近年来也有了很快的发展。

4.性别化的研究

在最近十多年中,性别化的概念有了很大的变化,男性化和女性化已不再被看作截然相对的两极,它们在某种意义上被赋予了能相容和相并列的综合性色彩。性别化的研究涉及个体的活动内容、兴趣、人格特点、社交行为、成就领域、职业倾向和家庭生活等方面。儿童性别化的研究重心也发生了变化,从过去强调动机的精神分析法转向强调认知的发展。在儿童性别化的研究中,还包括性别化中认知和行为之间的关系、儿童对同伴的性别爱好倾向、性别化对儿童完整的社会性发展的意义等。

5.攻击性行为和亲社会行为的研究

这是儿童典型的交往方式中两种相对应的社会行为。近十多年来,人们对攻击性行为的一般观点有所变化。首先,人们认识到攻击性行为的发展对于儿童来说具有一定的积极作用;其次,人们认为攻击性行为的发展受多种因素的影响,当前主要强调生物遗传因素和环境因素对攻击性行为发展的作用;再次,人们将儿童的攻击性行为置于不断运动的社会背景中去理解,这种背景包括家庭、同伴、团体以及整个社会文化环境。

关于亲社会行为的发展问题,早在20世纪20年代就有心理学家开始研究,四五十年代这方面的工作不太多,60年代后期这类研究又逐渐多了起来。70年代以来,在亲社会行为的研究领域出现了大量的新研究,由于认知心理学的发展,对亲社会行为的研究开始与社会认知、观点获取、角色获取及人际推理等问题联系起来。儿童亲社会行为发展的研究包括以下课题:亲社会行为的起源、发展过程及其内部机制,亲社会行为的习得条件,亲社会行为的情感体验,以及亲社会行为对儿童社会性发展的意义。另外,更加重视理论与实际应用的结合。

(三)研究思路的生态化

近年来,西方心理学界出现的"生态化运动"(Ecological Movement)也波及儿童心理学。所谓"生态化运动",是指强调在现实生活中、在自然条件下研究个体的心理特点与行为,研究个体与自然、社会环境中各种因素的相互作用,从而揭示个体心理发展与变化的规律。这是儿童心理学领域理论与实践相结合的另一表现。研究技术手段的现代化使得这种从生态学角度研究儿童心理发展的普遍思想倾向成为可能,如改进了观察法,采用录音机、摄像机、各种生理记录仪等先进的技术手段,精确记录现实生活中研究对象的行为表现及与周围环境的相互作用,重视多因素设计与分析。

此外,儿童电视、电影也进入儿童心理学工作者的研究范围。如何使电视节目对儿童产生正向的、积极的引导,成为心理学家研究的课题。正向的、适合儿童的电视节目对儿童的认知发展和社会发展都有积极的作用。例如,美国的儿童电视教育片"芝麻街"(Sesame Street),就是在广泛吸收心理学家和教育学家的意见的基础上,采用将娱乐手段和教育目的相结合的原则制作而成的。

四、我国学前儿童发展心理学的研究概况

虽然在我国古代学者的著作中有很丰富的心理学思想,也包括儿童心理学思想,

但学前儿童发展心理学作为一门独立的学科在我国出现则是近几十年的事情。

(一)第一阶段(新中国成立前,即20世纪50年代前)

最早的心理学著作是什么时候被介绍到中国来的,现在还不确定。有人说,1907年王国维译的丹麦学者哈甫定著的《心理学概论》算是最早的一部心理学著作;也有人说,比它更早的可能还有。儿童心理学著作被介绍进来则更晚些。五四运动前后,有几种资本主义国家的儿童心理学著作被翻译过来,如艾华编译的《儿童心理学纲要》,陈大齐译、德国高五柏著的《儿童心理学》等。与此同时,当时的师范学校和高等师范学校也开始开设儿童心理学课程。例如,我国最早的儿童心理学家陈鹤琴于1919年留学回国后,就在南京高等师范学校讲授儿童心理学课程,讲授的内容也大都是根据西方心理学家如普莱尔、鲍德温、霍尔、华生等人的著作编译而成的。

最早的儿童心理学研究工作可能要算陈鹤琴的日记法研究了。他对他的儿子陈一鸣从出生到大约3岁进行了长期的观察,做了日记式的记录,而且还做了摄影记录[见陈鹤琴著的《儿童心理之研究》(1925)]。在他的影响下,有很多人从事类似的研究,如葛承训的《一个女孩子的心理》、费景珑的《均一六个月心理的发展》等。同时,在陈鹤琴的指导下,南京鼓楼幼稚园也进行了一些有关幼儿心理的研究。

新中国成立前,在儿童心理学研究上贡献较大的是陈鹤琴,这在上面已经介绍过。其次是黄翼,他在浙江大学主讲儿童心理学,创办培育院,进行研究工作。他著有《儿童心理学》《神仙故事与儿童心理》《儿童绘画之心理》等。他曾重复皮亚杰的一些实验,并提出自己的一些看法。他还研究了儿童语言发展、儿童性格评定等。

(二)第二阶段(新中国成立后到"文化大革命"之前,即1949—1966年)

新中国的成立为学前儿童心理的研究提供了空间。心理学工作者坚持以马克思主义为指导,积极开展学前儿童心理发展的理论引进与本土研究工作。新中国成立初到20世纪60年代中期,可视为新中国学前儿童发展心理学发展的第一个阶段。在这一阶段中,20世纪50年代的主要工作是学习苏联的儿童心理学,翻译出版了一批有关儿童心理学的教材、著作和论文,其中影响最大的理论是巴甫洛夫的高级神经活动学说。当时我国也结合自身实际进行了一些探索性的研究,如学前儿童方位知觉的研究、6~7岁儿童年龄特征的比较研究等。经历了20世纪50年代末期心理学界的批判运动之后,60年代初期迎来了新中国儿童心理学的第一个繁荣期。这一时期,出现了数以百计的有关儿童心理发展的研究成果,其中以幼儿心理和学龄初期儿童心理的研究居多。就研究内容来看,涉及生理机制、心理过程的机能、个性发展等,特别是儿童思维发展的研究占据了较大的分量。除了这些本土化的研究之外,心理学工作者还进行了一些西方儿童心理学的评价工作,如有人对皮亚杰、瓦龙等的儿童心理学理论进行了介绍和评论。在教材建设方面,1962年出版了朱智贤主编的《儿童心理学》,这是我国第一部以马克思主义理论为指导编写的儿童心理学教科书,在理论研究和人才培养方面都产生了较大的影响。

1966年到1976年十年间,由于"文化大革命"的干扰,我国的心理学包括学前儿童发展心理学的研究被迫处于停滞状态。

(三)第三阶段("文化大革命"之后,即1976年至今)

"文化大革命"结束之后,我国的儿童心理学者开始陆续重返工作岗位,大量引进、介绍国外儿童心理发展理论,吸收先进的研究方法,积极开展儿童心理发展的研究工作,使我国儿童心理学的发展迎来了又一个繁荣时期。仅20世纪70年代末80年代初,涉及的课题就包括儿童早期发展与教育、学习与发展的关键年龄、婴幼儿动作与语言的发展、道德发展等方面。在研究方法方面也做了有益的探索。同时,随着国际学术交流的深入开展,国外有重要影响力的研究成果被陆续介绍到中国,推动了我国学前儿童发展心理学研究的发展。近20年来,我国学前儿童发展心理学在研究成果、教材建设方面都取得了较大成就。在研究内容上,从注重儿童认知发展向注重儿童个性、社会性发展转变,在学前儿童自我意识、亲子关系、同伴关系、品德发展等方面做了大量的探索。

本章小结

1.学前儿童发展心理学是发展心理学的一个分支。

2.学前儿童发展心理学的研究对象是0~6、7岁的学前儿童,研究内容主要包括学前儿童心理发展的生理基础、心理发展的基本理论、心理过程的发展、个性的发展和社会性的发展。

3.学前儿童发展心理学的基本任务是描述学前儿童发展的事实,揭示学前儿童心理发展的特点和规律,探究学前儿童心理发展的机制。

4.学前儿童发展心理学的常用研究方法包括观察法、实验法、调查访问法等,需要结合研究对象的特点有针对性地运用科学的方法开展研究。

5.把握学前儿童发展心理学的研究脉络,重点是厘清学前儿童心理发展的研究历史及最新进展。

课后巩固

一、填空题

1.科学儿童心理学的诞生是以_____年德国生理学家和实验心理学家普莱尔的《_____》一书的出版为标志的。

2.学前儿童分为五个时期,具体包括_____、_____、_____、_____、_____。

3.年龄特征是指在每个年龄阶段中形成并表现出来的_____、_____、_____心理特征。

4.学前儿童心理发展的过程都是从_____、从_____、从_____、从_____的,其发展趋势和顺序大致相同。

5.学前儿童心理研究的常用方法有_____、_____、调查访问法、_____、_____。

二、选择题

1.研究学前儿童心理活动最基本的方法是(　　)。
　A.访谈法　　B.调查访问法　　C.实验法　　D.观察法

2.不属于学前儿童心理发展研究的基本原则的是(　　)。
　A.客观性　　B.发展性　　C.教育性　　D.理论性

3.在儿童大脑皮质各区域中,最早成熟的是(　　)。
　A.顶叶　　B.颞叶　　C.枕叶　　D.额叶

4.中国幼儿教育之父是(　　)。
　A.朱智贤　　B.陈鹤琴　　C.陶行知　　D.都不是

三、简答题

1.学前儿童发展心理学的研究内容主要有哪些?

2.运用观察法研究儿童心理应注意的问题是什么?

四、实践作业

到幼儿园选取一名或者几名中班的幼儿,试用纵向研究的方法对其进行半年的跟踪调查,了解幼儿社会性发展(同伴交往)或者其他你感兴趣的心理品质发展的特点。

第二章 学前儿童发展的心理基础

案例导读

三岁男孩明明,过去随父母与爷爷奶奶生活在一起,一直由两位老人照顾。随母亲一起移居外祖父母家后,其舅发现他非常任性,什么事都要称他的心,稍不如意就大哭大闹,甚至躺在地上。如吃东西,其舅之女与他各吃一份,他就要哭,非得多吃一份不可。妈妈告诉他,不要把积木放在嘴里,不要在地上爬。他就是不听。给他洗脸洗脚也要大发脾气。尽管孩子的母亲是教师,外公外婆是知识分子,平时还比较注意教育,但收效甚微,真是好话不听、打骂无效。为此,其舅投书报纸,征求教育良方。

问题聚焦

要改变明明的行为,必须先了解明明行为养成的原因。心理发展的理论就是对个体发展进程和成长过程中表现出的各种现象和特点进行解释,但是,心理科学是浩瀚的海洋,有众多的理论,因观察视角不同,对心理发展有不同的解释,如行为主义流派会认为明明的行为是环境和教育的结果,精神分析心理学流派会认为明明的"自我"发展得不好。本章将介绍几种对儿童心理发展过程和规律有着卓越贡献的理论。

学习目标

1. 掌握行为主义心理发展观,并能用此理论解释儿童的心理和行为表现。
2. 掌握精神分析心理发展观,并能用此理论解释儿童的心理和行为表现。
3. 掌握皮亚杰的认知发展理论,并能用此理论解释儿童的认知发展。
4. 掌握维果茨基的心理发展观,并能用此理论解释儿童的心理和行为表现。

第一节 行为主义的心理发展观

行为主义心理学是心理学领域中一个具有重大影响的派别，虽然现在它已不再占据主导地位，但仍有广泛影响，尤其在学前教育、特殊教育和行为矫治领域仍被广泛使用。那么，行为主义理论是如何解释心理发展的呢？这可以从行为主义创始人华生和新行为主义者斯金纳、班杜拉的观点中反映出来。

一、华生的发展心理学理论

华生于1913年首先打出行为主义心理学的旗帜，是美国第一个将巴甫洛夫的研究结果作为学习理论基础的人。他认为，学习就是以一种刺激替代另一种刺激建立条件反射的过程。在华生看来，人类出生时只有几个条件反射（如打喷嚏、膝跳反射）和情绪反应（如惧、爱、怒等），所有其他行为都是通过条件反射建立新的刺激—反应（S-R）联结而形成的。这种学习行为是儿童心理发展的基石。

（一）心理发展的环境决定论

华生在心理发展问题上的突出观点是环境决定论，认为环境和教育可以造就一切，他曾经说过："请给我十几个强健而没有缺陷的婴儿，让我放在我自己之特殊的世界中教养，那么，我可以担保，在这十几个婴儿中，我随便拿一个来，都可以训练其成为任何方面的专家——无论他的能力、嗜好、倾向、才能、职业及种族怎样，我都能够任意训练他成为一个医生，或一个律师，或一个艺术家，或一个商界首领，或可以训练他成为一个乞丐或窃贼。"

1.否定遗传的作用

否认心理发展中遗传的作用是华生环境决定论的基本观点之一，华生明确指出："在心理学中再也不需要本能的概念了。"在华生眼中，刚出生的婴儿就像是一张白纸，等待着日后的经历在上面涂写。

华生极力否认遗传在儿童心理发展中的作用，主要基于以下三个理由：第一，行为是刺激—反应联结的形成过程，由刺激可知反应，有什么样的刺激，就有什么样的反应，而刺激来自环境，遗传对行为的影响不大，心理学研究应该以对外部行为的观察为基础，而不应该关注不可观察的潜意识的动机和认知过程；第二，华生认为，虽然机体构造来自遗传，但机体的机能并不来自遗传，而是来自后天环境的影响；第三，华生的刺激—反应联结是以控制行为为研究目的的，机体的行为是可以通过刺激来控制的，而遗传却是不能控制的,行为主要取决于后天环境的刺激。

2.夸大环境和教育的作用

华生从刺激—反应的公式出发,认为环境和教育是行为发展的唯一条件,其理由是:首先,人复杂行为的形成完全来自环境,来自后天的训练,先天的差异主要是生理特点的不同,且只在简单行为上表现出差异。其次,教育对人的心理发展具有决定作用,即教育决定论。此观点受到人们的广泛质疑,它一方面否认儿童的主观能动性和创造性;另一方面片面夸大教育的作用,忽视了教育必须以儿童的心理发展水平为依据来进行。最后,后天学习对儿童的心理发展具有积极作用。华生认为,学习的基础是条件反射,学习的决定条件是外部刺激,外部刺激是可以控制的,不管多么复杂的行为,都可以通过控制外部刺激而形成。所以,华生十分重视学习的作用,华生的学习观为其教育万能论提供了论证。

(二)对儿童心理发展的解释

华生认为,儿童的各种心理都可以看作不同的行为,如思维、情绪,甚至人格,因此,一切心理现象都可以还原成行为问题,儿童的心理发展可以从行为的角度进行解释。

1.思维的发展

华生认为,思维与言语是不可分割的,思维的本质就是言语活动。思维与言语的区别仅仅在于有无声音,言语是有声的思维,思维是无声的言语。由于言语活动包含一系列复杂的肌肉、内脏器官的活动,因此,思维不仅仅与言语不可分割,也与内脏组织不可分割。只不过言语通常占据优势地位,协调着人的肌肉骨骼活动。

华生将思维发展的过程看作喉部和唇部肌肉活动逐渐减弱而内隐的过程。儿童的思维首先是从能够观察到的对白言语开始的,逐渐发展到微弱的嘴唇活动,最后变成无声的活动。这种内隐的活动虽然难以观察到,但它仍然是肌肉活动。

2.习惯的获得

华生认为,一个人的习惯是在适应外部环境和内部环境的过程中学会更快地采取行动的结果。人处在内外环境的不断刺激之中,刺激必然引起人的活动。其中,外部环境指人周围可以产生视觉、听觉、触觉、温觉、嗅觉、味觉刺激的外在世界的物体;内部环境指人体内所有内脏、体温、肌肉和腺体所产生的刺激。当人的内外刺激所引起的活动不再是随机的,而是在生活中变得越来越有规则、有秩序后,习惯便形成了。换句话说,当人所处的情境与先前曾经发生过的情境相同时,反应会变得越来越易于整合,能更为迅速地和更多的活动整合起来达到目的,于是,我们可以认为他已"学会"或已"形成"了一种习惯。习惯的形成,实质上是形成了一系列的条件反射,条件反射是习惯的单位。华生说:"当一个复杂的习惯被完全分解之后,这个习惯的每个单位就是一种条件反射。"习惯的作用就是为了使动作更简便。当习惯形成并巩固之后,实际的视觉、听觉、嗅觉和触觉等刺激就变得越来越不重要了。华生将其称之为条件反射的第二阶段。究其原因,是习惯了的动作本身的动觉刺激足以引起下一个运动反应,而下一个运动反应又引起再下一个运动反应,肌肉不仅是"反应的器官",而且也成了"感觉的器官"。华生十分重视儿童良好习惯的形成,认为这是教育的主要内容。

3.情绪的发展

华生以阿尔伯特为被试,研究其惧怕情绪的发展。该实验被公认为是儿童情绪发展的经典实验,但这一实验严重伤害了儿童的心理健康,与心理研究的伦理原则相违背,受到了学术界的批评。华生的实验进一步证明了环境对儿童发展的重要影响。在他看来,情绪也是一种行为,只不过这种行为既包括外部的运动,也包括身体内的运动,因此,情绪也是内隐行为的一种形式。

华生用刺激—反应的过程来解释情绪的出现。他认为,环境中某些特定刺激的出现使身体做出了反应,也就形成了情绪。儿童的情绪就是在早期由家庭环境塑造形成的,到了3岁时,儿童的情绪生活和倾向就已经全部打好了基础,从而成为一种"模式反应"。长大后,遇到类似的情况,就会产生相同的情绪反应。

扩展阅读

约翰·华生简介

华生(John Brodaus Watson,1878—1958),美国心理学家,行为主义的创始人,1878年1月9日出生于美国南卡罗来纳州格林维尔城外的一个农庄,他从小是在学校里接受教育的。华生承认自己小时候不是一个好学生,有点懒,不听话,好争斗,学习成绩不好,只能勉强升级,只是在进入了当地的福尔曼大学后才有所改变。

16岁时,他进入格林维尔的福尔曼大学学习哲学,21岁获得哲学硕士学位。

1912年,首次使用"行为主义者"这一术语。

1913年,《行为主义者心目中的心理学》发表在《心理学评论》上,后来被人们称作"行为主义者宣言",正式揭开了心理学史上行为主义时代的序幕。

1915年,任美国心理学会主席。

1920年,因主持一项有关性行为的实验研究,引起家庭纠纷与妻子离婚而被迫辞职并离开学术界,改行从商,经营广告行业,在广告界获得辉煌成就。

1947年,华生从商界退休,在康涅狄格州的一个农庄中度过了他生命中的最后时光。

1958年9月25日,华生逝世,享年80岁。

二、斯金纳的发展心理学理论

斯金纳的理论是在批判性继承巴甫洛夫、华生、桑代克的研究成果的基础上建立起来的。在继承的基础上,他又有很多独有的发现,所以,我们通常把华生的行为主义称为经典行为主义,把斯金纳的行为主义称为新行为主义;把巴甫洛夫的理论称为经典条件反射学说,把斯金纳的理论称为操作性条件反射学说。

(一)行为的分类

斯金纳的理论体系与华生、巴甫洛夫等的刺激—反应心理学的不同点在于:区分了应答性行为和操作性行为。斯金纳把行为分为应答性行为和操作性行为两类。应答性行为是由特定刺激所激发的行为,服从巴甫洛夫的经典条件反射理论,它可以是无条件反射,也可以是条件反射。这是经典行为主义所注重的研究对象。操作性行为是那些自发发生、受到强化后经常重复的行为,不与任何特定刺激相联系。斯金纳把操作性行为当作心理学研究的对象,构成操作性行为主义的理论体系。

(二)儿童行为的强化控制原理

斯金纳认为,人的行为大部分是操作性的,任何习得行为都与及时强化有关,因此,我们可以利用反应—强化原理塑造儿童的行为。

在斯金纳看来,强化作用是塑造行为的基础,只有了解强化效应和操作好强化技术,才能控制行为反应,才能随意塑造出教育者所期望的儿童行为。儿童偶然做了什么动作而得到教育者的强化,这个动作后面出现的概率就会增加,这便导致人的操作性行为的建立。所以,强化在行为发展中起着重要作用,行为不强化就会消退。在儿童的眼中,行为是否多次得到外部刺激的强化,是他衡量自己行为是否妥当的唯一标准。练习次数的多少本身不会影响行为反应的概率,练习之所以重要,是因为它提供了重复强化的机会。同时,斯金纳认为,强化应该及时,强化不及时不利于儿童行为的发展。

斯金纳区分了两种类型的强化:正强化和负强化。正强化是指通过增加强化物来促使行为的发生,如儿童的每一个规范行为发生后所给予的表扬,以鼓励他继续发扬。负强化是指当厌恶或不愉快的事情出现时,儿童做出反应,以逃避厌恶刺激或者不愉快的情境,则这种反应在类似情境中发生的概率就会增加,如看到垃圾后绕道走开。

(三)在儿童教育中的应用

斯金纳重视将其理论应用于实践,针对传统教育的强制性和以教师为中心的弊端,斯金纳运用操作性条件反射的原理,设计了一种由儿童自主学习的教学机器,在学校中开展程序教学。程序教学是20世纪第一种具有全球影响的教学改革运动,深刻地影响着当时美国及世界其他国家的教学实践。

程序教学就是通过教学机器应用小步子渐进和及时强化原理,把复杂的问题通过一系列小的、易懂的问题一步一步地呈现给儿童,如果儿童的回答与机器后来呈现的正确答案相符,机器接着呈现下一个问题。依次回答出所有问题之后,再回过头来重新解决这个程序中的问题,并改正先前回答中的错误,经过多次重复,直到儿童完全掌握程序中的所有材料为止。程序教学有利于儿童的主动学习,有利于减轻教师繁重的教学任务。程序教学应坚持的基本原则有以下几点。

1. 积极反应原则

程序教学的过程必须使儿童始终处于一种积极学习的状态,也就是说,在教学中使学习者产生一个反应,然后给予强化或奖励以巩固这个反应,并促使学习者做进一步的反应。

2. 小步子原则

程序教学所呈示的行为被分解成一步一步的,前一步的学习为后一步的学习做铺垫,后一步的学习在前一步的学习基础上进行。由于两个步子之间的难度相差很小,所以,学习者很容易取得成功,并建立起自信。

3. 即时反馈原则

程序教学特别强调即时反馈,即让儿童立即知道自己的行为正确与否,这是树立信心、保持行为正确的有效措施。一个学生对第一步能做出正确的反应,便可立即呈示第二步,这种呈示本身便是一种反馈,即告诉儿童你已经掌握了第一步,可以展开第二步的学习了。

4. 自定步调原则

程序教学允许儿童按个人的情况来确定学习的速度。传统学习会使掌握快的学生被拖住,而学习慢的学生又跟不上,致使学习者之间的差距越来越大。程序教学相对来说比较合理,每个学习者都可以按照自己最适宜的速度进行学习。由于有自己的思考时机,学习较容易取得成效。

程序教学的设计当然要按照学习内容的逻辑顺序,既要保证学习者在学习中把错误率减少到最低限度,又要合理地设计步骤,使每一步都能体现学习内容的逻辑价值。

> 扩展阅读

伯尔赫斯·费雷德里克·斯金纳简介

斯金纳(Burrhus Frederic Skinner,1904—1990),美国行为主义心理学家,新行为主义的代表人物,操作性条件反射理论的奠基者。他创制了研究动物学习活动的仪器——斯金纳箱。他1950年当选为美国国家科学院院士,1958年获得美国心理学会颁发的杰出科学贡献奖,1968年获得美国总统颁发的最高科学荣誉——国家科学奖。

斯金纳1904年出生于宾夕法尼亚州的一个小镇,父亲是当地的律师。在哈佛大学攻读心理学硕士的时候,他受到了行为主义心理学的吸引,成为一名彻头彻尾的行为主义者,从此开始了他一生的心理学家生涯。他长期致力于研究鸽子和老鼠的操作性条件反射行为,提出了"及时强化"的概念以及强化的时间规律,形成了自己的一套理论。

斯金纳在美国公众中的名声远比在心理学界的名声大得多,一位崇拜者写道:"(斯金纳)是一个神话中的著名人物,科学家英雄,普罗米修斯式的播火者,技艺高超的技术专家,敢于打破偶像的人,不畏权威的人,他解放了我们的思想,使我们脱离了古代的局限。"

三、班杜拉的发展心理学理论

华生强调刺激对行为的重要性,斯金纳强调强化对行为的重要性,而班杜拉则认为,儿童获得一个行为并不一定需要得到强化,事实上,人的许多行为只要经过观察别人的行为就能习得,因此,他强调观察学习对儿童行为的重要性。

(一)观察学习及其过程

所谓观察学习,亦称为替代学习,即学习者通过对他人的行为及其强化性结果的观察而习得新行为的过程。这种学习不需要学习者直接做出反应,也不需要亲自体验强化,只需要通过观察他人在一定环境中的行为、观察他人所接受的强化就能完成。因此,通过这种方式完成的学习又称为"无尝试学习"。同时,班杜拉把他人所接受的强化对学习者本人的影响称为"替代强化"。在观察学习中,进行观察学习的人并不需要自己经历强化。班杜拉认为,观察学习包括四个过程:注意过程、保持过程、运动复现过程、动机过程。

1.注意过程

注意过程是指在观察学习时,个体必须注意榜样所表现出来的行为特征,并了解该行为的意义，否则，不能通过模仿而成为自己的行为。班杜拉特别重视个人的交际网络和团体归属对注意的重大影响。社会是分化为不同的结构群体的，属于同一社会结构群体的个体之间比较容易相互注意，属于不同社会结构群体的人之间则不大容易相互观察。班杜拉把社会因素引进行为主义学习理论之中，是行为主义理论体系的重大发展。

2.保持过程

保持过程是指个体观察到榜样行为之后，将观察所见转化为表征性的心像（把榜样行动的样子记下来），或表征性的语言符号（能用语言描述榜样行为），方可保留在记忆中。这时所储存的不是榜样行为本身，而是对榜样行为的抽象。保持过程与注意过程紧密联系在一起，没有保持过程的支持，注意过程是很难奏效的。

3.运动复现过程

运动复现过程也称产出过程，是观察者对榜样行为的表现过程，或者说是观察者将保存在内部的符号表征转化为外显行为的过程。表现观察行为在初期不如示范行为那么准确，需要一个逐步熟练的过程。对于儿童来说，这种运动复现往往表现为游戏。

4.动机过程

动机过程是指个体不仅经由观察和模仿从榜样身上学到了行为，而且愿意在适当的时机将学到的行为表现出来。

(二)儿童社会行为的研究

班杜拉以社会学习理论为指导，将社会问题研究与心理学研究方法相结合，开展了一系列社会行为的研究。其中最有影响的是关于攻击性行为和亲社会行为的研究。

1.攻击性行为

关于攻击性行为，有人认为是出于人的攻击本能（如弗洛伊德、洛伦兹），也有人认为是因为受到了挫折才发生（如多拉德）。班杜拉则明确指出，人的一切行为方式都是后天学习的结果，攻击性行为也是社会学习的结果。

班杜拉认为，儿童会从榜样身上学习到行为。儿童行为的表现（行为操作）与行为的获得是不同的。具体地说，儿童通过观察习得的行为，也许会直接表现出来，也可能并不表现出来。儿童在观察学习后没有表现出行为，并不意味着他们没有学习到行为，只要外部条件和内部动机相适应，习得而未表现的行为就会表现出来。班杜拉的研究表明，攻击性行为不仅可以从现实中的成人那儿学到，也能从电影、电视中的人物形象身上习得，甚至还能从卡通形象身上习得。研究发现，卡通形象对儿童的影响丝毫不比现实人物弱。在现实生活中，儿童攻击性行为的观察学习主要有三个来源：家庭成员、社区文化、大众传媒。

此外，个人的直接经验对攻击性行为的产生也具有重要作用。儿童在尝试一错误行为中表现出的攻击性行为，如果得到了强化，其发生的频率就会大大提高。一个长期受同伴欺凌的儿童,在忍无可忍时做出反抗而又获得成功,那么,他的攻击性行为也会加强。班杜拉说:"攻击性的行为方式主要是通过观察而习得的,并在实际操作结果的强化基础上进一步得到改进。"

2.亲社会行为

班杜拉认为,亲社会行为(如分享、帮助、合作和利他主义等)和攻击性行为一样,也是社会学习的结果。例如,先让一组7~11岁的儿童观看成人玩耍滚木球游戏,并将所得部分奖品捐给贫困儿童基金会,看完后玩相同的游戏。然后让另一组同样年龄的儿童也玩这个游戏,这组儿童没有观察成人游戏模式。结果发现,后一组儿童远远没有前一组儿童捐献的奖品多。班杜拉认为,亲社会行为靠训练没有什么效果,有时强制的命令只能一时奏效,只有榜样的影响才更有效,而且持续时间更长。

📖 扩展阅读

阿尔伯特·班杜拉简介

班杜拉(Albert Bandura,1925—),美国当代著名心理学家,现任斯坦福大学心理学系约丹讲座教授。他是新行为主义的主要代表人物之一,社会学习理论的创始人。他所提出的社会学习理论是在对传统行为主义的批判与继承的基础上逐步形成的,并在认知心理学和人本主义心理学几乎平分心理学天下的当代独树一帜,影响波及实验心理学、社会心理学、临床心理治疗以及教育、管理、大众传播等社会生活领域。他认为,来源于直接经验的一切学习现象实际上都可以依赖观察学习而发生,其中替代强化是影响学习的一个重要因素。有人称他为社会学习理论的奠基者、社会学习理论的集大成者或社会学习理论的巨匠。

📖 知识小园地

最能引起儿童模仿的榜样

1.儿童喜欢模仿他们心目中最重要的人。所谓"最重要的人",指的是在儿童生活中对他影响最大的人。诸如家庭中父母关爱他、养育他,学校老师教育他、管束他,朋友支持他、保护他,这些人都是儿童心目中最重要的人。

2.儿童喜欢模仿与他同性别的人。在家庭中,女儿模仿母亲,儿子模仿父亲;在学校里,男女儿童分别模仿男女老师。这种性别模仿,是儿童心理发展中性别认同的重要学习历程。

3.儿童喜欢模仿获得荣誉(如参加比赛获得冠军)、能力较强的人的行为。

4.同年龄、同阶层出生的儿童喜欢相互模仿。

第二节 精神分析的心理发展观

精神分析是西方现代心理学的主要流派之一,因为创始人是弗洛伊德,所以,精神分析理论又叫弗洛伊德主义。这种理论认为,儿童内在的行为是受了过去的因素(潜意识)所支配,即人类早期发展影响目前行为;帮助人了解过去,以便了解现在;通过对童年早期的干预,可以发展健康的人格。本节主要介绍在发展心理学方面具有代表性的观点:弗洛伊德和埃里克森的心理发展观。

一、弗洛伊德的发展心理学理论

弗洛伊德是奥地利的精神病医生和心理学家,他根据对病态人格进行的研究提出了人格及其发展理论。这种理论的核心思想是认为存在于潜意识中的性本能是人心理发展的基本动力,是决定个人和社会发展的永恒力量。在弗洛伊德看来,人本身就是一个能量系统、动力系统,它决定着人的心理结构和人格模式。也就是说,本能、欲望是人的心理或者人格发展变化的推动力和起因。

(一)心理发展本能说

弗洛伊德在心理治疗中运用了大量方法了解病人压抑在内心深处的无意识动机,并通过对这些无意识动机的分析总结出关于心理发展的本能论。本能是指人格的推动性或者动机性的驱动力量,是身体内的刺激源头。本能的目的是通过某些行为,如进食、饮水、性行为等,来消除或减少这种刺激。弗洛伊德把本能分为两类:生的本能和死的本能。生的本能包括饥饿、渴、性。生的本能是为了个体和种族的存续,是维持生命的创造性力量。生的本能通过被称为"力比多"的能量形式表现出来。死的本能是一种破坏性的力量,可以指向内部,表现为自虐和自杀等;也可以指向外部,表现为仇恨和攻击等。本能说是弗洛伊德人格划分的依据,早期,弗洛伊德认为人格的结构包括意识和无意识两个部分;晚期,他把人格分为本我、自我、超我三个部分。

1.意识与无意识

弗洛伊德认为,人的心理活动或精神活动主要包括意识和无意识两个部分,这两个部分就像海上的冰山一样,露出海面的部分是我们能够察觉到的心理部分,属于意识状态,但我们有大量不能觉察的心理部分,就像隐藏在海面以下的冰山,属于无意识部分。

弗洛伊德认为,意识对人的心理活动的作用非常有限,而无意识在人的一生中占有非常重要的地位。无意识主要包括个体的原始冲动、各种本能和欲望。作为生物体,人有很多本能和欲望需要满足,这些本能和欲望很多是违背道德准则和社会习俗的,于是,这些本能和欲望被压抑为无意识。但是,这些存在于无意识中的本能和欲望并没有被完全压制,它们又在不自觉地积极活动、追求满足,这就构成人类行为的内驱力。

弗洛伊德认为,无意识具有能动作用,它主动地对人的性格和行为施加压力和影响。人在清醒的状态下,无意识的内容也经常改头换面地冲破阻力,到意识层面上来表演。由于它的干扰,人们常常会产生各种"错失"行为,如口误、笔误、遗忘等。无意识的内容主要有两项:一是各种本能冲动。"无意识中所包含的内容就像一个原始王国中的原始臣民。如果说在人的内心存在着遗传而来的心理构成——与动物本能相似的东西——它们便是无意识系统的核心。"二是被压抑的心理活动。这些心理内容往往是与社会的伦理、道德等相背离的。

无意识具有如下特点:第一,各种本能冲动并列,如性本能、自我保存本能、死的本能等;第二,各种本能是人心理的一种初始活动,人为了追求本能的满足,会不自觉地行动;第三,无意识不具有时间性、空间性,没有时间和空间的概念,是一种混沌状态,矛盾对立的时间和空间状态可以等同起来,如上即是下、左即是右、前即是后。

2.本我、自我、超我

在早期,弗洛伊德把人格分为意识、前意识和潜意识三个层次。在晚期,他进一步提出了新的人格学说,指出人格由本我、自我和超我三个部分组成。

本我是指原始的、与生俱来的潜意识的结构部分,其中蕴含着人性中最接近兽性的一些本能性的冲动。它按照快乐原则行事。本我是与生俱来的,亦为人格结构的基础,日后自我及超我即是以本我为基础而发展的。本我只遵循一个原则——享乐原则,意为追求个体的生物性需求,如食物的饱足与性欲的满足,以及避免痛苦。弗洛伊德认为,享乐原则的影响最大化是在人的婴幼儿时期,也是本我思想表现最突出的时候。

自我是人格中有意识的成分,是现实化了的本能,是在与现实世界反复作用中从本我中分化出来的部分。本我是不能直接接触现实世界的,为了促进个体和现实世界的交流,必须通过自我。随着年龄的增长,儿童不断与外界交往,逐渐学会了不能完全凭冲动随心所欲,而必须考虑现实,这就是自我。自我遵循现实原则。

超我是人格中最道德的部分,代表良心、自我理想,处于人格的最高层。它按照至善原则行事。超我是人格结构中的管制者,由完美原则支配,属于人格结构中的道德部分。在弗洛伊德的学说中,超我是父亲形象与文化规范的符号内化。超我倾向于站在对本我的原始渴望的反对立场,而对自我带有侵略性。

精神分析心理学的研究对象相应地发展为这三部分的内容及其相互关系。本我、自我、超我构成了人的完整人格,人的一切心理活动都可以从它们之间的联系中得到合理的解释。自我是永久存在的,而超我和本我又几乎是永久对立的,为了协调本我和超我之间的矛盾,自我需要进行调节。若个人承受的来自本我、超我和外界的压力过大而产生焦虑时,自我就会启动防御机制。防御机制有压抑、否认、退行、抵消、投射、升华等。

(二)心理发展阶段说

弗洛伊德认为,性是人类最重要的一种本能,性的概念非常广泛,不仅包括两性关系,也包括身体的舒适和快感,如儿童的吮吸和排泄。在性的逐渐成熟过程中,产生性快感的地方会从一个部位转移到另一个部位,因此就形成了相应的心理发展阶段。

1.口唇期(0~1岁)

口唇期是个体性心理发展的最原始阶段,其动欲区集中在口部,靠吮吸、咀嚼、吞咽、咬等口腔活动获得快感与满足。若口唇期婴儿在吮吸、吞咽等口腔活动中获得满足,长大后就会有正面的口腔性格,如乐观开朗,即口腔性乐观。反之,若此时期的口腔活动受到过分限制,使婴儿无法由口腔活动获得满足,将会滞留下不良影响,此种不良影响又称口欲滞留,长大后将会有负面的口腔性格,如口腔性依赖(或口欲性依赖)。它是一种幼稚性的退化现象,指个体遇到挫折时,不能独立自主地去解决问题,而是向成人(特别是向父母)寻求依赖,有一种返回母亲怀抱寻求安全感的倾向。又如口欲施虐,指个体有不自觉地咬人或咬坏东西的口腔倾向及悲观、退缩、猜忌、苛求等负面的口腔性格,甚至在行为上表现出咬指甲、烟瘾、酗酒、贪吃等。

2.肛门期(1~3岁)

肛门期的动欲区在肛门。在这一阶段,由于幼儿有对粪便排泄时解除内急压力所得到的快感经验,因而对肛门的活动特别感兴趣,并因此获得满足。在这段时间里,父母为了养成子女良好的卫生习惯,应多对幼儿的便溺行为订立规矩,加以训练。如果父母的要求能配合幼儿自己的控制能力,良好的习惯便可以得以建立,从而使幼儿长大后具有创造性与高效率。如果父母训练过严,与幼儿发生冲突,则会导致所谓的肛门性格,一种是肛门排放型性格,如表现为邋遢、浪费、无条理、放肆、凶暴等;另一种是肛门便秘型性格,如过分爱干净、过分注意条理和小节、固执、小气等。因此,弗洛伊德特别强调父母应注意儿童大小便的训练,不宜过早、过严。

3.性器期(3~6岁)

性器期的动欲区是外生殖器。这个时期的儿童认识到两性之间在解剖学上的差异和自己的性别,性器官成了他们获得性满足的重要刺激,表现为儿童喜欢抚摸生殖器、显露生殖器以及性幻想。这一阶段,儿童表现出对性的好奇,由此产生了一些复杂的心理状况。由于男孩在玩弄自己的生殖器时受到成人阉割的威胁,因而形成了阉割焦虑,即男孩在潜意识里时常有被切除掉性器官的恐惧。相反,这一时期的女孩发现自己缺少像男孩那样的性器官而感觉受到伤害,对男孩有阳具一事既羡慕又嫉妒,产生了所谓的阴茎嫉羡(或称阳具嫉羡)。

此外,在这一阶段,儿童的性爱对象也发生了转移。幼儿最初的性爱对象是自己身体的某一部位,此时则把兴奋点向别人身上转移。由于母亲为儿童提供了生理上的需要和满足,因而成为儿童最初的性爱对象。在此基础上,特别是男孩,总想要独占母亲的爱,父亲则成为和自己争夺母亲的爱的一个对手,形成了恋母仇父的恋母情结。此时的女孩则对自己的父亲产生爱恋,母亲则被视为多余的人,而且总希望自己能取代母亲的位置,弗洛伊德称之为恋父情结。但作为竞争对象的父亲或母亲都十分强大,因害怕阉割等惩罚,最终以男孩向父亲认同、女孩向母亲认同而使心理冲突得以解决。

儿童把父母作为自己性爱的对象,这一现象对儿童的人格形成产生主要的影响。儿童把自己和父亲、母亲等同起来,在行为上模仿父母,因此,男孩的性格很像父亲,女孩的性格很像母亲。

4.潜伏期(6~11岁)

潜伏期的性欲望受到了压抑,这是由于道德感、美感、羞耻心和害怕被别人厌恶等心理力量的发展,这些心理力量与儿童时期毫无掩饰的性冲动是对立的。这种发展一半归因于家庭教养和社会的要求,另一半则是由于躯体的发育。这一时期的性冲动暂时停止活动,儿童中止对异性的兴趣,倾向于多和同性来往。这个时期儿童的最大特点是对性缺乏兴趣,男女儿童的界限已很清楚。但是性的冲动并没有消失,而是转向今后社会生活所必需的一些活动——学习、体育、歌舞、艺术、游戏等中。这是通过升华作用的机制实现的,也是性在发展过程中的一种更有目的的作用。儿童在这个时期若遇到不良的引诱,就会产生各种性偏离。

5.生殖期(11岁左右开始)

生殖期是指从青春期到成年期,亦是性成熟期,其特征是异性爱的倾向占优势。这时候性冲动发生以下两项基本转化:生殖区的主导作用超过了其他性感区的作用;性快感出现了一种新的位相——最终快感。这是最主要的性目的,与前些阶段的先前快感正好相反。先前快感只能引起紧张,它只是婴幼儿的性欲,在青春期及以后的成人生活中只起辅助作用。

弗洛伊德是首开强调儿童发展之风的理论家之一。弗洛伊德按"力比多"能量贯注于人体有关部位的变化和发展,把性心理(人格)发展分为上述五个阶段。儿童的性,尤其是恋母情结,不仅与精神病的产生有着密切的联系,而且对个体的正常发展也有重要的影响。

> 📖 扩展阅读

西格蒙德·弗洛伊德简介

弗洛伊德(Sigmund Freud,1856—1939),1856年5月6日出生于奥匈帝国的摩拉维亚省弗赖堡镇,即捷克共和国的普日博尔市的一个犹太家庭。

弗洛伊德的启蒙教育是由父母在家实施的。1873年秋,弗洛伊德进入维也纳大学学习医学专业。1881年,他获得医学博士学位,从学校毕业。毕业后,弗洛伊德在布吕克的实验室工作了一年。1885年8月,在布吕克的推荐下获得了一笔为数可观的留学奖学金,前往巴黎萨彼里埃医院跟沙可学习。

在巴黎跟随沙可学习期间,弗洛伊德被沙可的思想所鼓舞。在这一时期,他从一个神经学家转变为一名精神病理学家,从对躯体的研究转向对心理的研究。这时候,弗洛伊德已从沙可那里学到了有关治疗歇斯底里症的方法,了解了催眠疗法的使用范围及其与人内在精神状态的关系。为了使催眠术更臻完善,1889年夏,弗洛伊德到法国南锡向伯恩海姆学习。弗洛伊德同法国医生本汉的讨论得出了一个重要的结果,即催眠疗法的作用是有限的。另外,他还发现并非所有的患者都能接受催眠,最后弗洛伊德放弃了催眠术而转向自由联想。

二、埃里克森的发展心理学理论

当弗洛伊德的理论广为流传时,他赢得了大批追随者。但是,在弗洛伊德的追随者中,很少有人完全接受和同意他的所有观点,很多人提出了不同的意见甚至形成了自己的学派,埃里克森就是其中著名的代表人物之一。

(一)心理发展的自我同一理论

埃里克森是美国的精神分析医生,也是美国现代最有名望的精神分析理论家之一。埃里克森接受了弗洛伊德的很多观点,在他的理论中,我们可以很明显地看到弗洛伊德思想的烙印,但是,他的理论和弗洛伊德的理论有两个重要不同。

首先,埃里克森的人格发展学说既考虑到生物学的影响,也考虑到文化和社会的因素。他不再像弗洛伊德那样重视性冲动的作用,而是更强调社会文化对人格的影响。埃里克森认为人的自我意识发展持续一生,他把自我意识的形成和发展过程划分为8个阶段,这8个阶段的顺序是由遗传决定的,但是每一阶段能否顺利度过是由环境决定的。因此,其理论也称为心理社会发展论。

其次,埃里克森将儿童看作自发地去适应环境的积极探索者,而不是生物冲动的奴隶。他认为,在人生发展的每一阶段中,人们必须去面对一些社会任务,这样才能不断发展。他很强调自我的作用,认为人的人格发展就是逐渐形成自我的过程,这在个人和周围环境的相互作用中起着主导和整合作用。

(二)心理发展阶段理论

埃里克森将人格发展分成各有侧重、互相连接的8个阶段,他认为个体在每一个发展阶段上都会面临一个确定的主题,或是说一种特定的心理危机,而每一种心理危机都涉及一个积极的结果和一个消极的结果。所谓积极的结果,就是指由于特定心理危机得到恰当解决而使这种危机所对应的发展阶段对人的人格所产生的积极影响。消极的结果是指某个发展阶段对人格所产生的消极影响。

1.婴儿期(0~1.5岁):基本信任和不信任的心理冲突

该阶段的发展任务是发展对周围世界,尤其是对社会环境的基本态度,培养信任感。如果在这期间婴儿得到精心的照料,就会从生理需要的满足中体验到身体的安康,感受到安全,于是对周围环境产生基本的信任感;反之,婴儿会对周围环境产生不信任感。信任在人格中形成了"希望"这一品质,具有信任感的儿童敢于希望,富于理想,具有强烈的未来定向;反之,儿童则不敢希望,时时担忧自己的需要得不到满足。

2.儿童早期(1.5~3岁):自主与害羞、怀疑的冲突

该阶段的发展任务是培养自主性。这一时期,儿童掌握了大量的技能,他们开始"有意志"地决定做什么或不做什么。这时候父母与子女的冲突很激烈,也就是第一个反抗期出现,一方面,父母必须承担起控制儿童行为使之符合社会规范的任务,即养成良好的习惯,如训练儿童大小便;另一方面,儿童开始拥有自主感,他们坚持自己的进食、排泄方式,这时孩子会反复用"不"来反抗外界控制。如果父母允许孩子去做他们力所能及的事情,儿童会认识自己的能力,养成自主的个性;反之,如果父母对儿童的保护或惩罚不当,儿童就会产生怀疑,并感到害羞。

3.学龄初期(3~5岁):主动对内疚的冲突

该阶段的发展任务是培养主动性,克服内疚感。在这一时期,如果儿童表现出的主动探究行为受到鼓励,他们就会形成主动性,这为他们将来成为一个有责任感、有创造力的人奠定了基础。如果成人讥笑儿童的独创行为和想象力,那么儿童就会逐渐失去自信心,产生内疚感,这使他们更倾向于生活在别人为他们安排好的狭窄圈子里,缺乏自己开创幸福生活的主动性。

4.学龄期(5~12岁):勤奋对自卑的冲突

该阶段的发展任务是培养勤奋感。这一阶段的儿童都应在学校接受教育,如果能顺利地完成学习课程,他们就会获得勤奋感,这使他们在今后的独立生活和承担工作任务中充满信心;反之,如果由于教学不当,或努力不够而多次遭受挫折,或其成就受到忽视,儿童就会产生自卑感。

5.青春期(12~18岁):自我同一性和角色混乱的冲突

该阶段的发展任务是培养自我同一性。青少年本能冲动的高涨会带来问题,更重要的是青少年面临新的社会要求和社会冲突而感到困扰和混乱。所以,青少年期的主要任务是建立新的同一感或自己在别人眼中的形象,以及在社会集体中所占的情感位置。这一阶段的危机是角色混乱。

6.成年早期(18~25岁):亲密对孤独的冲突

该阶段的发展任务是获得亲密感,避免孤独感。只有具有牢固的自我同一性的青年人,才敢于承担与他人发生亲密关系的风险,因为与他人发生爱的关系,就是把自己的同一性与他人的同一性融为一体,这里有自我牺牲或损失。只有这样才能在恋爱中建立真正亲密无间的关系,从而获得亲密感,否则将产生孤独感。

7.成年期(25~65岁):繁殖感对停滞感的冲突

此阶段的主要任务是获得繁殖感,避免停滞感。这时的男女建立了家庭,在养育孩子的过程中产生繁殖感。这里的繁殖感有"生"和"育"两层含义,一个人即使没有生孩子,只要能关心孩子、教育指导孩子,也可以具有繁殖感。没有繁殖感的人,其人格贫乏、停滞,是一个自我关注的人,只考虑自己的需要和利益,不关心他人(包括儿童)的需要和利益。

8.老年期(65岁以上):完善感与绝望感的冲突

该阶段的主要任务是获得完善感,避免失望和厌倦感。这时人生进入最后阶段,如果对自己的一生感到满足,就会产生完善感。这种完善感还依赖于长期锻炼出来的智慧和人生哲学,一个人达不到这种境界,就不免恐惧死亡,觉得人生短促,对人生感到厌倦和失望。

埃里克森的理论构建了一个庞大的人格发展模型,他强调人格发展的生物学基础,也强调社会环境对人格的影响,将心理发展阶段的划分扩大到人的一生,并厘清每一个阶段的问题,同时,认识到人格的发展既要展望未来,也受过去的影响。但是,埃里克森的理论本身含糊,对很多理论问题没有提供充分的解释,缺乏科学的严谨性。

扩展阅读

爱利克·埃里克森简介

埃里克森(Erik Erikson,1902—1994),1902年出生于德国法兰克福,父母都是丹麦人。生父在埃里克森出生之前就弃家出走了。他3岁时,母亲嫁给了一个名叫西塞多·洪柏格的儿科医生。埃里克森在童年时期并不知道洪柏格不是他的亲生父亲,但他总感觉,无论如何,他不属于父母亲,并幻想能成为"更好的父母"的儿子。埃里克森多年来一直沿用继父的姓,甚至在第一次写论文时还使用爱利克·洪柏格的名字,直到1939年他成为美国公民时,才改姓埃里克森。

1927年是埃里克森一生的转折点。那年,他受一位名叫彼德·波罗斯的老同学的邀请到维也纳一所规模较小的学校工作,该校生源都是弗洛伊德的病人与朋友的子女。开始,他是以艺术身份受聘的,后来担任了指导教师,最后,安娜·弗洛伊德问他是否愿意接受培训当儿童精神分析者,埃里克森接受了她的提议。安娜·弗洛伊德的精神分析理论与他父亲的理论不同,在诸多方面都具有独特的创建,这对埃里克森产生了深刻的影响。1964年,埃里克森把自己的《洞察力与责任感》一书呈现给安娜·弗洛伊德,以表示对她的感激之情。

1936年到1939年间,埃里克森在耶鲁大学医学院任职,在那里,他研究了正常儿童和情绪紊乱的儿童。1939年,埃里克森迁居加利福尼亚州,并担任了加利福尼亚研究所的研究助理。从1942年起,他一直担任心理学教授,但在1950年时,他因拒绝在效忠宣誓上签字而被免去教授职务,他离开加利福尼亚州,同年出版名著《童年期与社会》。1969年,埃里克森回到哈佛医学院,在那里担任人类发展学教授,并讲授"人类生命周期",这是一门深受研究生欢迎的课程。

第三节　皮亚杰的心理发展观

认知发展理论是著名发展心理学家让·皮亚杰所提出的,被公认为是20世纪发展心理学最权威的理论。所谓认知发展,是指个体自出生后在适应环境的活动中,对事物的认知及面对问题情境时的思维方式与能力表现随年龄增长而改变的历程。

一、心理发展的本质和结构

皮亚杰的认知发展理论摆脱了遗传和环境的争论与纠葛,旗帜鲜明地提出内因和外因相互作用的发展观,即心理发展是主体与客体相互作用的结果。主客体相互作用主要表现为:在心理发展中,主体和客体之间是相互联系、相互制约的关系,即两者相互依存、缺一不可;主体和客体之间具有相互转化的互动关系。先天遗传因素具有可控性和可变性,在环境的作用下,人的某些遗传特性可以发生改变;主体和客体的相互作用受个体主观能动性的调节。心理发展过程是主体自我选择、自我调节的主动建构过程。

皮亚杰认为,智力的本质是适应,"智慧就是适应","是一种最高级形式的适应"。他用四个基本概念阐述他的适应理论和建构学说,即图式、同化、顺应和平衡。

(一)图式

图式即认知结构。"结构"不是指物质结构,而是指心理组织,是动态的机能组织。图式具有对客体信息进行整理、归类、改造和创造的功能,以使主体有效地适应环境。认知结构的建构是通过同化和顺应两种方式进行的。

(二)同化

同化是主体将环境中的信息纳入并整合到已有的认知结构中的过程。同化过程是主体过滤、改造外界刺激的过程,通过同化,主体强化并丰富原有的认知结构。同化使图式得到量的变化。

(三)顺应

顺应是指当主体的图式不能适应客体的要求时,主体就要改变原有的图式或创造新的图式以适应环境需要的过程。顺应使图式得到质的改变。同化表明主体改造客体的过程,顺应表明主体得到改造的过程。主体通过同化和顺应建构新知识,不断形成和发展新的认知结构。皮亚杰强调主体在认知发展建构过程中的主动性,即认知发展过程是主体自我选择、自我调节的主动建构过程。

(四)平衡

平衡是主体发展的心理动力,是主体的主动发展趋向。皮亚杰认为,儿童一生下来就是环境的主动探索者,他们通过对客体的操作积极地建构新知识,通过同化和顺应的相互作用达到符合环境要求的动态平衡状态。主体与环境的平衡是适应的实质。

二、心理发展的阶段

皮亚杰从逻辑学中引进"运算"的概念作为划分智慧发展阶段的依据,这里的"运算"并不是形式逻辑中的逻辑演算,而是指心理运算,即能在心理上进行的、内化了的动作。经过一系列的研究,皮亚杰将从婴儿期到青春期的认知发展分为感知运算阶段、前运算阶段、具体运算阶段、形式运算阶段等四个阶段。

(一)感知运算阶段(0~2岁)

这个阶段儿童的认知发展主要是感觉和动作的分化。初生的婴儿只有一系列笼统的反射,随后的发展便是组织自己的感觉与动作以应付环境中的刺激。通过不断的学习与训练,更多新的刺激和客体被同化到先天的反射中。到这一阶段的后期,感觉与动作才渐渐分化,思维也开始萌芽。手的抓取和嘴的吮吸是这一阶段儿童探索周围世界的主要手段。

从出生到2岁这一时期,儿童的认知能力也逐渐发展。一个很大的进展是儿童渐渐获得了客体永恒性的概念,即当一个客体从儿童视野中消失时,儿童知道该客体并非不存在了。儿童大约在9~12个月获得客体永恒性的概念,而在此之前,儿童认为不在眼前的事物就是不存在了,并且不再去寻找。客体永恒性是后来认识活动的基础。

(二)前运算阶段(2~7岁)

这个阶段儿童将感知动作内化为表象,建立了符号功能,可凭借心理符号(主要是表象)进行思维,从而使思维有了质的飞跃。此阶段儿童日益频繁地用表象符号来代替外界事物,但他们的语词或其他符号还不能代表抽象的概念,思维仍受具体直觉表象的束缚,难以从直觉中解放出来。处于这一阶段的个体尚未形成认知运算能力,他们进行的是半逻辑思维。这一时期儿童的思维具有如下特点。

1.泛灵论

无法区分有生命的事物与无生命的事物,认为外界的一切事物都是有生命的,无生命的事物同样也具有情绪、动机等生命特征,如儿童会说:"你踩在小草身上,它会疼得哭。"

2.自我中心主义

自我中心主义是指个体只从自己的观点看待世界,难以认识他人的观点,认为所有的人都有相同的感受,经常假定其他人都在分享自己的情感、反应和看法。皮亚杰的"三山实验"证明了个体的自我中心主义倾向。

3.思维具有不可逆性和刻板性

在注意事物的某一方面时往往忽略其他的方面,只注意事物变化的一个方面,而不能同时注意事物变化的两个维度。由于思维的不可逆性和刻板性等原因,这一阶段的个体尚未获得物体守恒的概念。守恒是指物体不论形态怎么变化,即使在排列和外观上发生了变化,其物质的量也保持不变。

4.不能理顺整体和部分的关系

通过要求儿童考察整体和部分的关系的研究发现,儿童能把握整体,也能分辨两个不同的类别,但是,当要求他们同时考虑整体和整体的两个组成部分的关系时,儿童多半会给出错误的答案。这说明他们的思维受眼前的显著知觉特征的局限,而意识不到整体和部分的关系,皮亚杰称之为缺乏层级类概念。如老师手里拿着4朵红花、2朵白花,问4岁的小红:"老师手里红花多还是花多?"小红回答:"红花多。"

(三)具体运算阶段(7～11岁)

这个阶段儿童的认知结构由前运算阶段的表象图式演化为运算图式。儿童的认知结构中已经具有了抽象概念,思维可以逆转,因而能够进行逻辑推理。儿童已经获得长度、重量、面积和体积等的守恒概念,能凭借具体事物或从具体事物中获得的表象进行逻辑思维和群集运算。但这一阶段儿童的思维仍需要具体事物的支持,在形成概念、发现问题、解决问题上都必须与他们熟悉的物体或场景相联系,还不能进行抽象思维。

(四)形式运算阶段(11～15岁)

这一阶段儿童的思维具有灵活性、系统性和抽象性,超越了对具体的可感知事物的依赖,使形式从内容中解脱出来,进入形式运算阶段(又称命题运算阶段)。这一阶段儿童的思维具有如下特点。

1.思维形式摆脱思维内容

形式运算阶段的儿童能够摆脱现实的影响,关注假设的命题,可以对假言命题做出逻辑的和富有创造性的反应。

2.进行假设-演绎推理

假设—演绎推理是先提出各种解决问题的可能性,再系统地评价和判断正确答案的推理方式。假设—演绎的方法分为两步:首先提出假设,提出各种可能性;然后进行演绎，寻求可能性中的现实性，寻找正确答案。

　　皮亚杰提出了有关认知发展的最详尽、最全面的理论。他所强调的主客体相互作用思想，以及关于个体心理发展各个阶段的质的差异和对各个阶段的具体阐述等，都具有巨大的启发意义，并揭示了个体心理发展的某些规律，有助于人们预测儿童的发展并实施正确的教育和辅导措施。皮亚杰的认知发展阶段论为发展性辅导儿童智力发展水平的评估和诊断提供了重要的理论依据，可以说，它是学校发展性辅导模式在智力方面的支柱。

扩展阅读

让·皮亚杰简介

　　皮亚杰（Jean Piaget，1896—1980），瑞士近代最有名的儿童心理学家。皮亚杰早年接受生物学的训练，但他在大学读书时就已经开始对心理学产生兴趣，曾涉猎心理学早期发展的各个学派，如病理心理学、精神分析学、荣格的格式塔心理学和弗洛伊德的学说。1924年起皮亚杰任日内瓦大学教授，先后当选为瑞士心理学会、法语国家心理科学联合会主席，1954年任第14届国际心理科学联合会主席。皮亚杰一生的贡献并不止于心理学，他的理论对于现今的哲学、教育学、人工智能的发展都产生了难以估量的深远影响。1980年9月16日，皮亚杰在日内瓦与世长辞，享年84岁。

第四节　维果茨基的心理发展观

在发展心理学史上,维果茨基的思想独树一帜,不仅被俄国,而且被西方心理学界所推崇。维果茨基从种系和个体发展的角度分析了心理发展的实质,提出了文化历史发展理论来说明人的高级心理机能的社会历史发生问题。

一、心理发展的社会文化论

维果茨基提出了儿童心理发展的新视角,认为儿童的心理发展是通过一定的社会文化作用,在与其他社会成员,特别是与成年人的交往过程中,不断地从低级的心理机能向高级的心理机能发展的过程。

(一)心理发展的实质

维果茨基认为,心理发展是个体自出生到成年,在社会文化的交互作用下,在环境与教育的影响下,在低级心理机能的基础上,逐渐向高级心理机能转化的过程。儿童的心理发展具有社会性。

维果茨基区分了两种心理机能:一种是作为动物进化结果的低级心理机能,这是个体早期以直接的方式与外界相互作用时表现出来的特征;另一种则是作为历史发展结果的高级心理机能,即以符号系统为中介的心理机能。人的心理与动物相比不仅是量上的增加,而且首先是结构的变化,形成新质的意识系统。以记忆为例,儿童出生就具有一定的记忆能力,只是这种能力十分有限,这是低级的心理机能,在社会文化的作用下,生活在现代社会的儿童学会了用文字记录帮助记忆,形成了高级的心理机能。

从这个意义上说,维果茨基认为,人的高级心理机能是在与社会的交互作用中发展起来的,或者说人的高级心理活动起源于与社会的交互作用。正是通过一定的社会文化作用,儿童在与其他社会成员,特别是与成年人的交往过程中,逐渐掌握了高级心理活动的工具——语言和符号,并因此不断在低级心理机能的基础上形成各种新的心理机能,如思维等。由于每个社会的文化内容有所不同,维果茨基不像皮亚杰那样认为儿童智力发展的过程和内容是完全相同的,而认为它们会随着社会文化的不同而存在差异。

(二)语言与认知发展

这个问题是由华生第一次提出来的。他从行为主义的立场出发,认为思维和语言本质上是一致的,思维是无声的语言,语言是有声的思维。这个问题是由皮亚杰第二次提出来的,他从儿童认知发展的角度,提出思维与语言在发生上是异源的,思维起源于动作,语言来自学习。

维果茨基认为,语言在发展中有两个重要作用:首先,语言作为一种交流工具,帮助成人将已经形成的概念、原理、解决问题的方法等传递给儿童;其次,语言本身也是一种非常有效的思维工具。

维果茨基的研究发现,儿童有一种语言叫"与自己说话",当儿童试图解决问题或完成某个重要任务时,他们这种"与自己说话"表现得更为频繁。维果茨基认为,这种"与自己说话"可以帮助儿童做出计划、选择策略、调节行为,从而使他们更好地完成自己的任务。因此,语言在儿童的认知发展中扮演着十分重要的角色,它使儿童逐渐成为有能力的问题解决者。这种"与自己对话"会随着儿童年龄的增长逐渐减少并最终消失,因为它逐渐内化为一种内部语言,我们每一天都在使用这种内部语言来调节我们的行为。

二、教育与发展的关系

维果茨基认为,儿童真正有价值的重要发现是在与教师或指导者的交流和合作中完成的。在这个过程中,教师通过语言、动作来传递信息,而儿童不断地去理解教学内容,然后将这些信息内化,用以指导自己的行动。在教学与发展的关系上,维果茨基提出了三个重要的问题:最近发展区;教学应该走在儿童发展的前面;学习的关键期。

(一)最近发展区

最近发展区是维果茨基为了解决教学与智力发展的复杂关系而提出的,具体地说,维果茨基想用"最近发展区"这一概念解释为什么教学能够促进儿童的发展,以及要达到促进儿童发展的目的,教学应该具备的条件与要求。维果茨基给"最近发展区"下的定义是:"在有指导的情况下借成人的帮助所达到的解决问题的水平与在独立活动中所达到的解决问题的水平之间的差异。"

就条件而言,维果茨基认为,教学要想对儿童的发展发挥主导和促进作用,就必须走在儿童发展的前面,为此,教师必须首先确立儿童发展的两种水平:一是儿童已经达到的发展水平;二是儿童可能达到的发展水平,即儿童在他人的帮助下能够达到的发展水平。维果茨基曾特别指出:"我们至少应该确定儿童发展的两种水平,如果不了解这两种水平,我们将不能在每一种具体情况下,在儿童的发展进程与他受教育的可能性之间找到正确的关系。"

(二)教学应该走在儿童发展的前面

维果茨基提出了"教学应该走在儿童发展的前面"这一思想,这是他对教学与发展关系问题的最主要结论。"教学应该走在儿童发展的前面"包含两层含义:第一,教学主导着或者说决定着儿童的智力发展;第二,教学创造着最近发展区,儿童的第一发展水平与第二发展水平之间的动力状态是由教学决定的。教学应适应儿童的现有水平,但更重要的是应发挥对发展的主导作用。

(三)学习的关键期

维果茨基揭示了教学的本质特征,他认为,教学的本质不在于"训练"与"强化"已形成的内部心理机能,而在于激发、形成目前还不存在的心理机能。关于如何发挥教学的最大作用,维果茨基强调了"学习的最佳期限"。因此,开始某一种教学必须以儿童的成熟和发育为前提,但更重要的是教学必须建立在正在开始形成的心理机能的基础上,走在心理机能形成的前面。最近发展区正是为了使人们注意到一个事实:教学除了最低界限外,还存在着最高界限,这两个界限是由最近发展区决定的。这就说明教师在教学中可以运用"教学最佳期"对儿童的发展进行指导,也可以通过一些中介的帮助使儿童达到其最高的发展水平,从而改变传统的工作方式,引导、帮助儿童通过自己的努力达到最高的发展水平。

维果茨基的理论强调了社会文化对儿童认知发展的作用,为我们认识儿童认知发展的实质提供了一个新的视角。他的理论帮助我们清晰地理解了不同文化下的儿童在认知发展过程中所存在的巨大差异。他的"最近发展区""教学应该走在儿童发展的前面""学习的关键期"等观点,对于我们的儿童教育工作也有着重要的启示和指导作用。

扩展阅读

维果茨基简介

维果茨基(Lev Vygotsky,1896—1934),苏联心理学家,文化—历史理论的创始人。维果茨基1917年毕业于莫斯科大学法律系和沙尼亚夫斯基大学历史哲学系,1924年到莫斯科心理研究所工作。维果茨基对人的高级心理机能进行了研究,并在1925年发表了《意识是行为主义心理学的问题》,明确提出研究意识问题对科学心理学的重大意义。1934年,维果茨基因患肺结核逝世,年仅38岁。维果茨基一生留下180多种著作,其心理学思想至今仍有很大的影响。

本章小结

心理科学是浩瀚的海洋,有众多的理论,这些理论因观察视角不同,对心理发展的解释亦不相同。

1.在行为主义的观点中,华生强调刺激对行为的重要性,斯金纳强调强化对行为的重要性,而班杜拉则认为儿童只要经过观察别人就能习得行为,强调观察学习。

2.精神分析心理学认为,儿童内在的行为是受了过去的因素(潜意识)所支配,即人类早期发展影响目前行为;帮助人了解过去,以便了解现在;通过对童年早期的干预,可以发展健康的人格。

3.皮亚杰认为,人的认知发展是内因和外因相互作用的结果,即心理发展是主体与客体相互作用的结果。他将从婴儿期到青春期的认知发展分为感知运算阶段、前运算阶段、具体运算阶段、形式运算阶段等四个阶段。

4.维果茨基提出了儿童心理发展的新视角,认为儿童的心理发展是通过一定的社会文化作用,在与其他社会成员,特别是与成年人的交往过程中,不断地从低级的心理机能向高级的心理机能发展的过程。

课后巩固

一、单项选择题

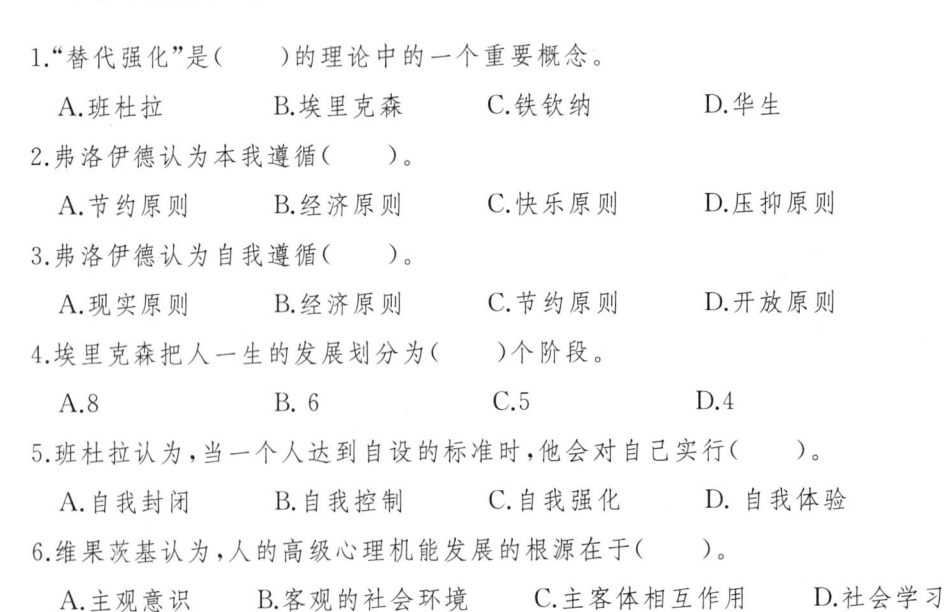

1."替代强化"是( )的理论中的一个重要概念。
  A.班杜拉   B.埃里克森   C.铁钦纳   D.华生

2.弗洛伊德认为本我遵循( )。
  A.节约原则   B.经济原则   C.快乐原则   D.压抑原则

3.弗洛伊德认为自我遵循( )。
  A.现实原则   B.经济原则   C.节约原则   D.开放原则

4.埃里克森把人一生的发展划分为( )个阶段。
  A.8   B.6   C.5   D.4

5.班杜拉认为,当一个人达到自设的标准时,他会对自己实行( )。
  A.自我封闭   B.自我控制   C.自我强化   D.自我体验

6.维果茨基认为,人的高级心理机能发展的根源在于( )。
  A.主观意识   B.客观的社会环境   C.主客体相互作用   D.社会学习

7.斯金纳认为,改变行为的关键是(　　)。
　　A.改变习惯　　　B.改变强化　　　C.改变刺激　　　D.改变环境
8.弗洛伊德认为,梦是(　　)。
　　A.性欲的表现　　B.愿望的达成　　C.本能的冲动　　D.要求的反映
9.皮亚杰认为,儿童思维中自我中心的机制是在于同化与顺应的(　　)。
　　A.失调　　　　　B.对抗　　　　　C.解除　　　　　D.平衡
10.班杜拉认为,注意过程是学习者在环境中的(　　)。
　　A.定向过程　　　B.选择过程　　　C.观察过程　　　D.学习过程
11.华生认为,婴儿的喜、惧、怒是三种(　　)情绪反应。
　　A.遗传的　　　　B.先天的　　　　C.非遗传　　　　D.非习得的
12.班杜拉将榜样行为的强化对观察者的效果称为(　　)。
　　A.交替强化　　　B.间接强化　　　C.替代强化　　　D.间断强化
13.斯金纳针对传统教学的弊端,提出了(　　)。
　　A.成功教学法　　B.程序教学法　　C.强化教学法　　D.累计教学法
14.弗洛伊德认为,儿童焦虑的根源是由于(　　)得不到发泄。
　　A.利比多　　　　B.本我　　　　　C.无意识　　　　D.本能
15.皮亚杰认为,儿童把注意力集中在自己的观点和动作上的现象,是一种(　　)的表现。
　　A.自恋　　　　　B.自我意识　　　C.自尊　　　　　D.自我中心
16.维果茨基认为,高级心理机能所使用的工具是(　　)。
　　A.语言　　　　　B.动作　　　　　C.中介　　　　　D.交流

二、多项选择题

1.根据行为的发生,华生将人的行为分为哪两类?(　　)
　　A.习惯行为　　　B.非习得行为　　C.习得行为
　　D.非习惯行为　　E.去习惯行为
2.皮亚杰认为,平衡是哪两方面形成的适应状态?(　　)
　　A.同化　　　　　B.顺应　　　　　C.主体
　　D.客体　　　　　E.相互作用
3.下列哪两个概念属于同一学派?(　　)
　　A.强化　　　　　B.同化　　　　　C.平衡化
　　D.自我同一性　　E.成熟

4.精神分析学派的代表人物是谁？（　　）

    A.埃森克　　　　　B.埃里克森　　　　C.弗洛伊德

    D.班杜拉　　　　　E.霍夫曼

5.弗洛伊德认为，人格结构中除本我外，还有哪两部分？（　　）

    A.忘我　　　　　　B.镜我　　　　　　C.自我

    C.社会我　　　　　E.超我

6.下列哪两个概念属于同一流派？（　　）

    A.观察学习　　　　B.强化　　　　　　C.焦虑

    D.平衡　　　　　　E.可知度

三、简答题

1.斯金纳的程序教学法有哪些原则？

2.弗洛伊德认为人格由哪些部分组成？

3.试举两例说明儿童思维的核心特点是自我中心。

4.观察学习有哪几种模式？

四、思考题

1.请你运用所学的发展理论的有关观点，分析一两个当前学前教育中存在的不利于儿童发展的问题。

2.华生为儿童的心理发展和教育提供了哪些有益的原则？你在工作实践中是如何运用的？

3.班杜拉的观察学习理论在你的教学实践中是如何体现的？

4.观察学习的过程包括哪几个组成部分？请举例说明在实际教学中你所运用的观察模式（举3个例子）。

5.根据皮亚杰的理论，学习和发展之间有什么关系？你在实践中是如何运用的？

6.通过本章的学习，你对哪种发展理论的印象最为深刻？为什么？

第三章　学前儿童发展的生理基础

案例导读

在一次户外活动中,王老师看到有一位大班的孩子因为感觉到热而随手脱下了外套,他无意中将外套抛向空中玩,很快其他孩子也模仿了起来,不一会儿草坪上就出现了这样一幕:全班的孩子都在尽情地向上抛着自己的衣服。这一情景深深打动了王老师,这不正是孩子以自己感兴趣的方式发展基本动作"投掷"吗?所以,王老师就在她所任教的小班设计了一个健康领域的教学活动"飞翔的衣服",目标是锻炼孩子们的投掷能力。

但是,在教学活动实施中,王老师碰到了一个很大的问题,孩子们首先要能脱掉衣服,才能完成这个游戏,但很多小班的小朋友却不会脱衣服,他们有的不会解扣子;有的好不容易解开了扣子,在脱衣服的过程中却怎么也脱不下来。王老师只好放弃了这个教学活动,带领小朋友玩其他的游戏。

问题聚焦

王老师的教学活动不能进行下去的根本原因是:教学活动设计没有考虑到儿童的动作发展水平。儿童动作发展的规律是先发展大动作,后发展精细动作,儿童精细动作的发展较晚,所以,很多小班的小朋友不会解扣子。教师的教学活动设计一定要遵循儿童的心理和生理发展规律,本章将要探讨学前儿童心理发展的生理基础。

学习目标

1.掌握幼儿身体发育的标准指标,并能对儿童的身体发育状况进行评价。

2.能分析儿童身体发育的影响因素。

3.掌握幼儿大脑发育的标准指标,并能对儿童的神经系统发育状况进行评价。

4.掌握儿童动作发展的规律和儿童大动作、精细动作发展的标准指标,并能对儿童的动作发展状况进行评价。

第一节　学前儿童的身体发育

学前儿童的身体发育是指其身体各部分及各种器官、组织结构和机能的生长发育过程。生长是指量的增加，如身高、体重和各器官的增长；发育是指质的变化，如各器官、组织结构和功能的不断分化、成熟等。由于整个生长发育过程受遗传和后天环境的影响，个体之间在身高、体重或其他生理发展方面存在着很大的差异。我们不能凭儿童某一时期某一方面发展得过早或过晚，就断定儿童发育异常，只有连续、系统、综合地观察，并了解学前儿童身体发育的指标，才能得出客观、正确的结论。

一、学前儿童的体重发育

刚出生时，足月男婴的体重为 3.3~3.4 千克，足月女婴的体重为 3.2~3.3 千克。出生第一年，儿童的体重增长非常快，在正常喂养的情况下，到 5 个月时婴儿的体重翻了 1 倍，12 个月时增加了 2 倍，此后速度放慢，到 30 个月时达到出生时体重的 4 倍，即 13 千克左右。3 岁后幼儿体重增长的速度较 3 岁前有所降低，但与以后的各时期相比仍然很快，6 岁儿童的体重可达 20 千克(具体指标见表 3-1、3-2)。

表 3-1　7 岁以下男童体重的标准值(kg)

年龄	月龄	－3SD	－2SD	－1SD	中位数	＋1SD	＋2SD	＋3SD
出生	0	2.26	2.58	2.93	3.32	3.73	4.18	4.66
	1	3.09	3.52	3.99	4.51	5.07	5.67	6.33
	2	3.94	4.47	5.05	5.68	6.38	7.14	7.97
	3	4.69	5.29	5.97	6.70	7.51	8.40	9.37
	4	5.25	5.91	6.64	7.45	8.34	9.32	10.39
	5	5.66	6.36	7.14	8.00	8.95	9.99	11.15
	6	5.97	6.70	7.51	8.41	9.41	10.50	11.72
	7	6.24	6.99	7.83	8.76	9.79	10.93	12.20
	8	6.46	7.23	8.09	9.05	10.11	11.29	12.60
	9	6.67	7.46	8.35	9.33	10.42	11.64	12.99
	10	6.86	7.67	8.58	9.58	10.71	11.95	13.34
	11	7.04	7.87	8.80	9.83	10.98	12.26	13.68
1 岁	12	7.21	8.06	9.00	10.05	11.23	12.54	14.00
	15	7.68	8.57	9.57	10.68	11.93	13.32	14.88

续表

年龄	月龄	－3SD	－2SD	－1SD	中位数	＋1SD	＋2SD	＋3SD
	18	8.13	9.07	10.12	11.29	12.61	14.09	15.75
	21	8.61	9.59	10.69	11.93	13.33	14.90	16.66
2岁	24	9.06	10.09	11.24	12.54	14.01	15.67	17.54
	27	9.47	10.54	11.75	13.11	14.64	16.38	18.36
	30	9.86	10.97	12.22	13.64	15.24	17.06	19.13
	33	10.24	11.39	12.68	14.15	15.82	17.72	19.89
3岁	36	10.61	11.79	13.13	14.65	16.39	18.37	20.64
	39	10.97	12.19	13.57	15.15	16.95	19.02	21.39
	42	11.31	12.57	14.00	15.63	17.50	19.65	22.13
	45	11.66	12.96	14.44	16.13	18.07	20.32	22.91
4岁	48	12.01	13.35	14.88	16.64	18.67	21.01	23.73
	51	12.37	13.76	15.35	17.18	19.30	21.76	24.63
	54	12.74	14.18	15.84	17.75	19.98	22.57	25.61
	57	13.12	14.61	16.34	18.35	20.69	23.43	26.68
5岁	60	13.50	15.06	16.87	18.98	21.46	24.38	27.85
	63	13.86	15.48	17.38	19.60	22.21	25.32	29.04
	66	14.18	15.87	17.85	20.18	22.94	26.24	30.22
	69	14.48	16.24	18.31	20.75	23.66	27.17	31.43
6岁	72	14.74	16.56	18.71	21.26	24.32	28.03	32.57
	75	15.01	16.90	19.14	21.82	25.06	29.01	33.89
	78	15.30	17.27	19.62	22.45	25.89	30.13	35.41
	81	15.66	17.73	20.22	23.24	26.95	31.56	37.39

注：SD 表示标准差。

表 3-2　7 岁以下女童体重的标准值（kg）

年龄	月龄	－3SD	－2SD	－1SD	中位数	＋1SD	＋2SD	＋3SD
出生	0	2.26	2.54	2.85	3.21	3.63	4.10	4.65
	1	2.98	3.33	3.74	4.20	4.74	5.35	6.05
	2	3.72	4.15	4.65	5.21	5.86	6.60	7.46
	3	4.40	4.90	5.47	6.13	6.87	7.73	8.71
	4	4.93	5.48	6.11	6.83	7.65	8.59	9.66
	5	5.33	5.92	6.59	7.36	8.23	9.23	10.38

续表

年龄	月龄	－3SD	－2SD	－1SD	中位数	＋1SD	＋2SD	＋3SD
	6	5.64	6.26	6.96	7.77	8.68	9.73	10.93
	7	5.90	6.55	7.28	8.11	9.06	10.15	11.40
	8	6.13	6.79	7.55	8.41	9.39	10.51	11.80
	9	6.34	7.03	7.81	8.69	9.70	10.86	12.18
	10	6.53	7.23	8.03	8.94	9.98	11.16	12.52
	11	6.71	7.43	8.25	9.18	10.24	11.46	12.85
1岁	12	6.87	7.61	8.45	9.40	10.48	11.73	13.15
	15	7.34	8.12	9.01	10.02	11.18	12.50	14.02
	18	7.79	8.63	9.57	10.65	11.88	13.29	14.90
	21	8.26	9.15	10.15	11.30	12.61	14.12	15.85
2岁	24	8.70	9.64	10.70	11.92	13.31	14.92	16.77
	27	9.10	10.09	11.21	12.50	13.97	15.67	17.63
	30	9.48	10.52	11.70	13.05	14.60	16.39	18.47
	33	9.86	10.94	12.18	13.59	15.22	17.11	19.29
3岁	36	10.23	11.36	12.65	14.13	15.83	17.81	20.10
	39	10.60	11.77	13.11	14.65	16.43	18.50	20.90
	42	10.95	12.16	13.55	15.16	17.01	19.17	21.69
	45	11.29	12.55	14.00	15.67	17.60	19.85	22.49
4岁	48	11.62	12.93	14.44	16.17	18.19	20.54	23.30
	51	11.96	13.32	14.88	16.69	18.79	21.25	24.14
	54	12.30	13.71	15.33	17.22	19.42	22.00	25.04
	57	12.62	14.08	15.78	17.75	20.05	22.75	25.96
5岁	60	12.93	14.44	16.20	18.26	20.66	23.50	26.87
	63	13.23	14.80	16.64	18.78	21.30	24.28	27.84
	66	13.54	15.18	17.09	19.33	21.98	25.12	28.89
	69	13.84	15.54	17.53	19.88	22.65	25.96	29.95
6岁	72	14.11	15.87	17.94	20.37	23.27	26.74	30.94
	75	14.38	16.21	18.35	20.89	23.92	27.57	32.00
	78	14.66	16.55	18.78	21.44	24.61	28.46	33.14
	81	14.96	16.92	19.25	22.03	25.37	29.42	34.40

注：SD表示标准差。

二、学前儿童的身高发育

刚出生时,足月新生儿的身高约为 50 厘米,其中,男婴比女婴略高,头胎比第二、第三胎略矮。研究发现,新生儿的身高与其成年以后的身高没有密切关系。婴儿身高没有体重增长的速度快,出生头几个月,平均每月增长 3 厘米以上,半年后有所减缓,每月增长约 1~1.5 厘米,1 岁时身高可达到 70~75 厘米。1~3 岁,身高平均每年增长 8~10 厘米。2 岁时约达 85 厘米。3 岁时可达 93 厘米,身高比出生时增加近 1 倍。3 岁以后,身高增长的速度有所减慢,6 岁时身高已达 110 厘米左右。6 岁以后,儿童的身高仍然遵循着"从头到尾"和"从躯干到四肢"的发育原则,具体表现为身躯变长,手脚也变长,身体各部分的比例逐渐向接近成人比例的方向发展(具体见表 3-3、3-4)。

表 3-3　7 岁以下男童身高(长)的标准值(cm)

年龄	月龄	-3SD	-2SD	-1SD	中位数	+1SD	+2SD	+3SD
出生	0	45.2	46.9	48.6	50.4	52.2	54.0	55.8
	1	48.7	50.7	52.7	54.8	56.9	59.0	61.2
	2	52.2	54.3	56.5	58.7	61.0	63.3	65.7
	3	55.3	57.5	59.7	62.0	64.3	66.6	69.0
	4	57.9	60.1	62.3	64.6	66.9	69.3	71.7
	5	59.9	62.1	64.4	66.7	69.1	71.5	73.9
	6	61.4	63.7	66.0	68.4	70.8	73.3	75.8
	7	62.7	65.0	67.4	69.8	72.3	74.8	77.4
	8	63.9	66.3	68.7	71.2	73.7	76.3	78.9
	9	65.2	67.6	70.1	72.6	75.2	77.8	80.5
	10	66.4	68.9	71.4	74.0	76.6	79.3	82.1
	11	67.5	70.1	72.7	75.3	78.0	80.8	83.6
1 岁	12	68.6	71.2	73.8	76.5	79.3	82.1	85.0
	15	71.2	74.0	76.9	79.8	82.8	85.8	88.9
	18	73.6	76.6	79.6	82.7	85.8	89.1	92.4
	21	76.0	79.1	82.3	85.6	89.0	92.4	95.9
2 岁	24	78.3	81.6	85.1	88.5	92.1	95.8	99.5
	27	80.5	83.9	87.5	91.1	94.8	98.6	102.5
	30	82.4	85.9	89.6	93.3	97.1	101.0	105.0
	33	84.4	88.0	91.6	95.4	99.3	103.2	107.2

续表

年龄	月龄	－3SD	－2SD	－1SD	中位数	＋1SD	＋2SD	＋3SD
3岁	36	86.3	90.0	93.7	97.5	101.4	105.3	109.4
	39	87.5	91.2	94.9	98.8	102.7	106.7	110.7
	42	89.3	93.0	96.7	100.6	104.5	108.6	112.7
	45	90.9	94.6	98.5	102.4	106.4	110.4	114.6
4岁	48	92.5	96.3	100.2	104.1	108.2	112.3	116.5
	51	94.0	97.9	101.9	105.9	110.0	114.2	118.5
	54	95.6	99.5	103.6	107.7	111.9	116.2	120.6
	57	97.1	101.1	105.3	109.5	113.8	118.2	122.6
5岁	60	98.7	102.8	107.0	111.3	115.7	120.1	124.7
	63	100.2	104.4	108.7	113.0	117.5	122.0	126.7
	66	101.6	105.9	110.2	114.7	119.2	123.8	128.6
	69	103.0	107.3	111.7	116.3	120.9	125.6	130.4
6岁	72	104.1	108.6	113.1	117.7	122.4	127.2	132.1
	75	105.3	109.8	114.4	119.2	124.0	128.8	133.8
	78	106.5	111.1	115.8	120.7	125.6	130.5	135.6
	81	107.9	112.6	117.4	122.3	127.3	132.4	137.6

注：SD 表示标准差。

表 3-4　7 岁以下女童身高(长)的标准值(cm)

年龄	月龄	－3SD	－2SD	－1SD	中位数	＋1SD	＋2SD	＋3SD
出生	0	44.7	46.4	48.0	49.7	51.4	53.2	55.0
	1	47.9	49.8	51.7	53.7	55.7	57.8	59.9
	2	51.1	53.2	55.3	57.4	59.6	61.8	64.1
	3	54.2	56.3	58.4	60.6	62.8	65.1	67.5
	4	56.7	58.8	61.0	63.1	65.4	67.7	70.0
	5	58.6	60.8	62.9	65.2	67.4	69.8	72.1
	6	60.1	62.3	64.5	66.8	69.1	71.5	74.0
	7	61.3	63.6	65.9	68.2	70.6	73.1	75.6
	8	62.5	64.8	67.2	69.6	72.1	74.7	77.3
	9	63.7	66.1	68.5	71.0	73.6	76.2	78.9
	10	64.9	67.3	69.8	72.4	75.0	77.7	80.5
	11	66.1	68.6	71.1	73.7	76.4	79.2	82.0

续表

年龄	月龄	-3SD	-2SD	-1SD	中位数	+1SD	+2SD	+3SD
1岁	12	67.2	69.7	72.3	75.0	77.7	80.5	83.4
	15	70.2	72.9	75.6	78.5	81.4	84.3	87.4
	18	72.8	75.6	78.5	81.5	84.6	87.7	91.0
	21	75.1	78.1	81.2	84.4	87.7	91.1	94.5
2岁	24	77.3	80.5	83.8	87.2	90.7	94.3	98.0
	27	79.3	82.7	86.2	89.8	93.5	97.3	101.2
	30	81.4	84.8	88.4	92.1	95.9	99.8	103.8
	33	83.4	86.9	90.5	94.3	98.1	102.0	106.1
3岁	36	85.4	88.9	92.5	96.3	100.1	104.1	108.1
	39	86.6	90.1	93.8	97.5	101.4	105.4	109.4
	42	88.4	91.9	95.6	99.4	103.3	107.2	111.3
	45	90.1	93.7	97.4	101.2	105.1	109.2	113.3
4岁	48	91.7	95.4	99.2	103.1	107.0	111.1	115.3
	51	93.2	97.0	100.9	104.9	109.0	113.1	117.4
	54	94.8	98.7	102.7	106.7	110.9	115.2	119.5
	57	96.4	100.3	104.4	108.5	112.8	117.1	121.6
5岁	60	97.8	101.8	106.0	110.2	114.5	118.9	123.4
	63	99.3	103.4	107.6	111.9	116.2	120.7	125.3
	66	100.7	104.9	109.2	113.5	118.0	122.6	127.2
	69	102.0	106.3	110.7	115.2	119.7	124.4	129.1
6岁	72	103.2	107.6	112.0	116.6	121.2	126.0	130.8
	75	104.4	108.8	113.4	118.0	122.7	127.6	132.5
	78	105.5	110.1	114.7	119.4	124.3	129.2	134.2
	81	106.7	111.4	116.1	121.0	125.9	130.9	136.1

注：SD表示标准差。

三、学前儿童的骨骼和肌肉发展

出生时婴儿的大多数骨骼是柔软而有韧性的，不易发生骨折，但同时也不能起到支撑身体的作用，新生儿不能抬头、坐和站立。在婴儿期，骨骼的发展十分迅速，骨骼不断骨化，但仍具有弹性大、容易变形的特点。幼儿的骨骼与3岁前相比更加坚硬，但骨化过程远未完成，容易变形，所以，幼儿要适度运动。幼儿骨骼系统发育的另外一个指标是牙齿的生长,通常5～6岁的儿童开始换牙,掉乳牙而长出恒齿。

新生儿出生时已经具备他将来所具有的所有肌肉纤维。在出生时,新生儿35%的肌肉组织由水构成,而且肌肉组织占婴儿体重的比例不超过18%～24%。随着蛋白质和盐分加入肌肉组织的细胞液中,肌肉纤维将会很快开始生长。肌肉的发展遵循头尾和远近原则,头部和颈部肌肉的成熟先于躯干和四肢的肌肉。婴儿的肌肉耐力很差,容易疲劳,而且小肌肉还未发展,因此,手指的灵活性和准确性都很差。幼儿的肌肉组织发展得相当快,数据显示,4岁幼儿的肌肉发展速度已经跟整个身体生长的速度不相上下。肌肉的生长导致幼儿体重的增加,幼儿75%的体重增长是肌肉增长的结果。幼儿肌肉组织的发展遵循大小原则,即大肌肉先发展,小肌肉的发展稍落后一点,所以,幼儿的大肌肉群比小肌肉群更发达一些。幼儿整天喜欢做出一些跑、跳等需要大肌肉的动作,而小肌肉发展的落后使幼儿在完成一些精细的手部动作时会感到困难,如幼儿在手工制作、画画、写字等方面的表现还不够好,这种情况直至5～6岁时才有所改善。

📖 知识园地

幼儿为什么容易"脱臼"

奶奶牵着蹒跚的宝宝学步,遇上台阶,奶奶用力把宝宝的手往上一提,希望宝宝借力跃上台阶,没想到伴随着的不是平时"咯咯"的欢笑声,而是宝宝一声惨叫。

爸爸和宝宝玩游戏,追逐中,爸爸将宝宝的手轻轻一拽,没想到宝宝竟然大哭了起来。

宝宝到点了还不起床,妈妈怕上幼儿园迟到,急急忙忙地过来拉宝宝起床,没想到刚把宝宝一只手拽出被窝,宝宝猛然哭闹起来。

带去医院诊断,这些宝宝都是"桡骨小头半脱位",通俗地说,就是脱臼了。家长们想不明白,自己的动作并不粗暴,怎么就把孩子弄脱臼了呢?这其实跟幼儿关节发育不完善有关。

人的肘关节由三个骨头组成:肱骨下端、尺骨鹰嘴和桡骨小头。当肘关节做旋转运动时,桡骨总是围着尺骨转。为了防止桡骨在旋转的时候脱位,尺骨上有一条环状韧带紧紧套着桡骨的"脖子"——桡骨颈。4岁以下的孩子,桡骨小头和桡骨颈的直径基本相同,环状韧带相对松弛,不能结实地稳定桡骨小头。就像一个绳结系在一根圆木上,如果木头一样粗细,绳结就很容易滑下来。因此,当肘关节伸直、前臂内旋时,如果受到纵向牵拉,桡骨小头就会从环状韧带内向下脱出。大人为安全起见,总喜欢拉着孩子走路,殊不知这等于让孩子处在容易发生桡骨小头半脱位的体位。由于是牵拉引起的,因此,临床上又称为"牵拉肘"。

> 治疗牵拉肘十分简单,急诊医生常在数秒内就能帮助患儿复位。有经验的家长也可以自行为患儿复位,具体动作为:一手握幼儿腕部,一手拇指放于桡骨小头处,旋后前臂,一般在旋后过程中即可复位;若不能复位,则可稍作牵引,至肘关节旋后,拇指于桡骨小头处加压,稍后屈肘,常可感到轻微的入臼复位感;也可屈肘90度,向旋后方向来回旋转前臂来复位。幼儿如能上举患臂至头高水平,证明复位成功。但由于脱位时,有可能还有关节部的血管或韧带损伤、骨折等情况,所以最好及时求医。先让受伤的孩子安静地固定成最舒适的姿势,再用三角巾将伤肢呈半曲位悬吊固定在前胸部,送医院即可。关节复位后,不能马上洗澡,3天内避免牵拉患臂,不需内服补钙制品。
>
> 幼儿脱臼具有反复性和习惯性,发生一次后很容易反复发生。关节复位后,家长应多加注意:不要用力牵拉宝宝的胳膊。帮孩子脱衣服时,记得先由健康的一侧脱起;相反,在穿着衣服时,则应由患部的一侧先穿着。

四、影响儿童身体发育的因素

学前儿童的身体发育是学前儿童身心健康的前提,但学前儿童身体发育的水平受到一些因素的影响和制约。要促进学前儿童身体健康,必须对影响学前儿童身体发育的因素进行分析。

(一)遗传

遗传因素在个体的发育过程中起着重要的作用。虽然儿童并不都以同样的速度发展,但是儿童生理发育的顺序是一致的,这是人类共同的遗传基因作用的结果。除此之外,每个儿童还遗传了一套独特的基因组合,它也影响着儿童的生理发育。

研究发现,身高就是一种遗传特质,同卵双生子的身高比异卵双生子更接近。在给儿童提供足够的营养、儿童的身体也健康的情况下,儿童身体的高度和生长的速率基本上是由遗传决定的。骨骼的发育,甚至婴儿牙齿长出的时间也都受遗传的影响。

基因还可以调控荷尔蒙的分泌量,而荷尔蒙的分泌量对儿童的生理发育具有重要影响。在婴儿期,生理发展是由甲状腺素和生长激素共同调节的。脑垂体分泌生长激素,刺激体细胞快速生长和发育。生长激素每天释放数次,但每次释放的量都不大。在正常情况下,儿童入睡大约60～90分钟以后生长激素进入血管,因此,睡眠有助于儿童身高的增长。

(二)营养

营养对人生中任何一个时期的身体健康都是非常重要的。如果儿童营养不良,则可能会导致一些不良后果。营养不良会导致两种严重的疾病：一种是消瘦症，通常在1岁的婴儿中发生，由于没有足够的食物，缺乏充足的蛋白质和热量，婴儿的身体明显消瘦而处在濒危状态；另一种是夸休可尔症（或称恶性营养不良），其病因是食物中虽含有足够的热量，但是缺少蛋白质，结果儿童只能分解自身存储的蛋白质以供生长的需要，从而引起双脚浮肿、头发脱落、腹部肿胀、出皮疹等严重症状。这两类疾病通常发生在非洲、亚洲和拉丁美洲的一些发展中国家或贫穷落后地区。在西方工业化国家，维生素、矿物质缺乏是儿童面临的比较严重的营养问题。

在婴幼儿中特别普遍的是缺铁和缺锌。缺锌的儿童可能生长缓慢；长期缺铁会导致缺铁性贫血症，患这种病的儿童注意力不集中，精力较差，社会交往会受到影响，而且生长速度被延缓，动作技能和智力发展也都会受到影响。

充足的营养，特别是富含热量、蛋白质、维生素和矿物质的食物是儿童实现其生理发展潜能的必要条件。与其他食物相比，母乳是婴儿早期最理想的食物。

(三)情绪压力和关爱

健康的情绪和良好的照顾对学前儿童的身体发育也很重要。即使儿童身体健康，但如果他们承受过多的压力、缺乏关爱和及时的照料，其生理发育和动作发展也可能远远落后于正常儿童。

父母应多给予儿童以陪伴，关心儿童，满足儿童的生理和心理需求，使儿童对父母产生正常、健康的依恋；同时，尊重儿童的天性，让儿童在自然环境中健康成长，不要违背教育规律和儿童身心发展规律，强加给儿童过多的学习压力，迫使儿童体验苦恼、害怕，体验太多的消极情绪，这会影响儿童的身体发育。

知识园地

非器质性发育迟滞症

非器质性发育迟滞症是一种机体发育紊乱症，通常在婴儿18个月大之前出现。患此病的婴儿身体消瘦，生长停止，行为退缩，表情淡漠，对人和周围事物不感兴趣。这类婴儿并未患有明显的疾病，也没有其他明显的生理方面的原因。导致此病的一个可能的原因是婴儿缺乏关爱，他们的照看者一般都表现冷漠，对婴儿没有耐心，甚至会虐待婴儿。如果通过早期治疗，照看者的问题得到矫正，或者这类婴儿被有爱心的养父母抚养，那么受非器质性发育迟滞症影响的婴儿以后还可能获得良好的发展。但是，如果非器质性发育迟滞症在婴儿期的头两年没有被确诊和矫治，则患病婴儿可能会比正常婴儿个子矮小，而且会表现出长期的情感问题和智力缺陷。

第二节　学前儿童的大脑发育

人脑的结构和机能是统一的,结构决定机能,机能也影响结构。学前儿童大脑的形态发展直接影响、制约着其机能的发展,决定着其发展的速度。近二三十年来,电生理技术,特别是微电极技术、脑化学技术等新技术的不断发展与应用,使我们对婴儿大脑形态和机能的发展有了新的认识和见解。

一、脑结构的发展

脑是心理的器官,心理是脑的功能,是脑对客观现实的主观反映,因此,儿童大脑结构和功能的发展,直接影响到个体心理的发展。现代脑生理科学的研究表明,脑结构成熟的过程、脑结构系统性联系形成的过程要经历很长的时期,在儿童的整个发育期都可以观察到。

(一)脑重

婴儿的大脑从胚胎时期开始发育。个体出生时,脑的重量为 390 克左右,相当于成人脑重的 25%(而这时体重只占成人体重的 5%)。此后第一年内脑重增长最快,平均每天增加约 1 克,6 个月时已达 600～700 克(约占成人脑重的 50%),12 个月时已达 800～900 克,24 个月时增加到 1050～1150 克(约占成人脑重的 75%)。以后脑重增长速度放慢,到 6～7 岁时,脑重达 1280 克,为成人脑重的 90%。12 岁时,脑重为 1400 克。20 岁以后脑重便不再增加。这些发展变化在一定程度上反映了各个阶段大脑内部结构发育和成熟的情况,与大脑皮质面积的发展密切相关。

(二)头围

婴儿的头围也存在类似的发展变化。刚出生时头围已达 34 厘米左右(约达成人头围的 60%),12 个月时达 46～47 厘米,24 个月时达 48～49 厘米,此后增长速度变慢,10 岁时才达 52 厘米(见表 3-5、3-6)。新生儿如果头围过小(小于 32 厘米或 3 岁后仍小于 45 厘米,称小头畸形),则其大脑发育将受严重影响,智力发育易出现障碍(陈伯荣,2001)。新生儿如果头围过大(超过 37 厘米,称巨头畸形),则表明婴儿患有脑积水或区脑畸形等脑部病变,必须尽快检查治疗。当然,也有个别婴儿头围过大或过小纯粹是由体重过重或过轻引起的,而不存在其他病因。

表 3-5　7 岁以下男孩头围的标准值(cm)

年龄	月龄	－3SD	－2SD	－1SD	中位数	＋1SD	＋2SD	＋3SD
出生	0	30.9	32.1	33.3	34.5	35.7	36.8	37.9
	1	33.3	34.5	35.7	36.9	38.2	39.4	40.7
	2	35.2	36.4	37.6	38.9	40.2	41.5	42.9
	3	36.7	37.9	39.2	40.5	41.8	43.2	44.6
	4	38.0	39.2	40.4	41.7	43.1	44.5	45.9
	5	39.0	40.2	41.5	42.7	44.1	45.5	46.9
	6	39.8	41.0	42.3	43.6	44.9	46.3	47.7
	7	40.4	41.7	42.9	44.2	45.5	46.9	48.4
	8	41.0	42.2	43.5	44.8	46.1	47.5	48.9
	9	41.5	42.7	44.0	45.3	46.6	48.0	49.4
	10	41.9	43.1	44.4	45.7	47.0	48.4	49.8
	11	42.3	43.5	44.8	46.1	47.4	48.8	50.2
1 岁	12	42.6	43.8	45.1	46.4	47.7	49.1	50.5
	15	43.2	44.5	45.7	47.0	48.4	49.7	51.1
	18	43.7	45.0	46.3	47.6	48.9	50.2	51.6
	21	44.2	45.5	46.7	48.0	49.4	50.7	52.1
2 岁	24	44.6	45.9	47.1	48.4	49.8	51.1	52.5
	27	45.0	46.2	47.5	48.8	50.1	51.4	52.8
	30	45.3	46.5	47.8	49.1	50.4	51.7	53.1
	33	45.5	46.8	48.0	49.3	50.6	52.0	53.3
3 岁	36	45.7	47.0	48.3	49.6	50.9	52.2	53.5
	42	46.2	47.4	48.7	49.9	51.3	52.6	53.9
4 岁	48	46.5	47.8	49.0	50.3	51.6	52.9	54.2
	54	46.9	48.1	49.4	50.6	51.9	53.2	54.6
5 岁	60	47.2	48.4	49.7	51.0	52.2	53.6	54.9
	66	47.5	48.7	50.0	51.3	52.5	53.8	55.2
6 岁	72	47.8	49.0	50.2	51.5	52.8	54.1	55.4

注：SD 表示标准差。

表3-6　7岁以下女孩头围的标准值(cm)

年龄	月龄	－3SD	－2SD	－1SD	中位数	＋1SD	＋2SD	＋3SD
出生	0	30.4	31.6	32.8	34.0	35.2	36.4	37.5
	1	32.6	33.8	35.0	36.2	37.4	38.6	39.9
	2	34.5	35.6	36.8	38.0	39.3	40.5	41.8
	3	36.0	37.1	38.3	39.5	40.8	42.1	43.4
	4	37.2	38.3	39.5	40.7	41.9	43.3	44.6
	5	38.1	39.2	40.4	41.6	42.9	44.3	45.7
	6	38.9	40.0	41.2	42.4	43.7	45.1	46.5
	7	39.5	40.7	41.8	43.1	44.4	45.7	47.2
	8	40.1	41.2	42.4	43.6	44.9	46.3	47.7
	9	40.5	41.7	42.9	44.1	45.4	46.8	48.2
	10	40.9	42.1	43.3	44.5	45.8	47.2	48.6
	11	41.3	42.4	43.6	44.9	46.2	47.5	49.0
1岁	12	41.5	42.7	43.9	45.1	46.5	47.8	49.3
	15	42.2	43.4	44.6	45.8	47.2	48.5	50.0
	18	42.8	43.9	45.1	46.4	47.7	49.1	50.5
	21	43.2	44.4	45.6	46.9	48.2	49.6	51.0
2岁	24	43.6	44.8	46.0	47.3	48.6	50.0	51.4
	27	44.0	45.2	46.4	47.7	49.0	50.3	51.7
	30	44.3	45.5	46.7	48.0	49.3	50.7	52.1
	33	44.6	45.8	47.0	48.3	49.6	50.9	52.3
3岁	36	44.8	46.0	47.3	48.5	49.8	51.2	52.6
	42	45.3	46.5	47.7	49.0	50.3	51.6	53.0
4岁	48	45.7	46.9	48.1	49.4	50.6	52.0	53.3
	54	46.0	47.2	48.4	49.7	51.0	52.3	53.7
5岁	60	46.3	47.5	48.7	50.0	51.3	52.6	53.9
	66	46.6	47.8	49.0	50.3	51.5	52.8	54.2
6岁	72	46.8	48.0	49.2	50.5	51.8	53.1	54.4

注：SD表示标准差。

(三)大脑皮质

胎儿六七个月时,脑的基本结构就已具备。出生时脑细胞已分化,细胞构筑区和层次分化已基本完成,大多数沟回都已出现,脑岛已被邻近脑叶掩盖,脑内基本感觉运动通路已髓鞘化(白质除外)。此后,婴儿皮质细胞迅速发展,层次扩展,神经元密度下降且相互分化,突触装置日趋复杂化。到2岁时,脑及其各部分的相对大小和比例已基本上类似于成人大脑。白质已基本髓鞘化,与灰质明显分开。其中,大脑的髓鞘化程度是儿童脑细胞成熟状态的一个重要指标。5岁左右的幼儿神经纤维也基本髓鞘化。整个皮质广度的变化与髓鞘化程度密切相关。

二、脑机能的发展

(一)脑电波的变化

脑电波的变化常作为儿童脑机能发展的一个重要指标。研究证实,5个月的胎儿已显示出脑电活动,8个月以后则呈现出与新生儿相同的脑电图,脑电活动开始具有连续性和初步的节律性,形成睡眠和觉醒的脑电图。其中,同步节律波α波常作为婴儿脑成熟的标志。新生儿在睡眠或向睡眠过渡时表现出6次/秒的节律波群,而这种波被认为是α波的原型,这表明新生儿皮质神经成分在一定程度上是成熟的。另外,在新生儿皮质投射区中还记录到对各种感觉运动刺激的诱发电反应。其中,最成熟的是运动分析器投射的反应(已与成人相似),而视觉投射区的诱发电位则与成人有很大的区别(常表现为正负波动,被认为是诱发电位早成分的表现)。诱发电位的早成分与信息的接收有关,晚成分与信息的加工有关,这是两种皮质机制。

目前已有的研究表明,儿童脑电波的变化说明儿童的大脑随着年龄的增长而发展。同时还表明,大脑的发展不是等速的。大脑皮质的发展有两个"飞跃时期":第一个重大转变是由δ波向θ波转变,大脑各部位的这种转变一般在3岁前基本完成;第二次重大转变是由半原始的θ波向代表大脑完全成熟的α波转变。进一步的研究表明,α波与θ波的斗争是从枕叶区开始的,按照枕叶—颞叶—顶叶—额叶的顺序发展着。在4~20岁期间,大脑经历两个加速发展的时期:一是5~6岁时,大脑枕叶区α波与θ波的斗争最为剧烈;二是13~14岁时,除额叶外,几乎整个大脑皮层的α波与θ波的斗争基本结束。通过对青少年思维发展的研究发现,5~6岁和13~14岁是青少年思维发展的加速期。由此可见,大脑皮质的成熟水平直接决定了人的心理发展水平。

(二)皮质抑制机能的发展

皮质抑制即中枢抑制或内抑制机能的发展是大脑机能发展的重要标志之一。皮质抑制机能的发展既可以使反射活动更精确、完善,又可以使脑细胞受到必要的保护,是儿童认识外界事物和调节、控制自身行为的生理前提。

从儿童大脑皮质的兴奋和抑制过程的关系来说,儿童年龄越小,兴奋过程越比抑制过程占优势,兴奋就特别容易扩散。3岁以前儿童的内抑制发展很慢,约从4岁起,由于神经系统结构的发展,内抑制开始蓬勃发展,皮质对皮下的控制和调节作用逐渐增强;与此同时,幼儿的兴奋过程也比以前增强,表现为幼儿的睡眠时间逐渐减少,清醒时间逐渐延长。新生儿每日的睡眠时间达20小时以上,1岁儿童需要14~15小时,3岁儿童为12~13小时,5~7岁儿童只需11~12小时。

尽管幼儿的兴奋和抑制机能都在不断增强,但是,相比之下,抑制机能还是较弱,因此,对幼儿过高的抑制要求是不现实的,如要求幼儿长时间保持一种姿势或集中注意于单调乏味的课业。

三、儿童大脑的可塑性和修复性

过去人们一直认为,儿童脑的生长是一个恒定的过程,当其生长达到某一特定水平后就不会再有变化,脑的生长决定了行为的变化。但现在人们发现,儿童大脑的发展在很大程度上受后天环境的影响和制约,儿童后天接受的对其身体及神经系统实施的刺激影响其大脑相应区域的生长。儿童的大脑具有巨大的可塑性和良好的修复性。

(一)儿童大脑的可塑性

在生命早期,大脑的发展并不单纯是成熟程序的展开,而是生物因素和早期经验两者结合的产物(Bauman,2006)。婴儿脑的大小和功能都受其后天经验的影响和制约。在突触形成处于高峰的时期,婴儿大脑所受到的恰如其分的刺激对这一过程的进行是至关重要的(Knudsen,2004)。大量关于动物和人类婴儿的研究结果表明,早期经验剥夺将会导致中枢神经系统发展停滞甚至萎缩,并构成永久性伤害;早期营养不良(如胎儿期营养不良)也会对婴儿脑的生长产生重要影响,使脑细胞发育不正常。

(二)儿童大脑的修复性

对婴儿脑损伤案例进行研究发现,在婴儿早期,大脑具有良好的修复性。一般来讲,脑损伤是难以弥补的,其原因之一就是脑细胞的生长不同于身体其他细胞,一旦完成就不会再增殖,而大脑可以通过某种类似于学习的过程而获得一定程度的修复。一侧半球受损后,另一侧半球可能会产生替代性功能。例如,5岁以前大脑任何一侧半球的损伤都不会导致永久性的语言功能的丧失,因为语言中枢可以很快地移向另一侧半球,以克服言语障碍。

第三节 学前儿童的动作发展

学前儿童各种运动、动作的发展是其活动发展的直接前提，也是其心理发展的外在表现。儿童自出生之日起就有两种身体活动：一种是人类动作发展种系在长期进化过程中遗传下来的一系列的反射动作，如吸吮反射、抓握反射等；另一种是身体一般性的反应活动，如转头、扭动身体、腿和臂的活动等。这是儿童自发性的身体活动，既无目的，也无秩序，涉及身体各个部位。正是这种自发性的身体练习活动，构成了日后动作发展的基础。

一、学前儿童动作发展的规律

学前儿童的动作发展有着严密细致的内在规律，遵循一定的原则，存在一定的常模，是一个复杂多变而又有规律可循的动态发展系统。儿童动作的发展是按如下规律进行的。

第一，从整体动作到分化动作。儿童最初的动作是全身性的、笼统的、散漫的，以后才逐步分化为局部的、准确的、专门化的动作。如四五个月的婴儿要取前面的奶瓶，往往不会用手，而是用手臂乃至整个身体；哭泣的时候也是全身舞动。随着神经系统和肌肉的成熟以及自身的反复练习，婴儿的动作不断分化，渐渐学会了控制身体局部的小肌肉群动作。当身体某部位受到刺激时，能控制仅由有关部位做出反应，而抑制其余部位的动作。在婴儿获得了对各部分的小肌肉群动作控制之后，又学会把这些小动作"归并"到一起，整合成为更加复杂的整体动作。

第二，从上部动作到下部动作。儿童最早的动作发生在头部，其次是躯干，然后是下肢，最后是脚，体现出从上到下的发展趋势，其顺序是沿着抬头—翻身—坐—爬—站立—行走的方向发展的。

第三，从大肌肉动作到小肌肉动作。儿童首先出现的是大肌肉动作，如头部动作、躯干动作，以后才是灵巧的小肌肉动作以及准确的视觉动作，如抓握东西、手眼协调的动作等。

第四，从无意识动作到有意识动作。婴儿最初的动作是无意识的，以后越来越多地受到心理有意识的支配。

二、学前儿童大动作的发展

大动作是指身体的大肌肉通过肩膀、关节、躯干、四肢、膝盖等部位表现出爬、坐、走、跑、跳等大动作的能力。婴儿 2～3 个月学会抬头,成人可将他竖直抱起,4～5 个月学会翻身,5～6 个月学会坐,9 个月学会爬,10 个月学会站,1 岁学会走。在跑的能力上,3 岁时,幼儿步履简单,走直线,跑时不能轻易拐弯或停止;4 岁时,幼儿能跳跃,单脚跳动,跑得也更快了;5 岁时,幼儿已相当灵活,走路有节奏,能避开障碍物。在跳的能力上,3 岁时,幼儿开始跳,但动作比较笨拙,距离也短;4 岁时,幼儿可在原地跳起,其高度大概为 30cm,距离可达 60～85cm,但很难跨越障碍物。幼儿到了五六岁时,就喜欢使用运动器具做活动游戏,如跳绳、追逐等。总之,在整个幼儿期,大肌肉运动能力逐年提高,运动能力的发展也很快(具体见表 3-7,3-8)。

表 3-7 儿童全身动作的发展顺序

顺序	动作项目名称	年龄(月)	顺序	动作项目名称	年龄(月)
1	稍微抬头	2.1	25	自蹲自如	16.5
2	头转动自如	2.6	26	独走自如	16.9
3	抬头及肩	3.7	27	扶物过障碍棒	19.4
4	翻身一半	4.3	28	能跑不稳	20.5
5	扶坐竖直	4.7	29	双手扶栏上楼	23.0
6	手肘支床胸离床面	4.8	30	双手扶栏下楼	23.2
7	仰卧翻身	5.5	31	扶双手双脚跳,稍微跳起	23.7
8	独坐前倾	5.8	32	扶一手双脚跳,稍微跳起	24.2
9	扶腋下站	6.1	33	独自双脚跳,稍微跳起	25.4
10	独坐片刻	6.6	34	能跑	25.7
11	蠕动打转	7.2	35	扶双手单足站不稳	25.8
12	扶双手站	7.2	36	一手扶栏下楼	25.8
13	俯卧翻身	7.3	37	独自过障碍棒	26.0
14	独坐自如	7.3	38	一手扶栏上楼	26.2
15	给助力爬	8.1	39	扶双手双脚跳好	26.7
16	从卧位坐起	9.3	40	扶一手单足站不稳	26.9
17	独自能爬	9.4	41	扶一手双脚跳好	29.2
18	扶一手站	10.0	42	扶双手单足站好	29.3
19	扶两手走	10.1	43	独自双脚跳好	30.5
20	扶物能蹲	11.2	44	扶双手单脚跳,稍微跳起	30.6
21	扶一手走	11.3	45	手臂举起,有抛掷姿势的抛掷	30.9
22	独站片刻	12.4	46	扶一手单足站好	32.3

续表

顺序	动作项目名称	年龄(月)	顺序	动作项目名称	年龄(月)
23	独站自如	15.4	47	独自单足站不稳	34.1
24	独走几步	15.6	48	扶一手单脚跳,稍微跳起	41.2

表3-8 儿童大动作的发展顺序

顺序	动作项目名称	年龄(月)	顺序	动作项目名称	年龄(月)
1	俯卧举头	1.5	16	弯腰再站起来	12.0
2	俯卧,头抬45°	2.1	17	走得好	13.7
3	坐,头稳定	2.8	18	走,能向后退	15.7
4	俯卧,头抬90°	2.9	19	会上台阶	17.5
5	俯卧,抬胸,手臂能支持	2.9	20	举手过肩扔球	18.2
6	拉坐,头不滞后	3.6	21	踢球	18.6
7	腿能支持一点儿重量	3.7	22	双足并跳	23.9
8	翻身	4.5	23	独脚站1秒	28.0
9	不支持地坐	6.4	24	跳远	30.0
10	扶东西站	7.0	25	独脚站5秒	33.3
11	扶物站起	8.6	26	独脚站10秒	38.1
12	能自己坐下	8.7	27	独脚跳	40.2
13	扶家具可走	9.4	28	抓住蹦跳的球	46.3
14	能站瞬息	9.9	29	脚跟对脚尖地向前走	47.0
15	独站	11.5	30	脚跟对脚尖地退着走	51.9

三、学前儿童精细动作的发展

精细动作是指较小的动作活动,如伸手够物、抓握物品等。精细动作的发展为学前儿童提供了探索环境的全新手段,对儿童的认知发展起着非常重要的作用。

在出生后第一年里,婴儿的够物和抓握能力发展特别迅速。新生儿出生时即有抓握反射,但是婴儿只能做出挥击、摆动胳膊等协调性较差的动作。3个月以后的婴儿逐渐提高了动作的精确性,5个月大的婴儿甚至能够抓到在黑暗中移动的发光物品。在4~5个月大时,婴儿开始用双手抓握。7~8个月时,婴儿可以将物体在两手之间灵活地进行转换,或者用一只手握住物体,用另一只手拨弄物体。此后,婴儿的手指技能有了很大的提高。在接近1周岁时,婴儿开始用拇指和食指并拢起来像一把小钳子那样去捏物体和把弄物体,这种钳形抓握动作使儿童从一个摸索者变成了一个技能熟练的操控者,不久他们就能掌握抓虫子、拧门把手、拨电话号码等动作。1~2岁时,婴儿的双手变得更加灵巧了。16个月时,他们可以用蜡笔乱画。2岁时,他们可以描画一些简单的横线或竖线,可以搭5层甚至更高的积木。

幼儿期的后半段是手、手指的末端细致部分开始发展的时期。在手眼协调上,幼儿能基本完成生活自理动作,能使用书写工具,能完成基本图形的绘画和画完整的人形,能使用剪刀等工具,进行剪纸、折纸等比较复杂的动作。在穿衣能力上,幼儿2岁前能学会脱鞋子、袜子,4岁左右能脱掉上衣、衬衫。在饮食能力上,幼儿1岁左右可以用汤匙,三四岁时可以握住筷子,5岁左右可以学会使用筷子,并会有效地把持它。在动手能力上,幼儿到四五岁时会做拧毛巾的动作,到6岁时基本可以做好。

表 3-9 幼儿精细动作的发展顺序

顺序	动作项目名称	年龄(月)	顺序	动作项目名称	年龄(月)
1	抓住不放	4.7	11	堆积木 6~10 块	23.0
2	能抓住面前的玩具	6.1	12	用匙稍外溢	24.1
3	能用拇指、食指拿	6.4	13	脱鞋袜	26.2
4	能松手	7.5	14	穿珠	27.8
5	传递(倒手)	7.6	15	折纸长方形近似	29.2
6	能拿起面前的玩具	7.9	16	独自用匙好	29.3
7	从瓶中倒出小球	10.1	17	画横线近似	29.5
8	堆积木 2~5 块	15.4	18	一手端碗	30.1
9	用匙外溢	18.6	19	折纸正方形近似	31.5
10	用双手端碗	21.6	20	画圆形近似	32.1

总之,动作作为主体能动性的基本表现形式,在个体早期心理的发展中起着重要的建构作用,它使个体能够积极地构建和参与自身的发展;它促进了大脑的发育,促进了大脑结构的完善,为个体早期心理的发展奠定了良好的基础;它使个体对外部世界的各种刺激及其变化更加警觉,并使感知觉精确化;它使婴儿的认知结构不断改组和重建,为打破原有的认知结构并促使其向新结构转换提供了现实的可能性。它改变着个体与物理环境、社会环境的互动模式,使个体从被动接收环境信息变为主动获取各种经验,这既促进了个体自主性、独立性的发展,同时也深刻地影响着个体的社会交往特点,进而对个体的情绪、社会知觉、自我意识等产生重要影响。

本章小结

本章从学前儿童的身体发育、大脑发育和动作发展三个方面阐述了学前儿童心理发展的生理基础。

1.学前期是人一生中发展最快的时期,6岁儿童的体重达到20公斤左右,身高达到110厘米左右,骨骼更加坚硬,肌肉组织也有很大的发展。

2.学前儿童的身体发育受遗传、营养、情绪压力和关爱等因素的影响。

3.学前儿童的大脑具有可塑性和修复性,不论是脑的结构还是脑的机能都有很大的发展。

4.学前儿童的动作发展包括大动作发展和精细动作发展,动作发展具有从整体到分化、从上部到下部、从大肌肉到小肌肉、从无意识到有意识的发展规律。

课后巩固

一、选择题

1.新生儿每日的睡眠时间是(　　)。

　　A.20小时以上　　B.14～15小时　　C.11～12小时　　D.17～18小时

2.儿童可在原地跳起,其高度大概为30cm,距离可达60～85cm,但很难跨越障碍物的年龄是(　　)。

　　A.5岁　　　　　B.4岁　　　　　C.6岁　　　　　D.3岁

3.儿童的头围已达34厘米左右,约达成人头围的60%的年龄是(　　)。

　　A.1岁　　　　　B.新生儿　　　　C.2岁　　　　　D.3岁

4.儿童脑的重量为1050～1150克,约占成人脑重的75%的年龄是(　　)。

　　A.2个月　　　　B.新生儿　　　　C.2岁　　　　　D.9个月

5.幼儿神经纤维基本髓鞘化的年龄是(　　)。

　　A.2岁　　　　　B.3岁　　　　　C.4岁　　　　　D.5岁

二、判断题

1.儿童年龄越小,兴奋过程越比抑制过程占优势,兴奋就特别容易扩散。(　　)

2.儿童脑的生长是一个恒定的过程,当其生长达到某一特定水平后就不会再有变化。(　　)

3.健康的情绪和良好的照顾对学前儿童的身体发育没有影响。(　　)

4.儿童脑电波的变化,说明儿童大脑的发展是匀速的。（　　）

5.因为幼儿皮质抑制机能的发展,幼儿可以长时间保持一种姿势或集中注意于单调乏味的课业。（　　）

6.研究发现,新生儿的身高与其成年以后的身高没有密切关系。（　　）

7.儿童0~1岁期间的身高增长速度比2~3岁慢。（　　）

8.婴儿出生就有抓握反射,这是婴儿的本能。（　　）

9.儿童精细动作的发展早于大动作的发展。（　　）

10.婴儿的肌肉耐力很差,容易疲劳,而且小肌肉还未发展,因此,手指的灵活性和准确性都很差。（　　）

三、简答题

1.影响儿童身体发育的因素有哪些?

2.简述儿童动作发展的规律。

第四章　学前儿童注意的发展

案例导读

6岁的沛沛上大班,妈妈经常表扬沛沛在家很省心,他可以一边画画,一边吃东西,而且还能够看小人书、玩积木等几种活动同时进行。但是,大班的老师却反映,沛沛在课堂上也这样,总是不能集中精力完成老师布置的任务,喜欢玩自己的小玩具、做小动作,而且经常在活动中半途而废。

问题聚焦

请问,沛沛的问题在哪儿?如果你是沛沛的老师,应该怎样和沛沛的妈妈合作,促进沛沛的良好发展?在我们周围,有很多孩子都存在注意力不集中的现象,根据学前儿童的注意发展规律,对注意力分散的孩子进行干预,对正常学前儿童的注意力进行评估,是本章的重点。

学习目标

1. 理解注意在学前儿童心理发展中的作用。
2. 理解学前儿童注意的发生和发展规律。
3. 掌握学前儿童注意力分散的主要原因及纠正方法。
4. 掌握学前儿童注意力的主要研究方法和测量评估。

第一节　学前儿童注意发展概述

注意是指心理活动对一定对象的指向和集中,是伴随着感知觉、记忆、思维、想象等心理过程的一种共同的心理特征。注意力是指人的心理活动指向和集中于某种事物的能力。注意并不是一种心理过程,而是伴随其他心理过程的一种积极状态,但是,这种状态构成了心理过程的动力特征,也让注意成为人类心理活动的开端。

一、注意的功能

一般而言,注意具有以下三种功能。

第一,选择功能。注意使得人们在某一时刻选择有意义的、符合当前活动需要和任务要求的刺激信息,同时避开或抑制无关刺激的作用。这是注意的首要功能,它确定了心理活动的方向,保证我们的生活和学习能够次序分明、有条不紊地进行。

第二,保持功能。注意可以将选取的刺激信息在意识中加以保持,以便心理活动对其进行加工,完成相应的任务。如果选择的注意对象转瞬即逝,心理活动无法展开,也就无法进行正常的学习和工作。

第三,调节监督功能。注意可以提高活动的效率,这体现为它的调节和监督功能。注意力集中的情况下,错误减少,准确性和速度提高。另外,注意力的分配和转移能保证活动的顺利进行,并适应变化多端的环境。

二、注意的种类

(一)无意注意和有意注意

1.无意注意

无意注意是指没有自觉的目的和不加任何努力而不自主的、自然的注意。无意注意可以帮助人们对新异事物进行定向,使人们获得对事物的清晰认识,但也能干扰人们正在进行的活动。因此,无意注意既有积极作用,也有消极作用。总的来说,无意注意受以下因素的影响。

(1)刺激物的物理特性

刺激物本身的新异性与强度、刺激物之间的对比性等都容易引起无意注意。刺激物的新异性是引起无意注意的最重要原因。此外,无意注意一般服从于刺激的强度法则,即强刺激比弱刺激更容易引起无意注意,人们显然容易注意大的声音、鲜艳的颜色。但也并非绝对如此,注意还受刺激物之间对比程度的影响。例如,一朵大红花放在粉红色花中也许不显得突出,而一朵浅红色花置于万绿丛中肯定会很显眼。运动的物体也容易引起无意注意,像飞鸟、流星等都容易吸引我们。

(2)人本身的状态

无意注意不仅由外界刺激物被动地引起,而且和人自身的状态(兴趣、需要、经验等)有密切关系。人自身的状态不同,对同样刺激的注意情况也可能不一样。例如,电视机里正在转播球赛,有些行人(球迷)的腿就像被绳子系住,走不动了,而有些人却置若罔闻。可见,刺激与人的关系,或者说刺激对人的意义也是引起无意注意的重要条件。

2.有意注意

有意注意是自觉的、有预定目的的、必要时还需要付出一定意志努力的注意。有意注意受以下因素的影响。

(1)活动的目的性和任务的明确性

有意注意是一种有预定目的的注意,目的越明确、越具体,有意注意就越容易被引起和维持。

(2)对活动结果的兴趣

兴趣是引起注意的主观条件。兴趣可以分为两种:直接兴趣和间接兴趣。对事物本身和活动过程的兴趣是直接兴趣,而对活动目的和结果的兴趣是间接兴趣。直接兴趣在无意注意的产生中有重要作用,而间接兴趣则与有意注意有关。

(3)活动组织的合理性

活动组织得是否合理,也影响有意注意的情况。比如,儿童的一日生活是否有规律,如果生活无规律,整天处于忙乱状态,就很难组织自己的有意注意。再如,不同性质的活动搭配得是否合适,如果户外活动后马上坐下来学习儿歌,儿童就很容易走神。另外,智力活动与实际操作活动结合起来有利于维持注意。

(4)与已有知识经验的关系

新刺激与人们已有知识经验的关系对有意注意也有重要影响。新刺激与已有知识经验的差异太小,人们无须特别进行智力加工就能把握它,因而也不需要集中注意;反之,差异太大,人们即使积极开动脑筋运用已有知识经验也无法理解它,注意也就很难维持下去。

(5)良好的意志品质

有意注意是需要意志努力来维持的,因此,它依赖于人的意志品质。意志坚强的人能主动调节自己的注意,使之服从于活动的目的和任务;意志薄弱者则很难排除干扰,因而也不可能有良好的有意注意。

有意注意和无意注意是可以相互转化的。例如,我们正在听课,忽然从窗外传来动听的歌声,我们可能不由自主地倾听歌声,这是无意注意。但由于我们认识到学习的重要性,因而迫使自己把注意力集中在听课上,这就是有意注意了。对于学前儿童而言,无意注意优于有意注意。在新生儿阶段,外界刺激就能引起个体的生理反应,这是最初形式的无意注意。总的来说,在整个学前阶段,由于婴幼儿的神经系统特点,无意注意发展较早,并始终占有优势。随着儿童接触环境的变化,接触事物的增多,无意注意对象的范围不断扩大,无意注意逐渐稳定。直到幼儿前期,随着大脑额叶的发展,儿童的有意注意逐渐发展,并增加了儿童活动的能动性。

(二)定向性注意和选择性注意

1.定向性注意

定向性注意在个体出生后就具有。例如,突然出现的强烈刺激总会引起人们本能的注视反应。但是,这种注意随着年龄的增长而逐渐降低其所处的地位,而选择性注意却逐渐成为儿童注意发展的主要表现。

2.选择性注意

选择性注意是指个体通过筛选刺激,从而把注意力集中在特定的刺激上的能力。这种注意表现在对注意对象的选择偏好上。婴幼儿注意的选择性有以下变化:第一,选择性注意性质的变化。在个体发展的过程中,注意的选择性最初取决于刺激物的物理特性,如刺激物的物理强度(声音的强度、颜色的明度等);以后逐渐转变为取决于刺激物对儿童的意义,即满足儿童需要的程度。第二,选择性注意对象的变化,包括选择性注意范围的扩大,注意的事物日益增多。第三,从更多地注意简单的刺激物发展到更多地注意较复杂的刺激物。总的来说,定向性注意虽然早于选择性注意发生,但后者在儿童期呈现稳定增长的趋势。

三、注意在儿童心理发展中的作用

注意在儿童心理发展中具有重要的作用,注意与儿童其他心理品质关系紧密,是其他心理品质发展的基础。从小培养学前儿童良好的注意力,将为儿童的健康发展做好铺垫。

在学前儿童的感知觉发展上,注意是感知觉的开端,注意所指向的对象不同,所获取的环境信息则完全不同。同时,注意也是研究婴幼儿感知觉发展的重要指标。婴幼儿对周围环境的感觉和知觉是难以用语言表达清楚的,因此,可以通过观察婴幼儿的注意情况来判断其感知觉的发展情况。

在学前儿童的智力发展上,注意力水平的高低会直接影响儿童的智力发展。通过注意,儿童才能让感知到的信息进入长时记忆系统,从而促进知识的学习、智力的发展。从观察力的发展上讲,注意能够加强儿童观察的有意性和理解性,保证思维活动的持久性。从学习效果来看,当儿童注意力集中时,学习效果较好,从而促进智力的发展。

在学前儿童的社会性发展上,注意有利于儿童及时地发现周围环境的变化,从而不断调整自己的社交状态,把注意力集中到新变化的情况中,从而适应环境。有注意力缺陷的儿童往往因为自我抑制能力差、任性而难以适应社会环境,从而存在人际交往问题。

扩展阅读

注意力缺陷障碍

注意力缺陷障碍(Attention Deficit Disorder),又被称为多动症,是儿童期常见的一类心理障碍,表现为与年龄和发育水平不相称的注意力不集中和注意时间短暂、活动过度、分心和冲动等,常伴有学习困难、品行障碍和适应不良。比如,在活动过度特征上,患有多动症的儿童经常精力旺盛、烦躁不安,不能保持安静,特别是在学校这样需要限制自己活动的地方,表现更加突出。在分心特征上,患有多动症的儿童不断变换注意对象,他们在课堂上注意力不集中,看起来好像无法把注意力集中在学校里的各项学习任务上。在冲动特征上,患有多动症的儿童做事不经过考虑,如在别人说话的时候任意打断。当然,不是所有患多动症的儿童都会表现出这些症状,而且症状的程度也不一定都相同,一些症状常会随着环境的变化而发生改变。

已有研究认为,造成儿童多动症的原因是多方面的,包括遗传、神经递质、母体在妊娠期和分娩期吸烟或饮酒、早产、产后出现缺血缺氧性脑病以及甲状腺功能障碍、儿童期疾病、家庭社会因素等。在多动症儿童的治疗上,单纯性的药物治疗只能短期缓解部分症状,医生一般会根据患者及其家庭的特点制订综合性干预方案,包括心理治疗、药物治疗、行为管理、父母培训等。

资料来源:https://baike.baidu.com/item/%E6%B3%A8%E6%84%8F%E7%BC%BA%E9%99%B7%E9%9A%9C%E7%A2%8D/10425678。

第二节　学前儿童注意的发生与发展

一、学前儿童注意的发生

(一)注意的萌芽

新生儿具有无条件的定向反射,即定向注意,这是最原始的初级注意,也是注意的萌芽。例如,大的声音会使新生儿暂停吸吮及手脚的动作,明亮的物体会引起视线的片刻停留。这时的注意主要是由外界事物的特点引起的。这种本能的定向性注意在儿童以及成人的活动中不会消失,比如,突然出现的巨大声响,总是会引起本能的"是什么"反射。但是,这种定向性注意随着年龄的增长所占据的地位日益下降。

(二)无意注意的发生和发展

出生后第一年,婴儿清醒的时间不断延长,觉醒状态也较有规律,这时期的注意迅速发展。婴儿的注意基本都是无意注意,他们对急剧变化的外部刺激最容易产生注意。另外,与儿童的生存需要有关的、能满足他们的生理需要的事物也容易引起注意。随着动作的发展,儿童探索世界的兴趣更浓厚了,而探索活动要靠注意引起和维持,这也促进了注意的发展。这时,无意注意仍占主要地位,但注意的范围有所扩大,稳定性有所增强。

幼儿的无意注意已经相当发达,凡是鲜明、生动、直观、形象、活动、多变的事物以及与他们的经验有关、符合他们兴趣的事物,都能引起他们的无意注意。但由于各年龄段幼儿的生理、心理发展以及所受教育等方面的差异,其无意注意也表现出不同的特点。小班幼儿的无意注意明显占优势,新异、强烈以及活动、多变的事物很容易引起他们的注意,但注意的稳定性较差,容易转移。中班幼儿注意的范围更广,他们对于自己感兴趣的活动能够较长时间保持注意,而且集中程度较高。大班幼儿的无意注意进一步发展,对于感兴趣的活动能够集中注意更长的时间,而且大班幼儿关注的不仅仅是事物的表面特征,他们的注意开始指向事物的内在联系和因果关系。注意的这种变化与其认识的深化有关。

(三)有意注意的发生和发展

在整个学前阶段,儿童的有意注意受大脑发育水平所限,发展缓慢。有意注意和大脑皮质额叶的发展密切相关。额叶的成熟使幼儿能够把注意指向必要的刺激物和有关动作,主动寻找所需要的信息,同时抑制对不必要刺激的反应,即抑制分心。而额叶在大约7岁时才达到成熟水平,因此,幼儿期有意注意开始发展,但远远未能充分发展。

从婴儿末期开始,儿童的有意注意开始缓慢发展,这是因为随着儿童活动能力及言语理解能力的发展,成人开始要求他们做一些力所能及的事情。在完成任务的过程中,儿童必须使自己的注意服从于所要完成的任务,这样有意注意就开始萌芽了。当儿童进入幼儿期,也就是进入了幼儿园这一新的教育环境中,就必须遵守各种行为规则,完成各种任务,对集体承担一定的义务。这都要求幼儿形成和发展有意注意,服从于任务的要求。因此,各种生活制度和行为规则成为幼儿有意注意逐步发展的重要原因。

学前儿童有意注意的形成大致可以分为以下三个阶段。

第一阶段,儿童的注意由成人的言语指令引起和调节。在日常生活中,成人提出问题,往往能够吸引幼儿有意注意的方向,使幼儿有意地去注意某些事物。例如,向幼儿提问"妈妈在哪里",幼儿就会用手指着妈妈,这实际上就是一种有意注意的训练过程。

第二阶段,儿童通过自言自语控制和调节自己的行为。随着言语技能的发展,儿童能自己使用语言来随时调节行为,以保证自己的注意集中于当前的任务。比如,儿童在画一座房子时,就可能说"先画一个窗户""再画一个烟囱"等。

第三阶段,儿童运用内部言语指令控制、调节行为。随着内部言语的形成,儿童学会了自己确定行动目的、制订行动计划,使自己的注意主动集中在与活动任务有关的事物上,并能排除干扰,保持稳定的注意。这时,即使儿童没有说话,也能较好地完成当前任务而不分心。

二、学前儿童注意品质的发展

注意的品质可以从稳定性、分配能力、转移能力、广度四个方面来分析。在学前阶段,随着年龄的增长和教育的影响,儿童的注意品质也在不断提高。

(一)注意的稳定性

注意的稳定性是指对同一对象或同一活动的注意所能持续的时间。注意状态很难保持不变,会出现周期性的变化,导致注意的起伏。需要强调的是,注意的稳定性并不意味着它总是指向同一对象。为了完成一项活动任务,可能要求注意不同的对象。例如,一节计算作业课,可能需要幼儿先注意听老师讲解、看老师操作、仔细思考老师提出的问题,然后听其他幼儿的回答、动手操作等,注意都是围绕着学习计算这一总任务而变化的。因此,注意的稳定性应理解为动态的稳定。

幼儿注意的稳定性比较差,在不同的年龄注意的稳定性会有差别,一般而言随着年龄的增长,稳定性会增强。3岁儿童能够集中注意3~5分钟;4岁儿童是10分钟;5~6岁儿童是15分钟,甚至可以是20分钟。随着年龄的增长,第二信号系统的作用逐渐增强,儿童能够使用语言来调节自己的注意,从而增强注意的稳定性。

(二)注意的分配能力

注意的分配能力指同一时间里,注意指向多个不同的对象的能力。分配的条件是:其一,同时进行的两种活动中必须有一种是熟练的;其二,同时进行的两种或多种活动之间如果有联系,注意分配就显得轻松很多。幼儿注意的分配能力较差,常会顾此失彼,注意力也很难在多种任务之间灵活转换,影响注意的分配。例如,跳舞时,注意动作,就忘了表情;做操时,注意动作,就无法保持队形的整齐等。但随着年龄的增长,幼儿注意的分配能力迅速提高。

(三)注意的转移能力

注意的转移能力即有意识地将注意从一个对象转移到另一个对象上的能力。注意转移的快慢与原来的紧张程度及新对象的性质有关。原来的注意越紧张,注意转移就越困难。例如,幼儿刚玩过激烈的竞赛游戏,马上坐下来学计算,注意就很难转移过来。儿童注意的转移能力也是一个渐趋灵活的过程。年幼儿童受到客体特点和个体神经活动特点的影响,不善于灵活地转移自己的注意,而大班的幼儿能够按照要求灵活地转移自己的注意。

(四)注意的广度

注意的广度即同一时间能把握的对象的数量,也称为注意的范围。注意的广度取决于注意对象的特点以及注意主体的知识经验。注意的对象越集中、排列越有规律、越具有内在的意义联系,注意者的知识经验越丰富,注意的广度就越大。例如,10个胡乱分布的圆点不容易被把握,如果5个为一组排成两朵梅花形,就很容易被注意到;懂英语的人对英文字母的注意广度比不懂英文的人要大得多。

幼儿注意的广度比较狭窄,一般只能把握2~3个对象。随着儿童的成长、生活圈子的扩大、社会经验的丰富,其注意广度会增加。成人能够在1/10秒时间内,注意到4~6个相互之间无关联的对象。

第三节　学前儿童注意力的培养

注意在婴幼儿心理发展中具有特殊的意义和价值。学前儿童由于身心发展的限制以及经验的不足，自制力比较差，不善于控制自己的注意力，以致不能长时间把注意力集中在应该注意的对象上。因此，从小培养孩子形成良好的注意品质，有利于其学习能力和生活能力的提高。

一、学前儿童注意力分散的常见表现

学前儿童注意力分散的常见表现主要有如下方面：

第一，在课堂上或活动中东张西望，做小动作，如手中不停地拿着东西玩；

第二，不听从老师的指令，不按照老师的要求注意事物，不遵守老师提出的简单规则，小的刺激就会引起他的强烈反应，情绪激动，并很长时间不能平静下来；

第三，在活动中或课堂上不停地与周围的幼儿说话，不专心做自己的事情，影响别人；

第四，同样的任务比别人完成得慢，所用的时间较长，且质量不稳定；

第五，在集中活动中，遵守规则的能力较差，不能等待，表现为急不可耐；

第六，不喜欢阅读文字书，不喜欢做与听、说、读、写有关的任务。

二、引起学前儿童注意力分散的主要原因

（一）生理方面

第一，幼儿大脑发育不完善，神经系统的兴奋和抑制过程发展不平衡，先天的神经发育达不到常态，导致自制力差、注意力不集中。

第二，由轻微脑组织损伤、脑内神经递质代谢异常等引起的儿童多动症，神经结构或功能异常引起的儿童抽动症，也会伴随有注意力不集中的现象。另外，有听觉障碍或视觉障碍的孩子也可能表现出不注意听或看。

第三，在气质方面，有的儿童先天气质中对光、声、味和触觉的敏感度比别人高，因此，较容易受到周围环境刺激的干扰而分散注意力。

第四，因疲劳引起的注意力分散。儿童神经系统的耐受力较差，长时间处于紧张状态或从事单调的活动便会引起疲劳，降低觉醒水平，从而使注意力涣散。家长不重

视儿童的作息时间,不督促儿童早睡,导致他们睡眠不足,从而出现注意力分散。天热、口渴、生病或某种原因引起的情绪不安等都会影响注意力的集中。

(二)环境方面

第一,无关刺激干扰引起注意力分散。比如,环境繁杂、喧闹等造成幼儿的注意力不易集中;活动室或儿童的房间布置过于繁杂、饰品过多、更换过频,教学辅助材料过于繁多,教师的衣着打扮过于新奇,都可能分散儿童的注意力。

第二,给予幼儿过多的玩具和书籍容易引起其注意力分散。如果只是把玩具和书籍扔给幼儿,家长没有加以指导,就很容易形成其浮躁和注意力涣散的毛病,因为幼儿一般都会很快厌倦,并不断地更换玩具,一本本书乱翻。久而久之,注意力不集中的习惯就形成了。

第三,幼儿所处的环境污染严重,造成血液中铅的含量过高,也会影响儿童的专注程度。

(三)教育方面

首先,教师对儿童的要求或儿童对活动目的不明确,儿童对教师的要求或活动目的不理解,会导致儿童在活动中因为不知道该干什么而注意力分散,从而影响活动效率。

其次,教育内容不符合幼儿的年龄特点,如教育内容太深,幼儿不能理解,或太浅缺乏新鲜感,都不能吸引幼儿的注意力。

最后,教学方法不够灵活,不注意动静搭配,或活动要求不够明确等,都会影响幼儿的注意力。

(四)其他方面

在幼儿饮食中,若糖分、咖啡因、人工色素、添加剂、防腐剂等的含量过多,过多食用油炸类、烧烤类食物,或以饮料代替水,忽视维生素的摄取,都会刺激儿童的情绪,影响其注意力的集中。

另外,家庭矛盾和变故、父母教养方式等如果影响了幼儿的情绪状态,使幼儿处在紧张和焦虑中,也会导致其注意力分散。

三、防止学前儿童注意力分散的措施

(一)幼儿园教师的措施

教育对幼儿注意的发展起着重要作用,教师应该根据幼儿注意发展的特点和规律进行有计划、有目的的教育,积极培养幼儿的注意力,为他们进入小学学习创造有利条件。

1.创设良好的环境,防止幼儿分散注意力

幼儿注意力的分散常常是因为无关刺激物的干扰。活动环境不安静,活动室的墙面布置太花哨,教师上课动作过多,不断大声提醒个别幼儿等,都会影响幼儿的注意力。我们应当保持活动地点周围的安静,教室墙面布置要突出主题,教师衣着要大方得体,用眼神或细微的动作提醒个别注意力不集中的幼儿,以免影响多数幼儿的注意力。受到其他干扰的影响后,要尽快把幼儿的注意力吸引到原来的主题上来。

2.明确活动目的,帮助幼儿发展有意注意

随着幼儿年龄的增长,有意注意会逐步发展。有意注意是一种有预定目的,必要时需要意志努力的注意。幼儿不是对一切事物都感兴趣,且只凭兴趣引起的注意又难以持久。大多数知识经验的获得有赖于有意注意。在各项活动中,教师要提出具体的活动目的和方式,激发幼儿完成任务的愿望和积极性,增强幼儿的自我控制力,促进他们有意注意的发展。例如,老师和孩子种一颗豆子放在窗台上。最初几天,孩子可能出于好奇而经常去看一看。但时间久了,兴趣趋于淡化,自然不会光顾了。如果老师能在种豆子之前对孩子说:"这颗豆子不久就会长出绿色的长长的叶子,你要是看到它发芽了,就赶紧来告诉老师。"这样就交给孩子一项任务,为了完成老师交给的任务,他就必须经常注意它。

3.灵活地交互运用无意注意和有意注意

有意注意是完成任何有目的的活动所必需的,但是,有意注意需要意志努力,耗费的神经能量较多,容易引起疲劳。幼儿由于生理特点,更难长时间保持有意注意。儿童的无意注意占优势,任何新奇多变的事物都能引起他们的注意,而且无意注意不需要意志努力,耗能较少,因此,保持的时间比较长,但只靠无意注意是不能完成有目的的活动的。

鉴于两种注意本身的特点和儿童注意的特点,教师要充分利用儿童的无意注意,也要培养和激发他们的有意注意。在教育教学过程中,可以运用新颖、多变、强烈的刺激吸引他们;同时,也应该向他们解释进行某种活动的意义和重要性,并提出具体明确的要求,使他们能主动集中注意力。两种方式应灵活交互使用,不断变化儿童的两种注意,使其大脑有张有弛,既能完成活动任务,又不至于过于疲劳。

(二)家长的措施

1.制订并严格遵守合理的作息制度

制订合理的作息制度并严格遵守,使儿童得到充分的休息和睡眠,是保证他们精

力充沛、注意力集中地从事各种活动的前提条件。特别是保证早睡早起、合理控制看电视的时间,是家长需要注意的。

2.适当控制儿童的玩具和图书数量

有意识地让儿童养成在某一段时间内做一件事的能力,有头有尾,不半途而废。如在看书时,让儿童看完一本再换另一本;给玩具时也不要一次性投放过多。如果书成堆或玩具成堆,就容易使他一会儿看这,一会儿玩那,形成注意力分散的坏习惯。

3.不要反复对儿童提相同的要求

对幼儿讲事情只说一遍,不要老是重复。有些家长对同一件事情或某一点要求总要反复交代,久而久之,幼儿便习惯于一件事要反复地听好多遍。这样的幼儿入园以后也会漫不经心,以为老师也会像父母那样重复地讲。所以,对幼儿只说一遍,不再重复,也是培养注意力的一种方法。

4.充分利用儿童的好奇心

面对五彩缤纷的世界,幼儿具有强烈的好奇心,许多在成人眼中毫无作用的物品,都可以成为幼儿流连忘返、百看不厌的"研究"对象。对于那些在成人眼中平淡无奇的事物,他们却会感到那么神奇和不可思议,然后会提出许多问题。家长可以给幼儿买一些会唱歌的小熊、会跳舞的娃娃等新奇、富于变化的玩具,让他们去观察、摆弄,训练他们的注意力;也可以把幼儿带到公园看一些以前未曾见过的花草,到动物园看可爱的动物,到街上看造型各异的建筑,到大自然中看美丽的景观,利用幼儿对事物的好奇心去培养其注意力。

5.充分利用儿童的兴趣

兴趣是最好的老师,人在做自己感兴趣的事情时,总会很投入、很专心,幼儿也是如此。如果幼儿在入学前接触的知识太多,走进课堂后发现老师讲授的都是自己屡见不鲜、耳熟能详的东西,那么,大多数幼儿都会不由自主地分散注意力。在生活中,你常常会看到一些幼儿按家长的要求做某些事情的时候总是应付或心不在焉,而在做他感兴趣的事情时却能全神贯注、专心致志。对幼儿来说,他的注意力在一定程度上只接受其兴趣和情绪的控制,因此,我们应该将广泛的兴趣与培养注意力结合起来。

百度拾遗

儿童注意力的"杀手"——电视

在现代社会,电视机已进入每个家庭,成为一种普及化的大众媒体和家用电器。儿童看电视的时间过长,对其注意力是有负面影响的。大量研究表明,如果儿童每天看两个小时以上的电视,将会对他们的大脑发育产生不良影响,进入青春期后可能会出现注意力不集中的问题。这是因为：第一，许多电视节目的快速画面转换容易"过度刺激"儿童正在发育的大脑，使他们觉得现实"没劲"，"老看电视的孩子会觉得，学校功课等正常生活节奏慢得无法忍受"。换句话说，长期看电视的孩子习惯了电视的流动画面，到了幼儿园就不习惯静静地听老师的话。第二，看电视占用了大量原本有利于培养注意力的活动时间，如阅读、运动、游戏等。看电视作为一种被动型的学习方式，没有互动，不利于儿童创造思维的培养，语言也容易发展迟滞。

因此，美国儿科学会已经建议两岁以下的儿童不应看电视，更大一些的孩子每天看电视的时间不应超过两个小时。对于学前幼儿来说，如果喜欢动画片，家长可以和幼儿一起选择两个动画片，时间总长度控制在半个小时以内。另外，不应让孩子看连续剧，如果孩子对体育、科技类节目感兴趣，家长可以把节目录下来，不应让孩子一次性看电视时间太长。

资料来源：http://www.xinli001.com/info/100013163.

第四节　学前儿童注意力的研究方法

一、定向反射法

在研究新生儿和婴儿的注意力时,多采用定向反射法。定向反射是指环境中的刺激引起新生儿和婴儿的全身反应,这种复合反应表现在血流变化(如肢体血管血流量减少,头部血管舒张、血流量增加等)、心率改变、汗腺分泌、瞳孔变化和脑电变化、胃的收缩和胃液分泌等方面。由于新生儿和婴儿的心理活动的外部表现较少,且其无法用语言表达自己的心理活动状况,因此,采用定向反射表现出来的生理指标来测量儿童的注意力是较常用的一种研究方法。

二、注意偏好法

婴儿对周围的事物具有注意偏好,特别是有视觉偏好。在研究学前儿童的注意力时,可以通过他们对事物的注视时间、生理反应等指标,来考察他们的注意情况。比较常见的研究范式是研究者同时给婴儿呈现至少两种刺激,观察婴儿是否对其中的一种刺激更感兴趣。范兹用这种方法做了很多关于婴儿的形状知觉与视觉偏爱的研究。在他的实验中,同时给婴儿出示两个图案,测量婴儿注视每个图案的时间。如果婴儿看两个图案的时间不一样长,说明他们可以区分两种不同的刺激,并对某种图形给予更多的注视。

> **扩展阅读**
>
> **经典实验**
>
> 沙拉帕切克(1975)的一项研究发现,3个月的婴儿对简单几何图形的注意有两个明显的发展趋势。
>
> 第一,从注意局部轮廓到注意较全面的轮廓。新生儿在注意简单的形体时,把焦点集中在形体外周单一的突出特征上,如方形的边、三角形的角。偶然也出现对轮廓较完全的扫视,但其组织程度尚差。而3个月的婴儿的注意则已经较全面。
>
> 第二,从注意形体外周到注意形体的内部成分。新生儿在注视某个形体时,如果该形体既有外部成分,又有内部成分,他很少去注意其内部成分,他的注意倾向于外部成分。可是两个月的婴儿的注意就发生了变化,他开始有规律地注视形体的内部成分。婴儿选择性注意对象变化的另一方面是选择性注意对象的复杂化,即从更多注意简单事物发展到更多注意较复杂的事物。
>
> 资料来源:陈帼眉,冯晓霞,庞丽娟.学前儿童发展心理学[M].北京:北京师范大学出版社,2013.

第五节　学前儿童注意力的测量与评估

我们在测评学前儿童注意的品质时,可以从注意的广度、注意的稳定性、注意的转移、注意的分配等几个方面来进行(见表4-1)。学前儿童注意力常用的测评方法有观察法、情境问卷法、访谈法和测验法。

表4-1　注意的测量项目与评估标准

测量项目	A级	B级	C级
注意的广度	在单位时间内(1/10秒)能注意到3个或以上毫无联系的对象	在单位时间内(1/10秒)能注意到2个毫无联系的对象	在单位时间内(1/10秒)能注意到1个毫无联系的对象
注意的稳定性	根据任务对注意对象持续注意15分钟以上	根据任务对注意对象持续注意10~15分钟	根据任务对注意对象持续注意5~10分钟
注意的转移	根据要求迅速、连续地从一个活动转移到另外的活动中来	根据要求连续地在不同类型的活动中相互转移	能在成人的要求和督促下从一个活动转移到另外一个活动中来
注意的分配	在成人的要求下熟练、迅速地同时进行两种或两种以上不同性质的活动	在成人的要求下熟练、迅速地同时进行两种相同性质的活动	在成人的要求下基本上能同时进行两种简单的学习、游戏、生活活动

一、观察法

儿童处于注意状态时,会有一些外部表现:第一,适应性运动。儿童在集中注意力的时候,感觉器官指向刺激物,如侧耳倾听、屏息凝视等。第二,无关运动的停止。儿童在听老师讲引人入胜的故事时,会一动不动,甚至本来站着的儿童会一直站着听老师讲故事。第三,呼吸运动的变化。集中注意力的时候,呼吸轻微缓慢,一般吸短呼长;高度集中注意力的时候,会大气不敢出,屏息凝气。此外,很多孩子在注意力集中的时候,面部表情会紧张,如锁眉咬牙、脉搏速度加快、四肢紧张、双拳紧握等。

在日常活动中,可以通过观察儿童的外部表现评价其注意力情况。例如,在语言活动中观察幼儿听故事时注意力集中的时间;在音乐活动中看幼儿边唱歌边做动作,以观察其注意力的分配情况等。

二、情境问卷法

情境问卷法的评价主体一般是父母和熟悉幼儿的教师,评价内容是一组和儿童注意力相关的问题。比如,"吃饭时,能自己使用筷子,不会中途嬉闹";"看儿童电视节目时,能持续看到结束为止";"会依照爸爸或妈妈的指示做些简单的家务,并且完全做完"。需要注意的是,情境问卷法的评价结果需结合儿童的年龄进行解释。

三、访谈法

对学前儿童注意力的测评还可以运用个别访谈或团体访谈的形式,先确定访谈目的,围绕一个主题进行谈话,以了解个体或某一年龄阶段儿童的注意力发展状况。谈话对象一般是父母和熟悉幼儿的教师。

四、测验法

除了以上方法外,还可以通过测验法对儿童的注意品质进行评估。例如,提供物体形象的彩点图和彩笔,并对儿童发出指导语:"小朋友们,老师要你们把图上的彩点用彩笔连接起来。老师说'开始'才能开始,听到老师说'停'就把笔放下。"教师观察儿童的神态、听从指令的情况和任务完成的质量。同时,可以在设置有无干扰因素的不同环境条件下测评幼儿作画时候的分心状态。

本章小结

1.注意是指心理活动对一定对象的指向和集中,是伴随着感知觉、记忆、思维、想象等心理过程的一种共同的心理特征。注意在儿童心理发展中具有重要的作用,直接影响其感知觉、智力、社会性等心理品质的发展。

2.在整个学前阶段,随着年龄的增长和教育的影响,儿童的无意注意和有意注意都在逐渐发展,但无意注意优于有意注意。注意的品质可以从稳定性、分配能力、转移能力、广度四个方面来分析,儿童注意的品质随着年龄的增长在不断提高。

3.在注意力的培养方面,家长和教师应该认识到学前阶段儿童注意的发展对其以后心理发展的作用。在各种教育中,重视儿童注意发展的特点,分析儿童注意发展的原因,培养儿童良好的注意力,为学前儿童以后的学习、生活以及其他能力的培养创造良好的条件。

4.常用的学前儿童注意力的研究方法有定向反射法、注意偏好法。常用的学前儿童注意力的测评方法有观察法、情境问卷法、访谈法和测验法。

课后巩固

一、填空题

1. 注意的功能有_____、_____和_____。
2. 根据注意的目的性,学前儿童的注意可以分为_____和_____两种类型。
3. 多动症实际上是一种_____障碍。
4. 可以从稳定性、分配能力、_____、_____四个方面来分析幼儿注意的品质。
5. 小班幼儿的有意注意时间为_____分钟。

二、选择题

1. 窗外传来一声巨响,人们不由自主地循声望去,这时的注意是(　　)。
   A.有意注意　　　B.随意注意　　　C.有意后注意　　　D.无意注意
2. 婴儿定向性注意发生的时间是(　　)。
   A.出生后就有　　B.出生后1~2周　C.出生后2~3周　D.出生后3~4个月
3. 在整个0~3岁阶段,占主导地位的注意是(　　)。
   A.长时注意　　　B.短时注意　　　C.无意注意　　　D.有意注意
4. 在适宜的条件下,大班幼儿的注意力集中时间一般可以达到(　　)。
   A.10~15分钟　　B.8~10分钟　　　C.5~8分钟　　　D.15~20分钟

三、论述题

1. 学前儿童注意的品质有哪些变化?
2. 言语对学前幼儿注意的发展有什么影响?
3. 作为幼儿教师,如何防止幼儿注意力分散?
4. 学前儿童注意力常见的研究方法有哪些?
5. 学前儿童注意力常见的测评方法有哪些?

第五章　学前儿童感知觉的发展

案例导读

经常听到可可的妈妈批评她:"这么大,都上幼儿园的孩子了,还总是穿错鞋子,我就不知道,你怎么就这么笨呢?左脚和右脚明明就不一样,穿反了肯定也很不舒服,你用眼睛稍微观察一下就知道哪只应该穿左脚,哪只应该穿右脚。可是我就不知道为什么,你就这么准,一穿上就绝对是反的,怎么就穿不对一次呢?"可可拿着鞋子看来看去也看不懂是怎么回事。可可还小,方位知觉还差,何况妈妈又没教她应该怎么观察、观察哪儿。

问题聚焦

幼儿对一切新奇的东西都有着极大的兴趣,他们不断感知着这大千世界的林林总总,并在此基础上发展着自己的感知能力和观察能力。捷克著名教育家夸美纽斯曾说:"一个人的智慧应从观察天上和地下的实在的东西中来,同时观察得越多,获得的知识越牢固。"幼儿的观察能力对其思维能力、语言表达能力的发展十分有益。在本章中,我们将一起探讨学前儿童的感知觉发展规律,以及如何培养幼儿的观察能力。

学习目标

1. 理解学前儿童感知觉的发生发展规律及其意义、作用。
2. 理解学前儿童各种感知觉的发生时间、标志与特点及其在幼儿教育中的应用。
3. 掌握学前儿童观察力的发展规律及其培养。
4. 掌握学前儿童感知觉的主要研究方法和测量评估。

第一节 学前儿童感知觉发展概述

一、感觉和知觉的概念及其关系

感觉是指人脑对直接作用于感受器的客观事物的个别属性的反映。知觉是指人脑对直接作用于感受器的客观事物整体的反映。这两种心理过程既有联系,也有区别。

感觉和知觉的区别在于:第一,感觉和知觉所反映的具体内容不同。感觉是人脑对客观事物个别属性的反映,通过感觉可以获得有关事物个别属性的知识;知觉是人脑对事物整体的反映,通过它可以了解事物的意义,因而具体内容更加丰富和生动。第二,感觉是介于心理和生理之间的活动,它的产生主要来自感觉器官的生理活动以及客观刺激的物理特性,相同的客观刺激会引起相同的感觉;而知觉则是在感觉的基础上对事物的各种属性加以综合和解释的生理活动过程,知觉要借助人的主观因素的参与。第三,从生理基础来看,感觉是单一分析器活动的结果;而知觉是多种分析器协同活动的结果。

感觉和知觉的联系在于:第一,感觉是知觉的有机组成部分,是知觉产生的前提和基础;第二,它们都是客观事物直接作用于感觉器官,在头脑中产生的对当前事物的直接反映,离开了对当前事物的直接影响,便不可能产生任何感觉或知觉;第三,感觉和知觉密不可分,在实际的心理活动中,单纯的感觉是很少有的,总是以知觉的形式来反映事物。

二、感知觉在学前儿童心理发展中的作用

(一)感知觉是其他心理现象产生的基础

新生儿在出生时就具备了一套完整的无条件反射装置,拥有听觉、视觉、温度觉、触觉和痛觉等重要的感知觉能力。随着个体的生长,新生儿将逐步具备更为完善的感觉能力和一定的知觉组织能力。没有感知觉,个体的记忆、思维、想象、情感等较复杂的心理现象将无法发生和发展。只有在给予充足的感知觉刺激后,婴幼儿的感知能力才能充分发展,记忆存储的知识经验才越丰富,思维、想象发展的潜力才越大。

(二)感知觉是婴儿认知世界的基本手段

感知觉是学前儿童,特别是2岁以前的婴儿认知结构中最重要的组成部分,是他们认知世界的基本手段。在日常生活中,婴儿通过视觉、听觉、触觉等感觉通道了解外

部世界的物质属性,形成自己的经验,并为后续心理活动的产生、发展奠定基础。

当代心理学把人的认知过程分为感知、记忆、控制、反应四个子系统。在不同的年龄阶段,各子系统内部的组成成分是不一样的,四个子系统在整体结构中的地位也是不一样的。在婴儿期,控制系统所发挥的作用极其有限。婴儿对客观世界的认知主要凭借感知系统,反应的方式以动作为主,认知的基本方式为"感知－动作"方式。

(三)感知觉在幼儿认知活动中占主导地位

2岁以后,由于语言和思维的发展,儿童的感知能力得到进一步发展。在整个幼儿期,感知系统仍然是儿童认知世界的主要途径。在生活中,幼儿往往更乐意相信自己的眼睛,而不愿相信自己的判断。在幼儿的认知世界里,思维受到直观感受的影响,处于较低的水平,而感知觉作为他们认知的主要方式,仍占据着主导地位。

第二节 学前儿童感觉的发展

美国著名的心理学家威廉·詹姆士曾说过这样一句话："婴儿一生下来,眼睛、耳朵、鼻子、皮肤和内脏就同时受到刺激,他们感到整个世界闹哄哄的,一片混乱。"事实上,在婴儿的认知能力中,最先发展且发展速度最快的就是感觉和知觉,许多感知觉在婴儿时期就已达到成人的水平。

一、视觉的发展

视觉是人最重要的感觉渠道,是儿童获得信息的主要渠道,约有80%左右的信息是通过眼睛这个视觉感受器传送给大脑的。对于婴幼儿来说,视觉的作用更为巨大,因为成人有时可以通过语言听觉获得信息,而婴幼儿很难做到这一点,他们对语言信息的接收和理解常常需要视觉形象作为支柱。

研究证明,视觉最初发生的时间是在胎儿中晚期,四五个月的胎儿就已经有了视觉反应能力。新生儿已经具备一定的视觉能力,有了基本的视觉过程。刚出生的婴儿就能立即察觉眼前的亮光,区分不同明度的光,还能用眼睛追随视觉刺激。

黑斯等人在1980年对婴儿视觉活动进行了一系列研究。他们认为,新生儿已经具备对外部世界进行扫视的能力,当面对不成形的刺激时,无论是在黑暗中还是在有光的情况下,他都会以有组织的程序进行扫视。物体的运动、声音的大小、节奏和声调的变化,都会吸引和维持新生儿的注意。黑斯总结新生儿的五大视觉规律:第一,新生儿在清醒时,只要光不太强,都会睁开眼睛。第二,在光适度的环境中,面对无形状的情景时,新生儿会对相当广泛的范围进行扫视,搜索物体的边缘。第三,在黑暗中,新生儿也保持对环境有控制的、仔细的搜索。第四,当新生儿的视线落在物体边缘附近时,便会去注意物体的整体轮廓。如新生儿在观看白色背景上的黑色长方形时,其视线会跳到黑色轮廓上,在它附近徘徊,而不是在整个视野游荡。第五,新生儿一旦发现物体的边缘,就会停止扫视活动,视觉停留在物体边缘附近,并试图用视觉跨越边缘。如果边缘离中心太远,视觉不可能达到,婴儿就会继续搜索其他边缘。

(一)视觉集中

视觉集中是指通过两眼肌肉的协调,能够把视线集中在适当的位置观察物体。由于新生儿的眼肌不能很好地协调运动,因此调节机能较差,其视觉集中的时间和距离都随年龄的增长而增长。婴儿出生后2~3周内,表现为一只眼睛偏右,一只眼睛偏左,或者两眼对合在一起。遇到光线,眼睛就会眯成一条缝或完全闭合。所以,这个时期的婴儿不能长期放在光源的同一侧,避免眼肌的平衡失调,造成斜视。出生3周的婴儿能将视线集中在物体上,出生2个月的婴儿能够追随在水平方向上移动的物体,3个月时能追随物体做圆周运动。同时,婴儿视觉集中的时间和距离逐渐增加,3~5周的婴儿能够对1~1.5米处的物体注视5秒;3个月时就能对4~7米的物体注视7~10分钟;6个月时,婴儿能够注视距离较远的物体,此时他们对周围环境的观察更具主动性。

(二)视敏度

视敏度是指精确地辨别细致物体或远距离物体的能力,也就是发觉对象在体积和形状上最小差异的能力,即一般所谓的视力。

婴儿出生后即能够看见眼前的物体。在自然条件下,当新生儿在安静觉醒的时候,妈妈把他抱成半卧的姿势,让他的脸朝正前方,这时爸爸拿着一个颜色鲜艳的红球,放在新生儿眼前正中间的位置,慢慢地颤动,来逗引新生儿,新生儿的目光能够慢慢地跟着红球移动。如果红球从中线的位置向新生儿脸部的上前方移动,他有时也会轻微地抬起头来,眼睛向上移动,视线追随着红球。新生儿的最佳视距在20厘米左右,相当于母亲抱着孩子喂奶时,两人脸对脸之间的距离。

但是,婴儿的视敏度比正常成人低。1961年,美国心理学家范兹在特制的观测室里采用注视时间为指标,研究婴儿的视敏度。通过呈现不同等宽度黑白条纹的图形,可以测量婴儿和成人的视敏度。所能看清的条纹越窄(较高的空间频率),则视敏度越好。新生儿的视敏度在20/200到20/600的范围内,只有正常成人视敏度的1/10。不过,婴儿的视敏度改善十分迅速,6个月时,婴儿的视敏度已发展到20/70左右,1岁时与成人相当接近。儿童视敏度发展最快的时期是在7岁左右,学龄中期增长速度又有些加快。由于学龄期阅读量的增加,眼睛疲劳容易让儿童的视敏度下降。

(三)颜色视觉

颜色视觉是指区别颜色细微差异的能力,也称辨色力。婴儿对颜色的辨别能力发展得相当快,新生儿能够区分红与白,对其他颜色的辨别缺乏足够的证据。出生后2个月,婴儿能够区分那些视觉正常的成人所能区分的颜色中的大部分。4个月时,哪怕在光照条件差异很大的情况下,婴儿仍能保持颜色识别的正确。4~5个月以后,婴儿颜色视觉的基本功能已接近成人水平。学前期儿童对红、黄、绿3种颜色的辨别正确率最高,对其他颜色的辨认能力随着年龄增长逐步提高。学前期儿童一般能很好地辨别各种主要颜色,也能知道各种色调的细微差别(如红和紫、青和蓝)。幼儿期,儿童区别颜色细微差异的能力继续发展,并开始将颜色视觉与颜色名称联系起来,颜色概念逐渐发展起来。

> **扩展阅读**
>
> **如何训练婴儿的视觉功能?**
>
> 新生儿从母体内的小天地转入母体外的大世界,马上就接受光线的刺激,尽管他还不能真正看见什么,但已有了光感。如果你仔细地观察孩子的眼睛就可以发现,强光下孩子的瞳孔会缩得很小,黑暗中孩子的瞳孔又会散得很大,这就是基本的反射活动,称之为"光反射"。人一出生就有了光感,对光出现反射。如果视觉受不到应有的光线刺激,能力就会减弱。
>
> 怎样才能训练婴儿的视觉功能呢?首先应给婴儿光线的明暗刺激。父母可以在婴儿的小床周围悬挂各种色泽鲜艳的吹塑玩具、气球等。这些五颜六色的玩具,使婴儿的视野所及不再是白色的天花板和单调的床栏。当然,这时婴儿还不能辨认颜色,但是,人们发现这个时期的孩子对红色有偏爱。一个才1个月大的婴儿,就会用眼睛跟踪眼前移动的红球,从一侧到中线,正好90°;到3个月时,就能达到180°了。2个月的婴儿能立刻注意到身旁的大玩具,但这时他对花生米样大小的小东西似乎表现得不屑一顾,其实是还看不见太小的东西;直到4个月,才能偶尔注意到那种小东西。按照以上所述月龄与视觉能力发展的顺序,父母可以给婴儿相应的训练。
>
> 母亲在喂奶时,也可以同时对婴儿进行视力的训练。出生后不久的婴儿喜欢看着妈妈微笑的脸,似乎对妈妈的脸有极大的兴趣。母亲随时转换抱孩子的位置,使婴儿的目光随之移动,有助于双目视觉肌肉的训练。只要母亲留心,注意给婴儿足够的外界刺激,婴儿的视觉能力就会得到相应的提高。视觉能力的加强对孩子未来的学习也有莫大的帮助。
>
> 资料来源:http://baby.sina.com.cn/health/11/2511/2011-11-25/0825/95865.shtml。

二、听觉的发展

早在胎儿期,个体就具备了听觉能力,对声音出现生理变化和身体反应。6个月胎儿的听觉感受器就已基本发育成熟,可以透过母体听到频率为1000赫兹以上的声音。到第28周时,胎儿对呈现在靠近母亲腹部的声响出现了紧闭眼睑的反应。胎儿听觉的发展,也为胎教奠定了理论基础。

在婴儿期,个体不仅能辨别不同的声音,而且表现出对某些声音的"偏爱",即对某些声音能更长时间地注意倾听。研究者发现,1~2个月的婴儿似乎偏好乐音(有规律而且和谐的声音)而不喜欢噪声(杂乱无章的声音),喜欢听人说话的声音,尤其是母亲说话的声音;2个月以上的婴儿似乎更喜欢优美舒缓的音乐而不喜欢强烈紧张的音乐;7~8个月的婴儿乐于合着音乐的节拍舞动双臂和身躯,对成人安详、愉快、柔和的语调报以欢愉的表情,而对生硬、呆板、严厉的声音表示烦躁、不安,甚至大哭。

(一)音乐听觉

5~6个月以后的胎儿就已经具有音乐感知能力了。比如,受过音乐胎教的婴儿出生后能辨别出其在胎儿期听到过的音乐,当听到这一"熟悉"的音乐时,就表现出相应平静、愉快的情绪。关于婴儿乐感的发展,有许多不同的观点。有的心理学者认为,婴儿从4个月起就开始积极地"倾听"音乐,但在这之前不能。还有研究者认为,2个月的婴儿已能静静地倾听音乐,2~3个月的婴儿已能区分不同的音高,3~5个月的婴儿已能区别音色,6~7个月时已能区别简单的音调。这就是说,6个月以前的婴儿已能辨别音乐中旋律、音色、音高等方面的不同,并初步具备了协调听觉与身体运动的能力。

(二)语音听觉

1个月的婴儿就能分辨"pah"和"bah"的微弱差别,可以完成成人所不能的某些语言的音素辨别。但是,随着婴儿的年龄增长,他们逐渐失去过去拥有的某些语音的辨别能力,同时增加了其他新的能力:2个月的婴儿可以辨别不同人的说话声,3个月的婴儿能够区分成人悲伤的声音和快乐的声音,四五个月的婴儿听到自己的名字会转过头去。

婴儿对人类言语特别关注,他们表现出对"妈妈语"的偏好。这种语言形式具有语速慢、声音高和音调夸张的特点,具有强烈的起伏性,特别能引起婴儿的注意。由于听觉系统形成于胎儿期,婴儿对母亲的声音有特别的偏好,这有助于语言学习和形成对母亲的依恋。

扩展阅读

如何保护儿童的听力

正常的听觉能力是儿童健康成长的前提,但儿童的听力极易受损,成人应该高度重视保护儿童的听觉器官和听觉功能,注意发现儿童在听力方面存在的问题,及早治疗。

第一,避免噪声污染。婴儿的听觉器官发育尚未完善,太大的声音刺激会损伤稚嫩的听觉器官。摇滚乐等高音量、快节奏的音乐,会导致内耳的微细血管痉挛,供血减少,从而使听力下降,甚至造成噪声性耳聋。因此,应尽量少带儿童到歌舞厅等娱乐场所,家庭影院中的音响音量也应适当控制。有些小孩喜欢模仿大人戴耳机收听录音,这很容易导致听力受损,一旦发现应当加以制止。

第二,避免意外伤害。切莫让婴儿将细小物品如豆类、小珠子等塞入耳内,以免造成外耳道黏膜损伤、感染。儿童喜欢打趣、逗闹，不小心碰伤耳道，会引起感染，从而使听力下降。若头部受到外伤，也容易波及内耳，严重的会使耳膜破裂。有些家长喜欢用发夹、耳勺等给孩子挖耳，这很容易造成鼓膜外伤穿孔，引起耳聋。

第三，防止外耳及中耳的污染。中耳腔内有一条通往鼻咽部的细管，称咽鼓管。儿童的咽鼓管比较短、宽且直，呈水平位。感冒等一些疾病引起的鼻咽部分泌物增多，或当婴儿吐奶或呛奶时，细菌便很容易从咽鼓管进入中耳。给婴儿哺乳时姿势要正确，应把婴儿抱起来，取半卧位。如果母乳过于充足、压力过大，可使婴儿头稍低，以免婴儿来不及吞咽而误入咽鼓管。用奶瓶喂奶时，奶瓶不宜举得太高，奶嘴孔也不宜太大。此外，在给儿童淋浴、洗头或带孩子游泳时，千万不要让污水进入耳内，同时应避免儿童在躺着时眼泪流进耳道，以免感染。

第四，积极防治传染病。麻疹、流脑、乙脑等都可能损伤听觉器官，造成听力障碍，因此，要按时接种预防这些传染病的疫苗，积极防治各种急性传染病。如果发生上呼吸道感染或急性传染病，应特别注意保持患儿口腔、鼻腔和咽部的清洁，以防细菌蔓延感染到中耳。小儿患急、慢性中耳炎时，更要及时、彻底治疗，以免留下后患。

第五，警惕药物致聋。聋哑症是感音性耳聋中最严重者，而感音性耳聋多是由药物中毒造成的。因此，病孩应尽可能不用链霉素、青霉素、庆大霉素、卡那霉素、利尿剂、抗疟药等，因为这些药物对内耳有毒副作用，一些药物还可发生变态反应。

第六，讲优生。防范先天性耳聋，胎儿期母体病毒感染及遗传因素可致内耳发育不全而引起先天性耳聋，早产、难产所致的新生儿窒息、严重黄疸等均可导致听力损害。因此，要避免近亲结婚，孕产妇要做好围产期保健，并注意妊娠期间慎重用药。

资料来源：http://new.060s.com/article/2015/01/06/945663.htm.

三、触觉

触觉是学前儿童认知世界的重要手段，特别是在 2 岁前，触觉在认知活动中占有重要地位。婴儿从出生开始就有灵敏的触觉反应，一些无条件反射，如吸吮反射、抓握反射、巴宾斯基反射等，都有触觉活动的参与。

(一)口腔触觉

儿童对物体的触觉探索最初是通过口腔活动进行的,然后才是手的活动。整个人生的第一年,婴儿的口腔触觉都是一种主要的探索手段。对于个体来说,最初的本能的吸吮反射和觅食反射是一种口腔的触觉活动,而新生儿和婴儿的口腔触觉探索还可以通过学习、训练而得到发展,并且在获取信息方面起重要作用。有研究发现,在8~9个月婴儿的探索行为中,当婴儿面前出现某个物体时,婴儿的行为有几种不同的类型:转动手中之物并去观察、动嘴、拿物体去撞桌面或在桌面滑动。在这几种行为中,主要是动嘴。

当婴儿手的触觉探索活动发展起来以后,口腔的触觉逐渐退居次要地位。但是,在相当长一段时间内,婴儿仍然以口的探索作为手的探索之补充。比如,1~2岁的婴儿在捡起地上的物体后,要把它送到嘴里。

(二)手部触觉

个体在新生儿阶段就明显地表现出对触摸的敏感。触觉作为联系成人和孩子的有效手段显得十分重要。把手放在哭泣的新生儿胸部轻轻地抚摸可以让他平息下来,这对那些早产儿也同样有效。在同成人的交流过程中,那些较大的婴儿可以通过对成人的触觉感知产生积极的视觉注意。婴儿通过触觉对外界的积极感知逐渐形成触知觉。

从手部触觉的发展上看,出生5个月后,婴儿伸手能够抓住东西,手的触觉开始同视觉活动相协调。7个月左右,当婴儿学会了眼手协调之后,他会把东西握在手里,进而不停地去摆弄物体。1岁时,婴儿已经能够只用手的触觉认识规则物体。学前期的儿童趋向于用手指触摸物体的外形。这种知觉能力随着年龄的增长会稳步提高,他们越来越熟练地用手指探索物体、认识物体,这也进一步促进了触觉能力的发展。

📖 百度拾遗

现代社会的"感觉轰炸"

感觉轰炸是向儿童提供过多、过强、过杂、过长时间的感觉刺激,造成儿童感觉疲劳和抑制不良的情形。"感觉轰炸"是一个和"感觉剥夺"相对应的概念,在现代社会中,前者更容易发生。受急功近利的人才观和立竿见影的教育观影响,许多人对婴儿的智力进行"早期开发",用各种刺激集中轰炸婴儿的感官,对他们进行早期训练。但到目前为止,没有任何科学研究证明,在这种情况下会培养出更加聪明的婴儿。相反,对婴幼儿的过度早期教育,将剥夺父母在子女早年成长过程中轻松又愉悦的参与性活动机会,而父母对子女的过高期望也会损害孩子的自尊心。因此,这种"不要输在起跑线上"的观点不利于儿童的身心健康,是儿童教育工作者应该注意的。

第三节　学前儿童知觉的发展

知觉是直接作用于感觉器官的事物的整体在人脑中的反映,是人对感觉信息的组织和解释过程。知觉是有机体为了认识世界而表现出来的主动行为,知觉过程就是不断从环境中分化有效刺激的过程。

一、空间知觉的发展

(一)方位知觉

方位知觉也称方位定向,是个体对自身或物体所处的位置和方向的反应,包括对其方向和同主体之间距离的信息认识。比如,对前后、左右、上下及东南西北的知觉。

研究证实,婴儿期个体主要是靠听觉、视觉来定向的。在婴儿早期,听觉空间定向是婴儿主导的定位形式。刚出生的新生儿就有基本的听觉定位能力,他们能对来自左边或右边的声音做出向左看或向右看的不同反应。而由视觉产生的方位知觉则发展得更为缓慢一些。我国心理学家朱智贤等人的研究表明,儿童左右概念的发展经历了三个阶段。

第一阶段(5~7岁):儿童能以自我为中心地进行上下左右的辨别。例如,儿童能辨别自己的左右手,但不能辨别对面人的左右手。

第二阶段(7~9岁):儿童能初步、具体地掌握左右方位的相对性,即能以客体为中心辨别左右。例如,儿童能辨别对面人的左右手,但是,儿童的这种认知往往依赖于自身的动作或表象,在辨别两个物体的左右关系中常常犯错。

第三阶段(9~11岁):儿童能比较概括、灵活地掌握左右概念。这一阶段,儿童已经突破了左右关系的相对性,能够稳固地指出物体之间的左右空间关系。不同年龄的儿童对左右概念的掌握也反映出该年龄儿童的思维发展水平。

(二)深度知觉

深度知觉是人判断自身与物体或物体与物体之间距离的认知,包括立体知觉和距离知觉。深度知觉直接影响个体对环境的理解,以及对自己运动状态的掌握。

美国心理学家吉布森和沃克在1961年设计了"视崖"装置来研究婴儿的深度知觉(见图5-1)。装置的中央有一个能容纳婴儿趴下的平台,平台的两边覆盖着厚玻璃,厚玻璃下覆盖着方格图案的布料。一边的布料与玻璃紧贴,不造成深度;另一边的布料与玻璃相隔数英尺,形成悬崖视觉。实验时,让婴儿趴在中间的平台上,让婴儿的母亲分别站在装置的"深浅"两侧,观察婴儿是否拒绝从有深度错觉的一侧爬向母亲,从而研究婴儿的深度知觉是否已经发生。结果发现,尽管大多数婴儿听到母亲在"深"侧的呼唤,婴儿也不愿过去,或者哭叫。这说明婴儿已经有了深度知觉。

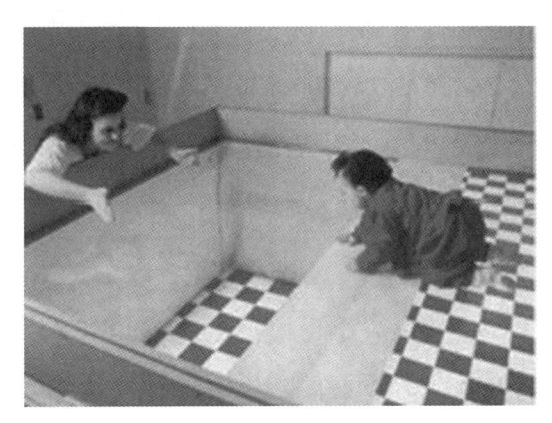

图 5-1 "视崖"实验

也有研究者利用"视崖"装置对 2 个月的婴儿进行研究,发现 2 个月大的婴儿已经能分辨出"视崖"的两边。当他们探寻"视崖"的深侧时,通常表现出心率变慢,这说明年龄小的婴儿对深侧不是感到害怕,而是感到好奇,他们可能把悬崖当作能引起好奇的刺激物来辨认;当婴儿的年龄稍大,能爬的时候,他们在接近深侧时,心率加快,表现出恐惧,因为经验已使他们产生了害怕的情绪。这两种情况均说明婴儿具有深度知觉。

另外,婴儿的深度知觉能力与早期运动经验有关,尤其与婴儿爬行的经验有关,早期运动经验丰富的婴儿,对深度更敏感,表现出的恐惧也更少。

(三)形状知觉

美国心理学家范兹在婴幼儿形状知觉的辨别和偏好上做出了较大的贡献。范兹设计了"注视箱"来研究婴儿的形状知觉(见图 5-2)。在实验中,婴儿躺在"注视箱"内的小床上,眼睛可以看到挂在头顶上方的物体。观察者通过"注视箱"顶部的窥视孔,记录婴儿注视不同物体所花的时间。1961 年,范兹对 30 名 1～15 周的婴儿进行测试,记录他们对一系列成对的复杂图形注视的时间。成对刺激包括:两个相同的三角形,一个十字与一个圆,一个方格棋盘图与两个大小不同的正方形,水平条纹形与同心圆靶形。结果发现,婴儿对各模式注视的时间存在显著差异,复杂程度越高的图形,注视时间越长。具体而言,当呈现两个相同的三角形时,婴儿对两个图形注视的时间基本相等;而呈现水平条纹形与同心圆靶形时,婴儿偏爱注视后者。

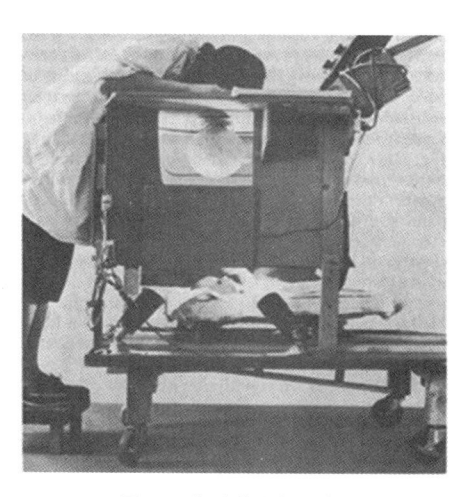

图 5-2 范兹的"注视箱"

范兹还运用脸谱对婴儿进行形状知觉的偏好实验(见图 5-3)。他以 4~6 个月的婴儿为被试,以大小相同的 3 张图形为实验材料。3 张图形中,第一张为红底黑线的类似脸谱的图形,第二张为排列无序的图形,第三张为上黑下白的图形。3 张图形中同种颜色的总面积是相等的,使得刺激量保持相等。结果发现,婴儿大多注视第一张图形,其次是第二张,对第三张图形注视得最少。婴儿对于面部图形的识别是具有社会意义的,面孔知觉能力的发展有助于婴儿建立早期的社会性关系以及对环境的适应。

图 5-3 3 种不同的脸谱

随着年龄的增长,幼儿开始识别不同的几何图形。根据由易到难的顺序,幼儿对几何图形识别的顺序是:圆形、正方形、半圆形、长方形、三角形、八边形、五边形、梯形、菱形。同时,幼儿的形状知觉和图形辨别能力逐渐与掌握图形的名称相结合。

二、时间知觉的发展

时间知觉是指对客观事物和事件的连续性和顺序性的知觉。在儿童时间知觉的发展上,皮亚杰认为,4.5~5 岁儿童的时间知觉常常受到空间关系的影响,他们尚不能把空间关系与时间关系区分开来;5~6.5 岁的儿童能把时间次序和空间次序分开,但不完全;7~8.5 岁的儿童才能把时间关系和空间关系分开。我国学者黄希庭等曾研究了5~8岁的儿童对时间间隔的估计,结果发现,5~6岁的儿童估计时间极不准确、不稳定,根本不会利用标尺;6岁的儿童只是在短时距知觉的准确性和稳定性方面较5岁的儿童有所提高;7岁的儿童在外界有规律的刺激下,多数能利用标尺,时间知觉的准确性有一定程度的提高;8岁的儿童基本上能主动利用标尺,时间知觉的准确性和稳定性开始接近成人水平,但对时距的估计,其准确性和稳定性仍不及成人。随着年龄的增长,"提前"的趋势下降,"错后"的趋势上升。在小学一年级末,儿童具有了时间观念,即在时间顺序的认知上有明显提高。因此,7岁是时间观念发展的"质变阶段"。

幼儿的时间知觉主要与识记的事件相联系,即幼儿对事件的记忆是时间知觉和时间表象的主要信息来源,因此,幼儿园规律的生活制度和作息制度能帮助儿童建立一定的时间观念。幼儿常以作息制度作为时间定向的依据,如"早上就是上幼儿园的时候","下午就是午睡起来以后","晚上就是爸爸妈妈来接我们回家的时候"等。所以,执行作息制度、有规律的生活都会有助于发展孩子的时间知觉,培养时间观念。

三、跨通道知觉的发展

跨通道知觉是指各种感觉通道同时接收并加工信息所产生的知觉。婴儿出生时已具有跨通道知觉的能力,或者他们至少拥有某种能迅速通过经验获得这种能力的先天倾向。

在视觉—听觉联合知觉上,斯佩尔克(1997)设计了一个婴儿视听联系的实验装置。在实验中,婴儿躺在小椅子上,在他的面前有一个屏幕,屏幕正中的上方有一个扬声器。屏幕上出现两张说话的人脸,一张脸的口型与扬声器播出的话语同步,另一张脸的口型则不同步。结果发现,3~4个月的婴儿已经表现出将当前的视觉景象和源自特定面孔的声音相匹配的能力。而其他研究者也发现,4个月左右的婴儿能够通过面孔对不同情绪、性别、年龄的语音进行匹配。

在视觉—触觉联合知觉上,梅尔策夫和博顿(1979)认为,视觉和触觉之间的转换发生在出生1个月以后的婴儿身上,而在此之前的婴儿的这种能力很差。实验者先将一个特殊的橡皮奶头给出生1个月的婴儿吮吸(一半用光滑奶头,一半用上面有8个小硬块的奶头),然后让他们看两个塑料球体20秒,这些球体在视觉上分别和先前吮吸过的奶头相似。结果发现,婴儿更多地注视那些和他们嘴里吮吸过的奶头相似的球体。还有研究发现,6~12个月的婴儿已经能比较清楚地将手中的物体和所见的对象进行匹配,那些更大的婴儿已清楚地表现出能够将视觉和触觉信息整合起来形成完整的知觉的能力。

在视觉—动觉联合知觉上,新生儿能够模仿成人所有的面部表情,他们能够灵活地将自己看见的身体运动和自己感觉到的身体运动协调一致。此外,新生儿天生就具有平衡感,并且能够转动头部以适应视觉动感。总之,婴儿具有较好的跨通道知觉能力。

📖 扩展阅读

儿童感统失调

感觉统合是指人体在环境中有效利用自身的感官,从外界获得不同的感觉(视、听、嗅、味、触、前庭和本体觉等)信息并输入大脑,大脑对输入信息进行加工处理并做出适应性反应的能力。如果出现感统失调,就会影响大脑各功能区、感觉器官及身体的协调,造成儿童学习能力、运动技能、社会适应等方面的障碍。比起农村儿童,城市儿童更容易发生感统失调。

造成儿童感统失调的原因是多方面的:第一,生理原因。例如,因胎位不正引起的平衡失调;因母体怀孕期间吸烟,饮用酒、浓茶、咖啡,吸食毒品等刺激物质引起脐带毛细血管的萎缩,阻碍营养的输入,造成胎儿大脑发育不足,引起婴儿出生后触觉发育不良;因早产或剖腹产造成婴儿压迫感不足,造成触觉失调等。第二,环境因素。由于小家庭和都市化生活,使得儿童的活动范围变小,大人对幼儿过度保护,事事包办,导致幼儿接收的信息不全面;出生后,没让幼儿经过爬行阶段就直接学习走路,产生了前庭平衡失调;父母或保姆不准幼儿玩土玩沙,害怕弄脏,从而造成幼儿触觉刺激缺乏;过早地使用学步车,使幼儿前庭平衡及头部支撑力不足等。

儿童感统失调的常见表现有:第一,视觉统合失调,表现为学习时会出现阅读困难(漏字窜行、翻错页码);计算粗心(抄错题目、忘记进退位);写字时常常过重或过轻,字的大小不一,出现出圈、出格等视觉上的错误,从而造成学习障碍。此外,这类儿童在生活中还常常丢三落四,生活无规律。第二,听觉统合失调,表现为上课注意力不集中、多动,平时有人喊他也不在意,好像与他无关;同时,记忆力差,对学习和生活都会产生不良的影响。第三,触觉统合失调,主要是因为触觉神经和外界环境协调不佳,从而影响大脑对外界的认知和应变,即所谓的触觉敏感(防御过当)或迟钝(防御过弱)。有前一种症状的儿童表现出对外界的新刺激适应性弱,所以喜欢固着于熟悉的环境和动作中(喜欢保持原样和重复语言、动作),对任何新的学习都会加以排斥,不喜欢他人触摸,成绩不佳,人际关系冷漠,常陷于孤独之中;有后一种症状的儿童则反应慢(拖拉行为),动作不灵活,笨手笨脚,大脑的分辨能力弱,缺少自我意识,学习积极性低下,所以表现出学习困难、人情冷漠的问题。第四,平衡统合失调,表现为在学习和生活中常常观测距离不准,协调能力差。观测距离不准会使孩子无法正确掌握方向,协调能力差会让儿童手脚笨拙(常撞倒东西或跌倒)。第五,本体统合失调,表现为在体育活动中动作不协调(不会跳绳、拍球等),在音乐活动中发音不准(走调、五音不全等),甚至与人交谈、上课发言时会口吃等。

感统失调的儿童可以进行感统训练。常见的感统训练器材和活动有羊角球、平衡台、S形平衡木、阳光隧道、袋鼠跳、滑板、滑梯、蹦蹦床、脚步器、独角椅、皮球(趴地推球)、吊缆插棍、旋转吊缆等。

资料来源:http://baike.so.com/doc/5407005－5644893.html。

第四节 学前儿童观察力的发展和培养

观察是一种有目的、有计划、比较持久的知觉过程,是知觉的高级形态。观察力是观察的能力,是通过系统的培养和训练逐渐形成和发展起来的。观察力是智力的重要组成部分,是学前儿童对客观世界的主动认识。总的来说,婴儿知觉的目的性差,缺乏主动积极性,常常受对象本身的特点和自己的兴趣所制约,观察力还未真正发展起来。

一、学前儿童观察力的特征

(一)观察的目的性

观察的目的性是指在观察的过程中,儿童需要在观察对象中注意什么、寻找什么,让观察有选择性和针对性。按照观察的目的性和有意性,可以将幼儿的观察力分为四个阶段:第一阶段(3岁):不能接受观察任务,观察中不随意性起主要作用;第二阶段(3~4岁):能接受任务,主动进行观察,但观察的深刻性、坚持性差;第三阶段(4~5岁):接受任务后能分解出子目标,开始坚持较长时间的观察;第四阶段(6岁):接受任务后能不断分解子目标,能够坚持较长时间,反复进行观察。

(二)观察的持续性

观察的持续性是指观察过程中稳定观察所保持的时间长短。幼儿初期的观察常常不能持久,容易转移注意对象,同时容易受幼儿当时的情绪、兴趣的影响。随着年龄的增长,他们的注意持续时间也随之增加。

阿格诺索娃的研究发现,幼儿观察图片所用的平均时间随年龄增长而增加:3~4岁的儿童为6分8秒,5岁为7分6秒,6岁为12分3秒。其中,6岁儿童的观察时间明显延长,观察的持续性进步较快。需要注意的是,幼儿观察持续性的发展与观察的目的性密切相关,如果让幼儿明确观察的目的,可以帮助幼儿延长观察的持续时间。

(三)观察的精确性

观察的精确性是指在观察过程中,根据观察目的对观察对象细节部分观察的程度。学前儿童的观察比较模糊、笼统,通常只看到事物的大概轮廓就得出结论,不再深入。随着年龄的增长,儿童对事物的观察更加仔细、精确。我国研究者姚平子对3~6岁的儿童进行研究,要求他们分别在图片中找出相同的图形、图形中的缺少部分、两张大致相同的图片中的细微差异及在图中找出物体。结果发现,幼儿观察的目的性和有意性随着年龄的增长和教育的影响逐步发展。

(四)观察的概括性

观察的概括性是指能够观察到的事物之间的联系。在幼儿初期,个体观察的概括水平低,其感知往往是孤立的,不能从整个事物中发现其内在的联系。随着年龄的增长,儿童观察的概括能力不断提高。幼儿图画观察能力的发展要经历四个阶段。

第一阶段:认识"个别对象"阶段。幼儿只能看到个别对象或各个对象的一个方面。

第二阶段:认识"空间联系"阶段。幼儿可以看出图画中各个对象之间可直接感知的空间联系,但不能看到其中的内部联系。

第三阶段:认识"因果联系"阶段。幼儿可以观察各种事物之间不能直接感知到的因果联系。

第四阶段:认识"对象总体"阶段。幼儿可以观察到图画中事物的整体内容,把握图画的主题。

在幼儿进行观察时,如果成人能够提供一定的语言提示,使幼儿明确观察目的,则能够提高幼儿观察的概括性,使其更完整、更深入地认识客观事物。

二、学前儿童观察力的培养

(一)激发观察的兴趣

兴趣是最好的老师。培养儿童的观察力,最重要的是培养他们对观察的兴趣。生活中各种事物纷繁复杂,特别容易引起儿童的观察兴趣。但是,要保持长期的兴趣却很难,教师要适当调整措施,保证儿童对事物有一个完整的了解过程,让他们的兴趣持续长久,激发他们的观察兴趣。教师应尽量让儿童观察那些新奇、有趣、生动的事物。儿童对观察的事物不感兴趣时,教师应经过启发和诱导,激发儿童的观察兴趣。教师可用语言和情绪感染儿童,促使他们对周围的事物产生兴趣。比如,教师可以用神秘的表情、绘声绘色的语言、生动有趣的故事,激起儿童的观察兴趣。

(二)创设良好的观察环境

色彩鲜艳夺目的物体和会活动的物体更能引起儿童观察的兴趣。观察对象具体、生动、活泼,对儿童来说就好看、好听、好玩,这不仅使儿童兴趣盎然,而且印象深刻、牢固。同时,可以让儿童参与环境的创设,提高他们的观察兴趣。比如,在幼儿园的自然角创设中,事前收集了果冻盒、饮料瓶等废品,将孩子们从家里带来的豌豆、黄豆种子分别种在用果冻盒、饮料瓶做成的花盆里,并引导儿童观察种子发芽的过程。

(三)提高观察的目的性

在培养儿童的观察力时,必须提出明确的观察任务。只有这样,才能提高儿童观察的注意力和积极性,使其整个观察过程有目的性。比如,教师带幼儿去踏青,幼儿可能漫无目的地东张西望,转半天,回到教室里,也说不清看到的事物。如果要求幼儿观察一个特定的事物,如让幼儿观察春天的小树发生了什么变化,那么,幼儿一定会仔细地说出小树长高了、树上长出了嫩绿的叶子等。这样幼儿就能有的放矢地去观察,从中获得更多的观察收获。总之,教师要在观察前对幼儿提出明确的观察目的、内容和要求,让幼儿"带着问题"去观察。

(四)注意观察方法的培养

教师不但要向儿童提出观察的目的和任务,而且要指导儿童进行观察的具体方法,即有计划、有次序地去观察。对于年幼的儿童,在观察时,要指导他们学会由表及里、由近及远、从局部到整体进行观察,在循序渐进的基础上养成观察事物的好习惯。告诉幼儿如何看、先看什么、再看什么,指导幼儿抓住事物的主要特征进行观察。比如,教师让幼儿观察大象时,就可边看边提出一系列问题让幼儿回答:"大象的身体大不大?""牙长在什么地方?""鼻子有什么特点?""鼻子是干什么的?"……只有经过教师有意识地启发,幼儿才能学会正确的观察方法。对于年长的儿童,可以帮助他们事先确定观察计划,这样,儿童就可以逐步学会合理地组织自己的知觉和观察能力。

第五节　学前儿童感知觉发展的研究方法

婴幼儿，特别是婴儿感知觉研究的最大障碍在于：他们既不能用言语报告自己的知觉活动，也不能以熟练的行为做出反应。因此，研究者能否恰当地利用婴幼儿的非言语反应作为推断他们感知觉活动的指标，就成为婴幼儿感知觉研究成功与否的关键。以下几种方法是常见的学前儿童感知觉的研究方法。

一、视觉偏好法

婴儿对周围的事物具有注意偏好，特别是有视觉偏好。在研究学前儿童的注意时，可以通过他们对事物的注视时间、生理反应等指标来考察他们的注意情况。比较常见的研究范式是研究者同时给婴儿呈现至少两种刺激，观察婴儿是否对其中一种刺激更感兴趣。20世纪60年代早期，范兹首创了这个方法，用来研究出生不久的婴儿能否分辨不同的视觉图案。在此之后，视觉偏好法得到了广泛的运用。范兹用这种方法做了很多关于婴儿的形状知觉与视觉偏好的研究。在他的实验中，同时给婴儿出示两个图案，测量婴儿注视每个图案的时间。如果婴儿看两个图案的时间不一样长，说明他们可以区分两种不同的刺激。如果婴儿注视其中一个图案的时间比其他图案长，就认为他更喜欢该图案。范兹的早期实验结果表明，新生儿能够轻松地分辨视觉图案，因此，这种能力是天生的。

视觉偏好法的最大缺点是：如果婴儿没有表现出对某一图案有明显的偏好，研究者便无法确认婴儿是否能分辨图案的不同，或者是对所有图案都同样感兴趣。以下几种研究方法有助于弥补这一缺点。

二、习惯化法

习惯化法是测量婴儿感知觉能力最普遍的方法。习惯化指的是反复呈现刺激物，使得个体对刺激物越来越熟悉，直到不再对刺激物做出反应。这种反应包括头部运动、眼部运动、呼吸或心跳频率的变化。习惯化的过程实际上是熟悉新奇事物的过程，当婴儿对熟悉的刺激物不再做出任何反应时，就表明他已经辨认出那是一件熟悉的东西。

在用习惯化法测试婴儿分辨两种不同刺激物的能力时，研究者首先要反复呈现其中一种刺激物，直到婴儿不再注意它或不再做出任何反应，即习惯化。然后，呈现第二种刺激物。如果婴儿能将两者区分开来,他就会表现出去习惯化,即婴儿会密切关注新刺激物,表现为呼吸或心跳频率改变。如果婴儿没有任何反应,就说明两种刺激物的差异过于细微,婴儿察觉不到。婴儿能够对各种各样的刺激物,如图像、声音、气味、味道和触摸产生习惯化和去习惯化,因此,这一方法在婴儿感知觉研究上应用广泛。例如,向婴儿反复地呈现一定结构的图形或一定色调的颜色块,时间久了婴儿就不会再注视它了,即出现习惯化。此时,改换出现另一图形或颜色块,如果婴儿对新刺激重新表现出注视,则表明他具备了感知分辨能力。如果婴儿对新呈现的刺激并不注视,则表明他并不能分辨前后两种图形或颜色块间的差别,并将其感知为一个系统的图形或颜色块,所以不具备知觉分辨能力。

然而,习惯化和个人的偏好结果有时候很难区分,因为当婴儿开始熟悉一种刺激物但又不完全熟悉时,他们会表现出对刺激物的偏好。当两种刺激物同时出现时,婴儿一开始不会表现出明显的偏好。比如,他们盯着其中一个玩具、一个人和一张图片的时间不会比另一个、另一张更长。但是,当其中一种刺激物对他们来说更有意思时,他们便会更经常地盯着这种刺激物看。在之后一个短暂的时间段里,如果给他们呈现这种熟悉的刺激物和一种新异的刺激物,他们还是会盯着这种熟悉的刺激物看。只有当他们对这种刺激物完全熟悉以后,他们才会转移注意力,即开始更多地盯着新异刺激物看。因此,研究者必须密切注意每个婴儿被试熟悉化发生的时间点,只有这样,才能准确地将婴儿的观察行为进行分类。

三、诱发电位法

诱发电位法的研究方式是向个体呈现一种刺激,记录他们看到刺激时脑电波的变化。这种电位反映了认知过程中大脑的神经电生理变化,也被称为认知电位,是个体对某客体进行认知加工时,从头颅表面记录到的脑电位。具体的研究方法是对应处理不同刺激的脑区,在婴儿的头部接上一些微电极。例如,接在脑后部枕叶上方的一个区域的微电极将会记录下婴儿对视觉刺激的反应。如果婴儿能感觉到某种刺激,那么,他的脑电波形状就会发生变化,即表现出诱发电位。相反,如果婴儿没有感觉到刺激,那么,脑电活动就不会发生变化。由于不同的刺激会诱发不同的脑电活动方式,因此,通过诱发电位,研究者们甚至能够知道婴儿能否分辨各种不同的图形或声音刺激。

四、高振幅吮吸法

婴儿常常用吮吸行为来表达自己的感觉通道信息和个体独特喜好。高振幅吮吸法是一种利用婴儿吮吸奶嘴的频率和强度来研究其知觉能力水平的方法。具体的操作方法是让婴儿吮吸一个里面镶嵌有电路的特殊奶嘴儿,研究者通过分析婴儿的吮吸动作,研究他们对被感知环境的反应。在实验开始前,研究者首先要记录下婴儿吮吸频率的基线值。以基线值为标准,每当婴儿的吮吸频率加快、吮吸强度增加(即达到高振幅吮吸)时,他就会触动奶嘴里的电路,并启动用来提供感觉刺激的幻灯机或者录音机。如果婴儿能感觉到这种刺激并对它感兴趣,只要他一直保持高振幅吮吸,这种刺激便会一直存在。而一旦婴儿对刺激的兴趣减弱,吮吸频率和强度恢复到基线状态,刺激便会消失。这时,再给婴儿呈现第二种刺激,如果婴儿表现出显著的吮吸增加,我们就可以推断出他能够分辨这两种刺激。

高振幅吮吸法还可以用来研究婴儿的刺激偏好。例如,我们想知道婴儿喜欢欢快的儿歌还是轻柔的摇篮曲,可以将实验设定为吮吸增加启动一种音乐,而吮吸减少或无吮吸则启动另外一种音乐。这样,通过观察婴儿的吮吸状态就能够知道婴儿更喜欢哪种音乐。

五、回避反应法

回避反应法是利用婴儿对于出现在其眼前看来似乎带有威胁性的物体或情境所产生的一种回避性反应的研究方法。例如,身子往后躲闪、头向旁避开、伸手阻挡等都属于回避反应。在利用这种反应方式时,研究者经常在正对着婴儿的一定距离外,呈现一个物体或其视像,然后使它向婴儿移动,当物体或视像由远而近加速向婴儿运动时,物体或视像越来越大,给人以一种逼近的压迫感,这时婴儿就会伸出双手去抵挡物体,或者睁大眼睛、面部紧张,或者头往后仰以回避物体。

近年来,美国明尼苏达大学的婴儿研究者在实验室里对这种将头后仰的回避反应进行量化测定,他们在婴儿的头部后置放了一个气球,而该气球与敏感的压力传感器相连。当婴儿的头稍往后仰时,传感器就会自动地把压力的细微变化反映并记录下来,这一措施非常有助于对婴儿物体知觉、认知、情感等的定量分析。

第六节　学前儿童感知觉发展的测量与评估

一、学前儿童感觉发展的测评

(一)学前儿童视敏度测量

视敏度的测量结果受测量方法和测量条件的影响。在运用一般的视力表测试时,应注意创设适宜的测量环境:第一,只有在幼儿清醒的状态下,视觉能力才明显地表现出来。一般来说,吃奶后一个小时左右是比较好的时刻。刚吃饱时,幼儿往往容易处于昏昏入睡状态;幼儿熟睡后,不宜也不易使他调整到清醒状态;幼儿快要到吃奶时间时,有些饿了,容易哭闹,也不是适宜的状态。第二,情绪状态的影响。应该选取幼儿情绪稳定的时候进行测量。第三,室内光线的影响。光线太亮,妨碍幼儿睁眼看东西;光线太暗,则看不清楚。第四,室内喧哗,不利于视觉集中,影响测量结果。

除了视力表测试法外,还可用以下方法来测试幼儿的视力:第一,突然将手或其他物品放在幼儿眼前,如不引起眨眼反射,是不正常的表现。第二,幼儿对眼前出现的小玩具,没有追随或去抓拿的表现,是不正常的表现。第三,当一只眼睛被遮挡时,幼儿没有用手去拨开遮挡物,也不哭闹,表明该眼视力极差。第四,看东西时歪头,也就是"代偿头位",表明两眼视力不平衡。如果将幼儿的一只眼睛盖起来,"代偿头位"减轻或消失,证明歪头是因视力缺陷引起的;如果遮住一只眼睛后,头位不改善,则是"斜颈"而非视力问题。第五,看东西时,眼睛靠得过近;画画或写字时,鼻子贴近画纸;看电视时,要求尽量靠近电视机;看远处时,皱着眉头或眯缝眼睛,多为视力不正常。第六,幼儿有畏光现象,在阳光下常常把视力差的一只眼闭上,多是弱眼。第七,活动范围常常自我限制,动作缓慢,往往是由于视觉功能不好,在估计周围景物的距离、高低、深浅上有困难。第八,生下即出现"黑眼珠"(角膜)过大,超过一般孩子,且常有"夜哭"、烦躁不安的现象,可能是先天性青光眼。

(二)学前儿童听力测量

除了专业的新生儿听力筛查外,在日常生活中,可以通过以下方法来测量婴儿的听力是否正常。针对新生儿,可以观察以下行为:第一,听到突然的响声,会发生惊跳、紧闭眼睑、两臂屈曲抱在胸前、四肢抖动,并做出眨眼、觉醒等生理反射;第二,觉醒状态下听到声音后,会转动眼和头去寻找声源;第三,听到友善或熟悉的声音会停止哭泣;第四,听见高音调的声音或妈妈的声音会有表情反应。

针对1~3个月的婴儿,可以观察以下行为:第一,静卧睁眼时,若听到突然的声音会闭合眼睑;第二,在哭闹或手脚活动时,听到突然的声音会停止哭闹或终止活动;第三,在他近处发出声音(如摇铃铛),有时会缓缓转过脸;第四,每当听见柔和悦耳的音乐,会面露笑容并安静地倾听;第五,睡眠中突然听到尖叫或刺耳的音乐(如摇滚乐、吹打乐等)时,会表现出全身扭动、手足摇动等烦躁不安的样子;第六,当成人用语言引逗或周围环境出现喧闹声、喷嚏声、闹钟声等时,能做应答地发出"哦""啊""呜"等声音或发笑。

4~5个月的婴儿对听到的声音有定向能力。比如,在婴儿一侧耳后大约15厘米处摇铃,如果婴儿听到了,会转过头向发声的方向寻找声源。

6~7个月的宝宝已经能感知习惯的语声,对隔壁房间传来的声音、室外动物的叫声或其他响亮的声音能主动寻找声源。同时,叫他的名字时,会转向呼叫人,并做出友好的表情,以示回答。对他说话、唱歌时,他能静静地看着你,注视你的口形,有时还发出声音来"回答"。当电视、广播开启时,他能灵敏地朝向声源。

8~9个月的婴儿能够理解简单的语言,并在成人的指导下用动作表示词组的含义,如用拍手表示"欢迎",用招手表示"再见";对外界的各种声音(如车声、雷声、犬吠声)表示关心(突然转头看);会模仿动物的叫声,并发出笑声;情绪好的时候,会主动发出声音,并模仿父母教给他的声音;当听到"不行""喂"等斥责声时,会把伸出的手缩回或哭泣;将微弱声源靠近宝宝耳朵时,宝宝能转头寻找声源;听到一种声音突然变换成另一种声音时,能立刻表示关注。

10~12个月的婴儿听到大人的指令,能够指出自己的五官,如眼睛、耳朵、嘴巴等;能跟随音乐摆手;能寻找视野以外的声音;能模仿大人的发音,如"妈妈""爸爸""宝宝"等;隐蔽地接近他,轻声地叫他的名字时,宝宝会转头寻找声源;在听到把某物给我时,能把某物拿过来;在听到某物在哪儿时,会用目光寻找某物。

二、学前儿童观察力的测评

(一)观察力的评估指标

对学前儿童观察力的测量评估,可以围绕观察的目的性、持续性、系统性和概括性等几个方面来进行(见表5-1)。

表 5-1 观察力的测量项目与评估标准表

测量项目	A 级	B 级	C 级
观察的目的性	按照成人的要求,自觉地排除各种干扰,圆满地完成各项观察任务	基本能按照成人的要求,经成人提醒后能基本完成大部分观察任务	不能按照成人的要求,虽经成人反复提醒,仍不能完成观察的大部分任务
观察的持续性	根据任务,排除干扰,对观察对象持续观察 15 分钟以上	根据任务,排除干扰,对观察对象持续观察 10～15 分钟	根据任务,排除干扰,对观察对象持续观察 5～10 分钟
观察的系统性	观察对象的各个要素之间有联系、成系统,能发现事物的内在联系	观察对象的各个要素之间有一定的联系、基本成系统	观察对象的各个要素之间零散、孤立、不成系统
观察的概括性	能顺利地概括观察对象的本质特征	能基本概括出观察对象的本质特征	不能概括出观察对象的本质特征

(二)观察力的测评方法

1.观察法

在日常生活和幼儿园活动中,观察和分析幼儿的知觉过程,从而对其观察能力进行评价。例如,在科学活动中,观察幼儿对观察对象集中注意力的时间;在语言活动的看图讲述过程中,看幼儿对图片中的背景、任务、时间、情节的描述以了解其观察力的发展情况。

2.分类法

在幼儿面前随机或分组摆放好若干张画有他们熟悉物品的图片,让幼儿把自己认为有共同之处的那几张放在一起,并说明理由。根据儿童对图片进行分类的情况和理由,分析其观察力的发展水平。

3.谈话法

事先确定观察对象,让幼儿观察完后,单个或集体地用语言描述观察对象,以了解个体或某一年龄段幼儿的观察力发展情况。例如,让幼儿观察梧桐树的叶子、春天的花朵等。

4.测验法

为幼儿提供一组图片,让幼儿先观察图片,并逐张讲述,再请幼儿将这组图片加以概括,进行叙述。教师根据幼儿观察时的目的性、顺序性、细致性和理解性进行分析,从而评估幼儿观察力的发展水平。

本章小结

1.感知觉是人生最早出现的认知过程,作为学前儿童认知世界的主要方式,对其心理发展具有重要意义。

2.学前儿童的感觉发展包括视觉发展、听觉发展、触觉发展等。其中,视觉发展包括视觉集中、视敏度、颜色视觉的发展;听觉发展包括音乐听觉和语音听觉的发展;触觉发展包括口腔触觉和手部触觉的发展。

3.学前儿童的知觉发展包括空间知觉、时间知觉和跨通道知觉的发展。空间知觉包括方位知觉、深度知觉、形状知觉。

4.学前儿童观察的目的性从无意向有意发展,观察的持续时间从短向长发展,观察的精确性从笼统、模糊向比较准确的知觉发展,观察的概括性从知觉事物的表面特征向知觉事物的本质特征发展。另外,可以采取多方面措施来培养、提高儿童的观察能力。

5.常见的学前儿童感知觉研究方法有视觉偏好法、习惯化法、诱发电位法、高振幅吮吸法和回避反应法。儿童感觉发展的评估核心是视力和听力的发展。儿童观察力的评估方法有观察法、分类法、谈话法、测验法。

课后巩固

一、填空题

1.新生儿的最佳视距在_____左右。

2."视崖"实验是为了研究幼儿的_____知觉。

3.就触觉发展而言,_____触觉和_____触觉是婴儿探索世界的主要方式。

4._____是一种有目的、有计划、比较持久的知觉过程,是知觉的高级形态。

5.幼儿的图画观察能力经历了四个阶段,分别是"个别对象"阶段、"空间联系"阶段、_____阶段和_____阶段。

二、选择题

1.(　　)是人生最早出现的认知过程,是其他认知过程的基础。

A.记忆　　B.想象　　C.感知觉　　D.思维

2.学前儿童方位知觉发展的顺序是(　　)。

　　A.前后　上下　左右　　　B.上下　左右　前后

　　C.上下　前后　左右　　　D.从以其他客体为中心到以自己为中心

3.3岁的儿童已经能正确辨别上下方位,4岁的儿童能正确辨别前后,部分5岁的儿童开始能以(　　)为中心辨别左右。

　　A.父母　　　B.同伴　　　C.自我　　　D.他人

4.让小班幼儿观察两幅图画,一幅内容是小孩打狗,另一幅内容是狗咬破了小孩的衣服,这时他们常常不能说出这两幅画的联系。这说明(　　)。

　　A.幼儿早期观察的概括性还没有很好地发展起来,常常不能把所观察到的事物有机地联系起来

　　B.幼儿通常只看到事物的大概轮廓和表面部分

　　C.幼儿初期观察的持续性差,很容易转移注意的对象

　　D.幼儿初期还不能自觉地进行有目的的观察

5.下列说法中错误的是(　　)。

　　A.感知觉是人脑对直接作用于感觉器官的客观事物个别属性的反映

　　B.感知觉好似人生最早出现的认知过程,是其他认知过程的基础

　　C.感知觉是婴儿认识世界和自己的基本手段

　　D.感知觉在幼儿的认知活动中占主导地位

三、简答题

1.幼儿时间知觉的发展规律是什么?

2.简述学前儿童观察力的发展过程。

3.学前儿童感知觉常见的研究方法有哪些?

4.学前儿童常用的观察力测量评估方法有哪些?

第六章　学前儿童记忆的发展

案例导读

【案例1】萱萱今年3岁,非常喜欢看路边的广告牌,常指着广告牌问妈妈上面的字是什么。妈妈觉得萱萱喜欢认字,就买了许多识字卡片来教萱萱认字,萱萱很快就能按照妈妈的要求把一盒卡片上的字全认了下来,妈妈很高兴。可是有一天,妈妈无意中发现,如果把卡片上的图片盖住,萱萱就记不住上面的字了。萱萱妈妈应该如何教萱萱认字呢?

【案例2】乐乐是一位4岁的小男孩,爸爸想让乐乐自小就受到传统文化的熏陶,每天教乐乐背一首唐诗。乐乐记得非常快,爸爸教3遍就背会了。过了些日子,爸爸发现乐乐虽然记得快,忘得也快。这是为什么呢?我们可以根据学前儿童记忆保持与提取方面的规律来解释这一现象。

问题聚焦

人的一切活动,从简单的认识、行动,到复杂的学习、劳动,都离不开记忆。记忆是人智力活动的仓库。在智力发展最重要的幼儿时期,记忆具有更重大的意义。有了记忆,儿童才能学习;有了记忆,儿童才能交往;有了记忆,儿童才具备了最终形成个性的必要条件。总之,儿童记忆的发展为其日益丰富的心理世界创造了必不可少的条件。那么,幼儿记忆的一般规律和影响因素是什么?在日常生活中,我们又该如何提高幼儿的记忆力?在本章中,我们将探讨以上问题。

学习目标

1. 理解记忆在学前儿童心理发展中的作用。
2. 理解学前儿童记忆发展的一般规律以及在学前教育教学中的应用。
3. 掌握学前儿童记忆力的影响因素及培养方法。
4. 掌握学前儿童记忆力的基本研究方法。

第一节　学前儿童记忆概述

记忆联结着人的心理活动,是人们学习、工作和生活的基本机能。学生凭借记忆才能获得知识和技能,不断增长自己的才干;演员凭借记忆才能准确地表达自己的各种情感,完成艺术表演。离开了记忆,个体就什么也学不会,他们的行为只能由本能来决定,所以,记忆对人类社会的发展有重要意义。在一定意义上也可以说,没有记忆和学习,就没有人类文明。对于儿童而言,记忆不仅是其积累经验的工具,而且与其他心理活动的发展密切相关。

一、记忆概述

(一)记忆的概念

记忆是个体对其经验的识记、保持、再现或再认。这些经验都可以以映像的形式存储在大脑中,在一定条件下,这种映像又可以从大脑中提取出来,这个过程就是记忆。记忆不像感知觉那样反映当前作用于感觉器官的事物,而是对过去经验的反映。

记忆包括识记、保持、回忆三个阶段。按照信息加工论的观点,识记是对信息进行编码的过程,保持是将编码过的信息以一定的方式存储在头脑中的过程,而回忆就是提取和输出信息的过程。

(二)记忆的种类

1.动作记忆、情绪记忆、形象记忆和语词记忆

根据记忆内容的不同,可以把记忆分为动作记忆、情绪记忆、形象记忆和语词记忆。

(1)动作记忆

动作记忆是以个体过去经历过的身体运动状态或动作为内容的记忆。对一切生活习惯上的技能、体育运动、舞蹈等动作的记忆,都属于动作记忆。动作一旦掌握并达到一定的熟练程度,会保持相当长的时间。动作记忆是儿童最早出现的记忆形式,在出生后2周左右出现。比如,新生儿对喂奶姿势的条件反射就属于动作记忆。

(2)情绪记忆

情绪记忆是以个体对曾经体验过的情绪为内容的记忆。个体在过去特定情境下体验过的情绪,在一定条件下又会重新体验到,说明了情绪记忆的存在。情绪记忆的出现晚于动作记忆,约在出生后的6个月左右出现。婴幼儿对于带有情感色彩的东西容易识记和保持。比如,儿童在玩游戏时的快乐,在受欺负后的伤心,都可以成为情绪记忆的内容。

(3)形象记忆

形象记忆是个体对感知过的事物,以表象的形式存储在头脑中的记忆。当我们感知过的事物离开我们之后,事物的具体形象会留在我们的头脑中,这种具有很明显的"直观性"的形象就是我们称之为表象的心理事实。表象一般以视觉和听觉为主,但在其他感知觉的基础上也可以形成。我们对看过的人、听过的音乐、闻过的气味、触摸过的物体等的记忆,都属于形象记忆。学前儿童的形象记忆出现在乳儿末期(6～12个月),这时乳儿能够认识自己熟悉的物体或人物,如奶瓶、玩具、母亲等。

(4)语词记忆

语词记忆是个体对主要以词语为表达方式的知识的记忆,如概念、定理、公式等。可见,这种记忆在我们的学习过程中是最常见的一种记忆。由于词语本身的抽象性、概括性等特征,使得个体通过词语能够了解事物的意义,因此,也有人称语词记忆为语义记忆。在获得知识的过程中,语词记忆显然起着主导作用,它是我们获得系统的科学知识体系、主动并有意识地解决现实问题的主要手段。在儿童的记忆发展过程中,语词记忆最晚出现,在1岁左右,这是因为语词记忆的发生要建立在大脑皮质活动机能发展的基础上,特别是语言中枢发展的基础上。只有在习得语言后,语词记忆才能逐渐发展起来。

2.感觉记忆、短时记忆和长时记忆

按信息的编码、存储和提取的方式不同,以及信息存储的时间的长短不同,可以将记忆分为感觉记忆、短时记忆和长时记忆。

(1)感觉记忆

感觉记忆又叫瞬时记忆或感觉登记,是指外界刺激以极短的时间一次呈现后,信息在感觉通道内迅速被登记并保留一瞬间的记忆。感觉记忆的编码方式是外界刺激物的形象,感觉记忆具有形象鲜明、容量大、保留时间短的特征。感觉记忆中保存的信息如果没有受到注意,就会很快消失;如果受到注意,它就进入短时记忆系统进行保存。

(2)短时记忆

短时记忆是指外界刺激以极短的时间一次呈现后,保持时间在1分钟以内或是几分钟的记忆。短时记忆所加工的信息有两个来源:其一,感觉记忆中的信息因受到注意而进入短时记忆;其二,为了解决当前的问题而从长时记忆中提取出来,暂时存放在短时记忆中的信息。在短时记忆中,信息的保存时间约为5秒到2分钟;信息的编码方式以言语的听觉形式为主,也存在视觉编码和语义编码。短时记忆的容量相当有限,一般约为 7±2 个组块。

(3) 长时记忆

长时记忆是指永久性的信息存贮,一般能保持多年甚至终身。长时记忆的容量无论是信息的种类还是数量都是无限的。长时记忆中存储的信息如果不是有意回忆的话,人们是不会意识到的。只有当人们需要借助已有的知识经验时,长时记忆中存储的信息被提取到短时记忆中,才能被人们意识到。

二、记忆在学前儿童心理发展中的作用

(一) 记忆对学前儿童知觉发展的影响

记忆作为一种基本的心理过程,和其他心理活动密切联系。在知觉中,人的过去经验有重要的作用,没有记忆的参与,人就不能分辨和确认周围的事物。特别是在解决复杂问题时,由记忆提供的知识经验起着重大作用。对于儿童而言,知觉的整体性、恒常性都需要记忆的参与。比如,小狗的部分身体被树干挡住,只露出身体的一部分,儿童依然能认出它是小狗,即保持了知觉的整体性。当儿童在不同位置观察小狗时,依然能认出这是狗,即保持了知觉的恒常性。

(二) 记忆是学前儿童想象和思维发展的基础

儿童在进行想象时,需要对头脑中的表象进行加工改造,重新组合成新形象。儿童在进行思维时,需要借助于头脑中的表象性动作,模拟解决问题过程中的心理活动。因此,对于儿童而言,想象和思维都需要借助于表象进行,而表象作为儿童经验的基本存在形式,是记忆的结果。如果没有了记忆,儿童的想象和思维就失去了工作对象。

(三) 记忆对学前儿童个性特征形成和发展的影响

记忆对学前儿童个性特征形成和发展的作用主要体现在对情绪情感的影响上。儿童只有通过记忆才能对经历过的事情产生一定的情绪情感体验,如在母亲身上体验到的温暖和安全,在生病打针时体验到的恐惧。这些情绪情感体验对行为起到激励或者抑制的作用,从而决定了儿童今后的行为倾向,影响了他们个性的形成和发展。

第二节 学前儿童记忆的发生和发展

一、学前儿童记忆的发生

(一)记忆发生的时间

在胎儿末期(约8个月),个体就产生了记忆,最明显的表现是听觉记忆。有研究发现,从怀孕8个月起给胎儿播放音乐,从腹壁抚摸胎儿与胎儿说话,结果胎儿出生后对音乐有熟悉之感,并对母亲呼喊其名字有听觉定向反射,而其他孩子则没有。还有研究发现,对哭泣的新生儿播放母亲子宫血流及心脏搏动声音的录音,则正在哭泣的新生儿很快就安静下来,情绪稳定,饮食、睡眠情况也良好,而且体重增加迅速。这是因为胎儿在母亲的子宫中早已熟悉母亲的心音,一听到这种声音就感到安全、亲切。

(二)记忆发生的指标

1.习惯化和去习惯化

婴儿记忆的早期迹象表现在他们对刺激的习惯化和去习惯化中。当婴儿已习得了某种刺激时,他们就不再注意这种刺激(习惯化);而当新刺激出现时,婴儿会将新刺激与已习得的刺激进行比较,如果二者不相匹配,注意则会再度出现。所以,习惯化和去习惯化是婴儿的一种记忆现象。

2.条件反射

婴儿的记忆能力还表现在条件反射的形成中。新生儿有很多无条件反射,在这些反射基础上,新生儿产生了很多经典条件反射和操作性条件反射,这说明新生儿对强化物有了一定的记忆能力。如看见妈妈或听到妈妈的声音,3个月的婴儿就开始做吸吮动作,这说明他记住了妈妈的样子和声音。

3.模仿行为

记忆的发展还表现在儿童的模仿行为中。婴幼儿有与生俱来的模仿能力。出生不到7天的新生儿就已经能够模仿成人的许多面部表情,如吐舌头、张嘴闭嘴等,但这种模仿更像是一种反射能力。16个月的婴儿开始出现延迟模仿,他们喜欢模仿情感反应(如笑和欢呼等),以及高强度的动作(如跳跃、摇头、用拳头砸桌子等),这说明他们已能再现别人的表情和动作了。到29个月时,婴儿则更喜欢模仿工具性行为,如做家务和照顾自己,他们的模仿更具有自我指导性,这说明他们已经能再现整个情境,而且他们会将这些反应指向他人、动物或者玩偶。

4.客体永久性

客体永久性又称客体永恒性或永久性客体,是指儿童脱离了对物体的感知而仍然相信该物体持续存在的意识。比如,小婴儿看见一辆小汽车玩具跑到床下面了,却不去寻找,或者不会用眼光主动搜寻,是因为他以为小汽车玩具不见了。但是,大一点的幼儿就会自己寻找或者寻求妈妈的帮助,这说明他已经认识到小汽车玩具不见了并不说明它不存在了,虽然看不见但还藏在床下面。儿童在9~12个月获得客体永久性意识。儿童能够主动搜寻藏起来的物体,记忆是重要的原因。

二、学前儿童记忆的发展

(一)记忆保持时间的发展

记忆保持时间是指从识记材料开始到能对材料再认或再现之间的间隔时间,有时也称为记忆的潜伏期。幼儿记忆保持时间也随年龄的增长而增加。我国心理学家朱智贤的研究表明,在再认方面,2岁能再认几个星期以前感知过的事物;3岁能再认几个月以前感知过的事物;4岁能再认1年以前感知过的事物;到7岁时,再认保持的时间可达到3年。在再现方面,2岁能再现几天前的事物;3岁能再现几个星期以前的事物;4岁能再现几个月以前的事物;到5~7岁时,幼儿再现保持的时间可达1年以上。

扩展阅读

记忆恢复现象

记忆恢复现象是幼儿的一种特殊心理现象。根据记忆的一般规律可知,人们贮存在头脑中的知识会随着时间的推移而逐渐减少,但在某些幼儿身上却出现与此相反的现象,即量的增加,也就是识记的内容在后来回忆时比即时回忆要多。比如,让幼儿识记儿歌、故事,许多幼儿过了一两天后记忆儿歌、故事的内容要比当时识记得效果好,这就是记忆的恢复与增长。

记忆恢复现象之所以发生,一方面是由于在识记时有积累的抑制,影响识记的效果,过了一段时间,抑制解除,记忆效果就提高了;另一方面是由于识记材料的前部和后部的作用所引起的消极影响,过一段时间抑制解除,记忆也就恢复了。幼儿的记忆恢复现象较成人普遍,是因为幼儿的皮层细胞比成人更易产生疲劳所致。

记忆恢复现象是幼儿心理的一种正常现象。幼儿由于神经系统发育很不成熟,活动时间稍长就易引起疲劳,这样就可导致记忆的抑制,使得当时记忆效果并不是最好的,过后抑制一旦解除,记忆效果反而好一些。这就提醒成人,当发现幼儿在回忆时出现记忆恢复现象时,应意识到这是幼儿的一种正常的心理现象。为了提高即时记忆的效果,要尽量缩短活动时间,避免疲劳,随着幼儿年龄不断增长,记忆的效果就可以提高。

资料来源:吴荔红.学前儿童发展心理学[M].福州:福建人民出版社,2010.

(二)记忆容量的发展

儿童记忆的容量是随着年龄的增长而增加的,表现为记忆广度的增加和记忆范围的扩大。记忆容量的研究主要集中于短时记忆容量的发展研究上。

记忆广度是指幼儿在单位时间内所记住的识记材料的最大数量。有关研究表明,成人的短时记忆广度为7±2个组块,3岁的儿童为3个组块左右,4~5岁的儿童约为5个组块,6岁时可达到6个组块左右。我国的心理学工作者曾采用再认测量法和再现测量法对3~6岁的幼儿视、听觉记忆通道的记忆保持量做了研究,发现从幼儿的视觉记忆保持量来说,不同年龄组的幼儿对图片再认的保持量有显著的差异,即幼儿再认的保持量随年龄的发展有显著提高;从幼儿的听觉记忆保持量来说,不论是再认还是再现,其听觉保持量都随幼儿年龄的增长而增加。总的来说,学前儿童的记忆广度极小,这是因为儿童的大脑皮质不成熟,使得他们无法在极短的时间内加工更多的信息,其广度远小于成年人。

记忆范围是指记忆材料种类的多少和内容的丰富程度。幼儿初期,记忆的范围狭窄,只局限于日常生活中最经常接触的事物和家庭成员。到幼儿末期,随着儿童言语能力的发展、活动能力的增强以及社会交往范围的扩展,其记忆的范围也迅速扩大,从家庭成员扩展到周围的小伙伴、幼儿园的小朋友和老师,从日常生活扩展到文化、科学等各个领域。

(三)元记忆的发展

元记忆是指人对自己的记忆过程的认知和控制。

1.记忆主体的知识

记忆主体的知识是指主体对自我记忆的认识与了解。记忆主体的知识随年龄而变化。费拉维尔等运用瞬时记忆广度法,以10张印有图画的卡片为实验材料,对学前儿童关于记忆主体的知识进行了研究。实验结果和儿童的预估结果相比,儿童的估计远远高于真实结果。也有研究者认为,这种高估是有益的,因为它能够使儿童保持乐观的态度,乐意尝试事实上超过他们现有能力的任务。如果年幼儿童比较现实地看待他们自己的能力,他们的尝试并不超越于他们已掌握知识的范围,则他们的认识进步可能较小。

总的来说,儿童关于记忆主体的知识是随着年龄的增长而发展的,学龄儿童的估计逐渐接近实际,小学四年级后基本达到了成人水平。

2.记忆任务的知识

记忆任务的知识是指个体对记忆材料的难度和不同记忆提取方式的难度差异的认识。有关元记忆任务的知识包括个体对材料数量、材料性质、材料结构以及记忆提取方式难易程度的认知4个方面。

幼儿已具备一定的记忆任务知识。比如,3~4岁的儿童已经认识到记忆较少的东西比记忆较多的东西容易。5岁的儿童已经知道记住一个短的词比记住一个长的词容易,记住昨天发生的事比记住上个月发生的事容易,记住熟悉的事比记住生疏的事容易,用自己的话复述某个故事比准确地用听到的话复述故事容易。

(四)记忆策略的发展

记忆策略是学习者为了有效记忆而对输入信息采取的有助于记忆的手段和方法。个体对所要记忆的材料进行组织加工的能力直接影响记忆的效果。

1. 记忆策略的发展阶段

记忆策略的发展可以分为4个阶段。

第一阶段(5岁以前):没有策略阶段。儿童不能自发地使用某一记忆策略,也不能在别人的要求和暗示下使用记忆策略,即使通过训练也不能使用记忆策略。

第二阶段(5~7岁):过渡阶段,即部分策略阶段。在这一阶段,儿童能部分地使用记忆策略,或者使用记忆策略的某种变式。具体而言,儿童不能主动使用记忆策略,但经过诱导可以使用;儿童能够在有些情况下使用记忆策略,而在另一些情况下又不会使用记忆策略。

第三阶段(7~10岁):策略与效果脱节阶段。儿童在各种情境下都能使用某一记忆策略,但是记忆成绩并没有因为记忆策略的使用而提高,表现为记忆成绩滞后于记忆策略使用的脱节现象。

第四阶段(10岁以后):有效策略阶段。儿童能够主动而自觉地运用记忆策略,并使记忆成绩有效提高。

2. 学前儿童记忆策略的种类

(1)复述策略

复述策略是注意不断指向输入信息、不断重复记忆材料的过程。复述策略为儿童提供了提取信息的练习机会,因此是最有效的记忆策略之一。儿童复述策略的运用能力是随着年龄的增长而不断发展的。一项研究表明,向5岁、7岁、10岁的儿童呈现一系列卡片,要求他们记住。在识记图片的过程中,5岁的儿童中只有约10%有自言自语的复述行为,而7岁的儿童中60%有复述行为,10岁的儿童中85%有复述行为。

(2)组织策略

组织策略是指个体找出要识记的材料所包含项目间的意义联系,并依据这些联系进行记忆的过程,包括信息储存和提取这两方面的系统化。事实上,这是一种帮助学习者将学习材料作为有意义的逻辑知识纳入自己的认识结构中的一种记忆策略。研究发现,从幼儿园中班起,系统化记忆策略就开始出现在幼儿的记忆过程中。比如,向幼儿呈现一堆杂乱无序的图画,不少幼儿回忆时却带有类别特征,如水果类、家具类、动物类等,把图画进行归类,然后回忆出来。

幼儿较少使用组织策略,而且质量也不高,主要是因为幼儿对识记材料分类过细,每一组中的项目偏少,使得项目组织网络的负载过大,难以发挥组织策略的功能。另外,幼儿对识记材料的分类标准缺乏统一性,使材料组别不断发生变化,也削弱了组织策略的效果。

(3)语言中介

利用语言作为中介来识记学习材料,也是一种有效的记忆策略。不同年龄的儿童利用语言作为中介的能力是有差别的。一项研究表明,语言中介对7岁、8岁、9岁儿童的帮助最大,但对4岁、5岁和10岁的儿童则无帮助。出现这种结果可以用"中介缺失"和"说出缺失"的假说来解释。中介缺失是指虽然向儿童提供了语言中介,但他不能有效利用;说出缺失是指语言中介不能自发产生,但当别人提供时能有效利用。4~5岁的儿童属于中介缺失,不管是否提供语言中介,儿童都不能利用;6~9岁的儿童属于说出缺失,能利用所提供的语言中介;而10岁的儿童已掌握了利用语言作为中介的记忆策略,不管是否提供语言中介,记忆效果都同样好。

总的来说,学前儿童的记忆策略处于从没有策略向部分策略的发展阶段。年幼儿童自发运用记忆策略的能力还很有限,但训练能有效地改善儿童运用记忆策略的能力。

(五)事件记忆的发展

事件记忆是指儿童在语言的帮助下,对他们所参与的事件进行编码,形成关于概括化事件顺序的程序表征过程。事件记忆主要包括自传体记忆和目击证词两种。

1. 自传体记忆

自传体记忆是指对自身生活经历的记忆。自传体记忆和"认知的自我"紧密相关。"认知的自我"的出现作为存储有关自我信息的自传体记忆,具有自我特征的知识系统就成为自传体记忆存在的重要标准。没有一个独立自我的确认,个体经验就没有组织的参照点,也就不可能产生自传体记忆。在儿童的认知发展过程中,"认知的自我"产生之前,儿童虽然可以进行学习和记忆,但是这些经历都不可能组织成为与"我"相关的信息,而只能作为片断的、不完整的一般学习经验存储在记忆中。因此,儿童在2岁末,以视觉自我再认为标志的"认知的自我"的出现,是自传体记忆产生的基础。"认知的自我"的出现与广泛研究的婴儿遗忘症消失和自传体记忆出现的时间相当。

对2~3岁前儿童事件记忆的研究发现,2岁的儿童可以回忆起6个月以前的情景,3岁的儿童可以产生自发的或引发的结构良好的对先前事件的描述。3岁儿童的这种事件记忆不仅可以是日常事件(如去公园、商场),也可以是独特的事件。虽然儿童的事件记忆已经比较准确,但是儿童记忆的只是事件本身,事件中的细节却容易遗忘,年龄越小的儿童表现得越明显。具体而言,虽然儿童对事件顺序的回忆非常准确,但对事件细节的回忆却依赖于有关知识的结构重建,而不是直接提取。

父母在儿童自传体记忆的发展中发挥着重要作用。父母经常与孩子讨论他们的日常生活经历,可以促进儿童自传体记忆的发展,甚至可以提高他们数年后的自传体记忆效果。通过这类谈论,儿童可以重新整理和加工自己的经历,重构事件发生的顺序。到学龄初期以后,儿童的语言理解能力和语言表达能力显著提高。自传体记忆对儿童心理各个方面的发展都具有重要作用。对以往事件的记忆不但提供了某种时间的延续感,同时也有助于儿童预测未来,从而影响儿童自我认识的发生与发展。

2.目击证词

目击证词是指儿童正式经历或目击事件的能力。在国外,儿童对自身经历的回忆或者儿童的自传体记忆,经常被作为法庭诉讼案件(如儿童虐待案)判断的重要依据。但是,儿童的记忆有可能是错误的,这已经引起了执法人员和心理学家的广泛关注。因此,这一领域的研究关注什么时候儿童拥有回忆所经历事件的能力,不同年龄的儿童对所经历事件的记忆能力如何,哪些因素影响儿童对事件的回忆。

许多研究显示,八九岁以下的儿童更容易出现记忆错误,这很可能是因为他们更容易受成人提问的暗示。因此,在搜集儿童证词的时候,执法人员应在访问儿童的过程中尽量减少对儿童的暗示,以避免出现错误的回忆。虽然儿童的记忆中可能存在错误信息,但往往是遗漏信息而不是编造情节。

三、学前儿童记忆的特征

(一)记得快,忘得快

幼儿很容易记住新的学习材料,这是因为:一方面,幼儿的神经系统可塑性强,容易在大脑皮层上留下记忆痕迹;另一方面,由于幼儿缺乏生活经验,许多事物容易引起他们的注意,唤起惊讶、兴奋的情绪体验,从而加深对新事物的印象,较少地受到以往经验的干扰。

幼儿在记得快的同时,也存在忘得快的问题,这是因为幼儿的信息加工能力还十分有限,知识经验少,抽象概括能力低,理解力差。虽然学前儿童对识记的信息还是有不同程度的加工,但这种加工主要是通过重复识记和理解消化来完成的,即试图在大脑中加深痕迹和建立与原来暂时神经联系之间的某种关系。不过,学前儿童的年龄越小,对信息进行加工的能力就越低,对事物的现象、运动、变化的理解就越有限。总的来说,幼儿的记忆保持时间较短,遗忘速度较快。

> **扩展阅读**
>
> **婴儿期健忘**
>
> 　　婴儿期健忘和记忆恢复现象是学前儿童记忆的两种特殊现象。婴儿期健忘是婴儿有记忆的表现,但是,在以后的幼儿期和成人期,他们却不能回忆起婴儿期经历的现象。也就是说,人们成年后不能回忆提取3岁以前的记忆内容。最早对这一现象进行解释的是弗洛伊德,他认为早期没有记忆源自被禁止的想法被压抑到了无意识中去。当代心理学家已很少有人接受这一解释,现在关于这一现象的解释主要有以下两种观点。
>
> 　　第一种观点认为,个体对事件的记忆程度主要取决于信息在被存入与在被提取时所用的加工方式的一致程度。人类个体之所以不能记住发生在两三岁以前的事情,是因为个体在婴儿期对信息进行编码的方式与在以后的各个阶段中对信息的提取方式不相匹配而造成的。在记忆的重构过程中,我们使用了那些并不适合在婴儿和幼儿期对事件进行编码的成人的图式和表征。具体而言,早期儿童的记忆更多是非语言编码,是表象编码,但是成人回忆时多以语言编码进行;婴儿对事件的连贯信息不能很好地记忆,后来提取时缺少线索;3岁以前儿童缺乏将个人经历事件组织起来的能力。所以,对3岁前的信息,即表象信息、不连贯的信息、零散的信息,缺乏提取的线索和依据,是成年后无法回忆的重要原因。
>
> 　　第二种观点认为,在儿童成长早期,脑在不断地完善和成熟,脑的各区域活动有分工,脑的成熟部位也有先后的不同,先发育成熟的脑区域负责接收3岁以前儿童获取的信息,比较晚成熟的脑区域主管4岁以后获取的信息,而后晚成熟区域完全控制了大脑的活动,压抑了早成熟脑部分的活动,原来的信息便无法提取。
>
> 资料来源:刘新学,唐雪梅.学前心理学[M].北京:北京师范大学生出版社,2014.

(二)无意记忆的效果优于有意记忆

根据儿童活动有无目的,可以把记忆分为无意记忆和有意记忆。没有目的和意图、自然而然发生的记忆叫作无意记忆。有明确目的和意图的记忆是有意记忆。学前儿童记忆的基本特点是无意记忆占优势,有意记忆逐渐发展。

1.学前儿童的无意记忆

在整个学前期,儿童无意记忆的效果都优于有意记忆,特别是3岁以前的儿童,基本上只有无意记忆。在一项实验里,实验桌上画了厨房、花园、寝室等图画,要求幼儿用图片在桌上做游戏,把图片上画的东西放到实验桌上相应的地方。图片共15张,图片上画的都是幼儿熟悉的东西,如水壶、苹果、狗等。游戏结束后,要求幼儿回忆所玩过的东西,即对其无意记忆进行检查。另外,在同样的实验条件下,要求幼儿进行有意记忆,记住15张图片的内容。实验结果表明,幼儿中期和晚期记忆的效果都是无意记忆优于有意记忆。同时,无意记忆的效果还随着年龄的增长逐步提高,年龄越大,幼儿无意记忆的效果越好。

幼儿无意记忆的效果受到以下因素的影响:第一,识记材料的性质。形象鲜明、直观具体的事物,容易引起幼儿的注意,也容易被幼儿无意记忆。第二,对识记材料的兴趣。对幼儿生活具有重要意义的事物,符合幼儿兴趣的事物,能激起幼儿愉快、不愉快或惊奇等强烈情绪体验的事物,都比较容易成为幼儿注意和感知的对象,也容易成为无意记忆的内容。比如,感人的道德故事比空洞的道德说教容易使幼儿记住。第三,活动中参加的感官数量。多种感官参加的无意记忆效果较好。比如,同一年龄班的幼儿分为两组进行实验,学习同一首儿歌,第一次,甲组边看图片边听歌词,乙组不用图片,只听歌词;第二次,两组交换识记方法,学习另一首儿歌。结果发现,通过视听两个通道识记时,儿童平均得分为76.7,而单纯通过听觉识记的平均成绩仅为43.6,说明多种感官参加有助于提高无意记忆的效果。第四,活动动机。活动动机不同,无意记忆的效果也不同。有研究表明,儿童在竞赛性游戏中积极性较高,无意记忆的效果也较好。

2.学前儿童的有意记忆

有意记忆的出现和发展是幼儿记忆发展中质的飞跃。幼儿的有意记忆一般发生在四五岁的时候。这时,幼儿的有意记忆基本上是被动的,往往是由成人提出识记的任务,幼儿根据成人的要求去识记。到了五六岁时,幼儿识记的有意性有了明显的发展,这时幼儿不仅能逐步确定自己识记的任务,主动地进行识记,而且能运用一些简单的记忆方法,如自言自语、重复等识记策略去记忆自己所需的材料。

儿童有意记忆的效果依赖于对记忆任务的意识和活动动机。幼儿是否能意识到识记的具体任务,影响幼儿有意记忆的效果。比如,幼儿在玩开商店的游戏时担任"顾客"的角色,"顾客"必须记住应购物品的各种名称,角色本身使幼儿意识到这种识记任务,因而也就努力去识记,记忆效果也有所提高。成人在日常生活中组织幼儿进行各种活动时,要经常向他们提出记忆的任务。讲故事前,预先向幼儿提出复述故事的要求;背诵儿歌时,要求他们尽快记住。这一切,都是促使有意记忆发展的手段。在实际生活中，如果成人提出的要求恰当，使幼儿明确识记的目的和任务，那么，在完成任务的过程中，有意记忆的效果甚至超过游戏的效果。这种情况发生的原因在于：在完成生活中的实际任务时，幼儿的记忆效果能够得到成人或小朋友集体的评价，或者受到赞许，或者得到奖励。这种赞许或奖励是对记忆效果实际的强化。

(三)形象记忆的效果优于语词记忆

在幼儿阶段，形象记忆的效果优于语词记忆的效果，这主要是由于学龄前儿童心理发展的总趋势，即思维的具体形象性特点所致。随着幼儿抽象逻辑思维与言语的发展，幼儿形象记忆和语词记忆的能力都随之提高，而且语词记忆的发展速度快于形象记忆，语词记忆的效果逐渐接近形象记忆的效果。

1. 学前儿童的形象记忆

在儿童语言发生之前，其记忆内容只有事物的形象，即只有形象记忆。在儿童语言发生之后，直到整个幼儿期，形象记忆仍然占主要地位。在卡尔恩卡(1995)的一项关于幼儿记忆的实验中，以3～7岁的幼儿为实验对象，采用3种实验材料：第一种材料是10个为幼儿所熟悉的具体物体；第二种材料是10个标志幼儿所熟悉的物体名称的词；第三种材料是10个标志幼儿不熟悉的物体名称的词。实验结果发现，幼儿对熟悉物体的记忆效果优于熟悉的词，而对生疏的词的记忆效果显著低于熟悉的物体和熟悉的词(见表6-1)。因为幼儿对熟悉物体的记忆依靠的是形象记忆，而对生疏的词的记忆依靠的是词语的抽象逻辑记忆，所以，实验得出的结论是幼儿的形象记忆效果明显好于语词记忆效果。

表 6-1 幼儿形象记忆与语词记忆效果的比较

年龄	熟悉的物体	熟悉的词	生疏的词
3～4 岁	3.9	1.8	0
4～5 岁	4.4	3.6	0.3
5～6 岁	5.1	4.6	0.4
6～7 岁	5.6	4.8	1.2

2. 形象记忆和语词记忆的差别逐渐缩小

如果我们计算一下表6-1中对熟悉的物体和两种词记忆效果的比率，就可以看到，两者的差距日益缩小。两种记忆效果的差距之所以逐渐缩小，是因为随着年龄的增长，形象和词都不是单独在儿童的头脑中起作用，而是有越来越密切的相互联系。一方面，如果幼儿对熟悉的物体能够叫出其名称，那么物体的形象和相应的词就紧密联系在一起；另一方面，幼儿所熟悉的词也必然建立在具体形象的基础上，词和物体的形象是不可分割的。

形象记忆和语词记忆的区别是相对的。在形象记忆中,物体或图形起主要作用,语词在其中也起着标志和组织记忆形象的作用。在语词记忆中,主要的记忆内容是语言材料,但是记忆过程要求以语词所代表的事物形象做支柱。随着儿童语言的发展,形象和词的相互联系越来越密切,两种记忆的差别也相对减少。因此,在早期教育中,父母与幼教工作者要充分运用直观性原则,同时要加强对语词的解释说明,使形象和词在幼儿的记忆中相互作用,从而提高记忆效果,促使记忆发展。

(四)意义记忆的效果优于机械记忆

1.学前儿童的机械记忆

根据对识记材料是否理解,识记可以分为机械记忆和意义记忆。机械记忆是指不需要理解学习材料的意义和逻辑结构,单纯依靠对材料的重复进行识记的方法。意义记忆是指根据对所记材料的内容、意义及其逻辑关系的理解进行的识记,也称为理解记忆或逻辑记忆。

幼儿较多地运用机械记忆,这是因为他们的大脑皮质反应性强,对事物的理解能力差,经验不够丰富,抽象思维不发达,缺少记忆方法。当然,幼儿也有意义记忆。例如,年长的幼儿在复述故事时,不是一字一句地照背,而是在理解的基础上或多或少地经过了组织加工,具体表现在:第一,儿童能用他比较熟悉的词去代替他不熟悉的词,表现出一种幼稚的但具有概括性的特点;第二,在复述故事时,幼儿能删除无关紧要的部分,加上一些自己认为合理的细节,还会在不破坏逻辑关系的范围内对细节程序做改动。

2.学前儿童的意义记忆

意义记忆是在对材料理解的基础上进行的,而机械记忆只能把事物作为单个的、孤立的小单位来记忆,因此,意义记忆的效果优于机械记忆。对于幼儿来说也是如此。幼儿对可理解的材料要比对无意义的或不理解的材料记忆效果好得多。例如,幼儿对词的记忆要比对无意义音节的记忆效果好,记忆熟悉的词要比记忆生疏的词的效果好。因此,父母与幼教工作者从幼儿期起,就要引导他们理解要记忆材料的意义,掌握适合他们年龄的记忆方法。

然而,幼儿的机械记忆是主要的,机械记忆仍然占优势。等到他们入学后,随着年龄的增长,机械记忆才逐步减弱,意义记忆逐步占优势。

第三节　学前儿童记忆力的培养

一、提供形象鲜明、富有浓厚情绪色彩的识记材料

幼儿的记忆以无意记忆为主。凡是直观形象又有趣味，能引起幼儿强烈情绪体验的事物，大多数都能使他们自然而然地记住。因此，为孩子提供一些色彩鲜明、形象具体并富有感染力的识记材料，使材料本身能吸引幼儿，更易引起幼儿高度的注意。如可以提供如下一些识记材料：各种材料制作的不同形状的、有趣的小卡片，能活动的玩具和实物等。另外，可以利用幼儿喜欢的游戏来进行记忆，以确保幼儿获得深刻的印象，轻松地记忆知识，从而达到提高记忆效果、发展记忆能力的目的。

二、提出具体明确的记忆任务

有意记忆的发生和发展是幼儿记忆发展过程中最重要的质变。为了培养幼儿有意记忆的能力，在日常生活和各种有组织的活动中，成人要经常有意识地向幼儿提出具体明确的记忆任务，促进幼儿有意记忆的发展。如在听故事、外出参观、饭后散步时都应该给幼儿提出识记任务，如果没有具体要求，幼儿是不会主动进行识记的。值得注意的是，在向幼儿提出明确恰当的记忆要求时，对幼儿完成记忆任务的情况也要给予及时的肯定和赞扬，从而提高幼儿记忆的积极性与主动性。

三、帮助幼儿理解识记材料

由于幼儿意义记忆的效果比机械记忆的效果好，因此，需要帮助幼儿理解所要识记的材料。在实际操作中，可向幼儿提出一些问题，如"鸟为什么会飞""鸭子为什么能在水中游泳"等，引导他们通过积极的思考，在理解其意义的基础上进行记忆；对于无意义或不可能理解的材料，也要尽可能帮助幼儿找出它们在意义上的联系；对于一些不易记住而日常生活中需要记住的内容，可采取归类记忆法。

四、帮助幼儿运用多种感觉器官进行记忆

为了提高幼儿记忆的效果，可以采用协同记忆的方法，即在幼儿识记时，让多种感觉器官参与活动，在大脑中建立多方面的联系，是加深幼儿记忆的一种方法。已有研究表明，如果让幼儿把眼、耳、口、鼻、手等多种感官都调动起来，使大脑皮层留下很多

"同一意义"的痕迹,并在大脑皮层的视觉区、听觉区、语言区、嗅觉区、运动区等建立起多通道的联系,就一定能增强记忆效果。因此,应指导幼儿运用多种感官参加记忆活动,让幼儿多看一看、听一听、尝一尝、闻一闻、摸一摸,通过眼、耳、口、鼻、手等多种感官从多方面获得感性认识。

五、帮助幼儿进行合理的复习

幼儿记忆的特点是记得快,忘得快,不易持久,因此,在引导幼儿识记时,一定的重复和复习是非常必要的,这不仅是提高幼儿记忆效果的重要措施,也是巩固幼儿记忆、提高幼儿记忆能力的最佳方法。一般来讲,让幼儿复习巩固所学的内容时,不宜采用单调、长时间的反复刺激,应该在孩子情绪稳定时采用多种有趣的方法进行,如利用讲故事、念儿歌、猜谜语、表演活动、做游戏以及比赛活动、散步与郊游活动、日常生活活动等。实验证明,这样不仅可以使幼儿在轻松愉快的情绪状态下很快地巩固、掌握所学的知识与技能,而且可以激发幼儿的记忆兴趣,提高幼儿学习的积极性。

第四节 学前儿童记忆力的研究

一、学前儿童感觉记忆的研究范式

幼儿感觉记忆的研究多采用部分报告法,用来研究感觉记忆的容量和保持时间。其基本程序如图 6-1 所示:用速示器呈现 4×3 的字幕卡片,呈现时间为 50 毫秒;在每次刺激呈现完毕后给出随机的声音提示,指定被试报告某一行的字母。例如,当声音提示为高音、中音和低音时,分别要求被试报告第一行、第二行和第三行相应的刺激项目。根据被试报告的准确率计算出被试的记忆量。每行有 4 个字符刺激,如果被试的平均报告量是 3.04 个,则准确率为 76%,又根据刺激项目的总字符数是 4×3=12 个,以 76% 计准确率,则被试的瞬时记忆量为 9.12 个。

```
X G O K
J M R I
C U T S
```

图 6-1 感觉记忆研究的实验材料

二、学前儿童短时记忆的研究范式

(一)记忆广度法

记忆广度法主要用来研究短时记忆的容量。该范式的基本程序是:研究者事先准备好一系列项目的刺激材料,各项目分别有 3～12 个数字符号。实验时,主试口述或用速示器向被试呈现某个刺激项目,刺激消失即请被试按照同样的次序说出刺激内容。实验一般从一个短的刺激开始,逐步增加长度,直到被试回答发生错误为止。

(二)阅读广度任务

阅读广度任务主要用来测试短时记忆的广度。该范式的基本程序是:要求被试读或听一系列句子,每个句子呈现在一张卡片上。等所有句子呈现完后,要求被试按照句子呈现的先后顺序回忆每个句子的最后一个单词。每个序列最少包括两个句子,最多包括 6 个句子。实验先从两个句子的序列开始,随着实验的进行,序列中句子的数目逐渐增加,直到被试不能完全正确回忆为止。被试能够正确回忆出来的最大单词数目被称为阅读广度。

(三)分散注意法

分散注意法主要用来排除重复练习对短时记忆容量的影响。它和记忆广度法的区别于：在记忆保持阶段，为防止被试利用刺激间隙进行重复练习，必须把他的注意力从记忆材料上转移开来。典型的分散注意法的测试程序是：要求被试记忆3个字母或3个辅音字母的组合(如 X—J—R)。刺激以3个音串的方式呈现1秒，紧接着呈现一个3位数字，要求被试进行减3的运算。当信号呈现时，要求被试立即回忆原刺激。该实验确定的回忆间隔分别定在 3,6,9,12,15 和 18 秒以后。

(四)N-back 研究范式

N-back 研究范式主要用来研究短时记忆的更新功能。该范式的基本程序是：屏幕上依次呈现一系列刺激项目，每次呈现一个，要求被试判断屏幕上的当前项目与之前呈现的第 n 个项目在某种刺激维度上是否一致。如当 n=1 时，要求被试判断当前项目与上一次呈现的项目是否一致；当 n=2 时，则判断当前项目与它前面隔一个位置的项目是否一致；以此类推。刺激维度一般包括字母匹配、位置匹配、图形匹配和数字匹配等，分别要求被试判断当前项目与之前呈现的第 n 个项目是否同一字母、同一位置、同一图形及同一数字。对其中一个维度进行判断时，要求被试忽略其他维度。

三、学前儿童记忆保持的研究范式

(一)回忆法

回忆法是当原来的识记材料不在面前时，要求被试再现出原来识记材料的方法。回忆法可分为系列回忆法、对偶回忆法和自由回忆法。

1.系列回忆法

系列回忆法(或依序回忆法)的基本程序是：向被试反复呈现系列刺激材料，要求被试按照呈现的顺序对材料进行回忆，直到符合标准为止。回忆的效果可通过被试正确回忆出的每个系列位置上的项目数量或错误数量来测量。

2.对偶回忆法

对偶回忆法可分为预期法和检验法。预期法的基本程序是：第一，单独显示刺激项目，要求被试努力预想对应的反应项目；第二，将刺激项目和反应项目成对呈现，刺激材料全部呈现完毕后，实验者改变顺序做第二轮。每出现一次刺激项目，就要求被试尝试报告反应项目，不管被试能不能报告，间隔一过就同时呈现刺激项目和相对应的反应项目作为强化或反强化。以此类推，直到被试全部记住。检验法的基本程序是：先向被试呈现一系列的刺激—反应对，然后单独呈现刺激项目，让被试回忆与之相对应的反应项目,以检验其学习和记忆的效果。检验程序要重复进行,直到被试全部记住。

3.自由回忆法

自由回忆法的基本程序是:呈现一系列项目让被试尽可能多地记住,要求被试在回忆时无须回忆呈现顺序,只要能回忆出呈现过的材料即可。

(二)再认法

再认法是同时呈现识记过的(有关刺激)和未识记过的(无关刺激)材料,要求被试将两者区分开来。其基本程序是:先向被试呈现一系列刺激项目(有关刺激),然后将有关刺激和无关刺激混合呈现,要求被试逐项判断某刺激项目是否在第一次呈现中出现过。

(三)再学法

再学法的基本程序是:要求被试学习一种材料直到达到一定标准,一段时间后再以同样的程序重新学习这些材料直到达到初次标准,两次学习所需的练习次数之差为初学后所保持的记忆。

(四)重建法

重建法(或重构法)的基本程序是:先由实验者向被试呈现有一定次序或位置的刺激序列,然后将原刺激序列打乱,要求被试按刺激呈现的次序或位置复原。该方法通常以重建顺序的错误数或正确数来衡量回忆水平。

第五节 学前儿童记忆力的测量与评估

一、学前儿童记忆力的测评标准

对学前儿童记忆力的测量与评估,可以围绕记忆的有意义性、记忆的精确性、记忆的内容和记忆的理解性等几个方面来进行(见表6-2)。

表 6-2 记忆力的测量项目与评估标准

测量项目	A 级	B 级	C 级
记忆的有意义性	能根据要求付出努力去记住一定的对象,并能运用一些帮助记忆的方法主动记忆	多数情况下能够完成记忆任务,能付出一定的意志努力进行记忆	对于感兴趣的任务能记住,对于不感兴趣的任务不容易记住
记忆的精确性	正确率达80%以上	正确率达50%以上	正确率为50%以下
记忆的内容	虽以形象记忆为主,但语词记忆的成分较多	以形象记忆为主,语词记忆的成分较少	记忆的内容基本上是客观事物的形象
记忆的理解性	学会运用已有的经验理解记忆的材料,意义记忆的成分较多	以机械记忆为主,意义记忆开始出现	基本上运用机械记忆的方式

二、学前儿童记忆力的测评方法

(一)观察法

在幼儿园进行各类游戏、幼儿参加显示记忆的各种集中教育活动和成人向幼儿委托任务时进行观察。比如,在游戏中观察幼儿对游戏规则的记忆;在语言活动中让幼儿进行生活经验复述、故事复述、儿歌背诵等;让幼儿在规定的时间(如明天、后天、星期二)带某件物品或者做某件事情(如剪指甲、带玩具)。

(二)测验法

测验法是指围绕测评项目和标准,设计有关测验对幼儿的记忆力进行评定。如准备两套小卡片,卡片内容是幼儿熟悉的各种物品或动物;向幼儿呈现其中一套,并要求记忆;之后,混合两套卡片,让幼儿选出刚刚看过的卡片。通过幼儿挑选出的卡片的正确率来进行评级。

本章小结

1. 记忆是个体对其经验的识记、保持、再现或再认。根据记忆内容的不同,可以把记忆分为动作记忆、情绪记忆、形象记忆和语词记忆。按信息的编码、存储和提取的方式不同,以及信息存储的时间的长短不同,可以将记忆分为感觉记忆、短时记忆和长时记忆。

2. 记忆对学前儿童的心理发展具有重要意义,它影响着儿童的知觉、想象、思维、个性特征等多种心理品质的发展。

3. 个体在胎儿末期就产生了记忆,记忆发生的指标有习惯化和去习惯化、条件反射、模仿行为和客体永久性。学前儿童发展的不同阶段,记忆具有不同的特征。

4. 儿童记忆策略的发展分为4个阶段,分别是没有策略阶段、部分策略阶段、策略与效果脱节阶段、有效策略阶段。儿童常使用的记忆策略有复述策略、组织策略和语言中介。在儿童事件记忆的发展中,自传体记忆和目击证词是两个研究热点。

5. 可以通过多种方式培养学前儿童的记忆力,如提供形象鲜明、富有浓厚情绪色彩的识记材料;提出具体明确的记忆任务;帮助幼儿理解识记材料;帮助幼儿运用多种感觉器官进行记忆;帮助幼儿进行合理的复习等。

6. 在学前儿童记忆力的研究方法上,感觉记忆、短时记忆、记忆保持均有不同的研究范式。对学前儿童记忆力的测量与评估可以围绕记忆的有意义性、记忆的精确性、记忆的内容和记忆的理解性等几个方面来进行。常见的记忆测评方法有观察法和测验法。

课后巩固

一、填空题

1. 按照信息加工论的观点,记忆分为_____、_____、_____三个基本阶段。
2. 根据记忆内容的不同,可以把记忆分为_____、_____、形象记忆和语词记忆。
3. 就记忆广度而言,小班幼儿可以达到_____个组块。
4. 一般而言,分散注意法被用于研究幼儿的_____记忆。
5. 可以从记忆的有意义性、记忆的精确性、记忆的_____和记忆的_____来评价儿童的记忆力。

二、选择题

1.个体记忆发生的时间是(　　)。
　　A.胎儿末期　　　　　　　B.出生后1周
　　C.出生后2周　　　　　　D.出生后4周

2.关于幼儿记忆的年龄特征不正确的描述是(　　)。
　　A.记得快,忘得也快　　　B.容易混淆
　　C.语词记忆占优势　　　　D.较多运用机械记忆

3.在下列记忆策略中,4岁幼儿最常使用的是(　　)。
　　A.复述策略　　　　　　　B.语言中介
　　C.组织策略　　　　　　　D.记忆材料系统化

4.一般而言,从(　　)开始,幼儿才开始使用记忆策略。
　　A.3岁　　　B.4岁　　　C.5岁　　　D.6岁

5.对于小班幼儿来说,以下哪种记忆不占优势？(　　)
　　A.无意记忆　　　　　　　B.机械记忆
　　C.形象记忆　　　　　　　D.有意记忆

三、论述题

1.学前儿童记忆发展的规律是什么？
2.简述学前幼儿的记忆策略发展。
3.常见的学前幼儿记忆力研究方法有哪些？
4.作为幼儿教师,如何培养儿童的记忆力？

第七章　　学前儿童思维的发展

案例导读

【案例1】 某3岁幼儿和爸爸在海边散步的时候,海上开始起风了。阵阵海风将沿岸很多渔船上的旗帜刮得呼呼作响。这时,幼儿大声地说:"有风!"爸爸见幼儿已经注意到这一自然现象,就趁势问道:"这么大的风,是哪里来得呢?"幼儿回答道:"是红旗扇的。"爸爸说:"红旗怎么会扇出这么大的风呢?"幼儿这时便又强调:"就是红旗扇的!"边说还边用小手模仿红旗扇动的动作。

【案例2】 早晨,两位小朋友在街心公园跑步,树枝、草叶上挂满了露珠,长椅上也是湿漉漉的。幼儿A忽然想到一个问题,问幼儿B:"你说是白天热还是夜里热?""当然是白天比夜里热。"幼儿B回答。"我认为正好相反。你看,昨夜热得树木、花草出了那么多汗。"幼儿A振振有词地说道。

问题聚焦

看到上面的两例谈话,你是否会哑然失笑?若留心发现,这样的对话还有很多。上述例子是单纯说明儿童对现实生活的认识有欠缺,还是说明儿童的思维与成人的思维不同?心理学家常好奇:儿童的思维是什么样子的?它是如何发展变化的?儿童看世界的方式是否与成人一样?……类似的大量问题驱使着一代又一代的心理学家去寻找儿童思维的规律。

学习目标

1. 了解思维的种类和学前儿童思维的特点。
2. 理解皮亚杰的认知发展理论以及理论发展的新趋势。
3. 理解学前儿童思维形式的发展特点。
4. 了解学前儿童思维发展的研究方法。

第一节 思维的概念和基本问题

一、什么是思维？

在日常生活中，每当遇到问题，人们往往会说："让我想一想。""请你考虑考虑。"这里的"想""考虑"，就是思维。心理学家最初的方法是将思维活动与非思维活动进行比较，从而给思维下一个准确的定义。实际上，这是相当困难的，因为我们很难用精确的界限将思维活动与非思维活动严格地区分开来。如果仔细考虑，会发现思维活动还包括诸多心理过程，如表征、分类、推理、概念形成、问题解决等。学前儿童的思维还有一个重要特点，就是它在不停地发生变化。这种变化是如何发生的？这真是一个令人费解的问题。

后来，心理学家将思维与感觉、知觉进行比较，提出思维是人脑对客观事物概括的、间接的反映。所谓概括的反映，是指思维在人对客观事物经过多次感知后，能发现一类事物的共同本质属性和事物之间的规律性联系；所谓间接的反映，是指思维能通过已知属性去认识其未知属性以及与其他事物的关系，也就是在概括反映的基础上，根据对事物共同本质属性和规律性联系的认识，间接地理解和把握那些没有感知过的或根本不可能感知到的事物。例如，儿童看到蚂蚁搬家，这是感知过程，是对蚂蚁搬家的直接的反映，但同时儿童由此知道天快要下雨了，这是儿童由看见蚂蚁搬家而推想出来的，就是间接的反映，是思维。至于儿童为什么能从蚂蚁搬家想到天快要下雨了，则是因为儿童过去有过多次这样的感性经验：每当蚂蚁搬家，天很快就要下雨。久而久之，"蚂蚁搬家"和"天要下雨"两件事就联系起来了，以后再看到蚂蚁搬家，他就可以利用这种概括化了的经验去间接推知大雨将至。

由此我们可以说，思维是人在实践活动中，在感性认知的基础上，借助于词、语言和过去经验而实现的一种高级的心理过程或高级的心理机制。它是个体认知过程的核心成分。概括性和间接性是思维的两个特征。借助思维，我们可以思考具体事物（如周末如何度过，如何打赢一盘电脑游戏），也可以以更抽象的方式思考（如我是谁）。借助思维，我们可以回顾过去，也可以展望未来；我们可以思索现实，也可以驰骋想象。思维大大地扩展了人类对事物认识的广度和深度，所以，思维是高级的认识过程，是智力的核心。

二、思维发展的三种形式

人的思维是随着年龄的增长逐渐由低级到高级、由具体到抽象而形成发展起来的。

在形成发展过程中,它经历了三种不同水平的发展形式,即直觉行动思维、具体形象思维和抽象逻辑思维。这三种不同的表现形式既相互区别,又相互联系,前者为后者的形成发展提供基础;后者高于前者,但又不能脱离前者。

(一)直觉行动思维

所谓直觉行动思维,是指依靠对物体的直接感知和动作进行的思维。这是人的思维的最低级形式。婴儿的思维是典型的直觉行动思维,一方面,他们只有在直接感知具体事物时才能进行思维。如婴儿看见布娃娃,他会拿起布娃娃做游戏;布娃娃被拿走,他的游戏也就停止了。另一方面,他们的思维也只有在活动中才能进行,婴儿不会先想好了再行动,而总是边做边想。例如,问婴儿怎样才能把桌子上的匙子拿下来,他并不回答,而是马上跑过去拿;请婴儿画一张画,他也不是先想好了再画,而总是边画边想。

(二)具体形象思维

从 3 岁左右开始,儿童的具体形象思维逐渐发展起来。所谓具体形象思维,是指依靠表象,即具体形象的联想进行的思维。儿童认为"儿子"就是指和他差不多大的小孩;看见成人经常给小孩洗澡,他也给新买来的布娃娃洗澡;计算时,儿童需将数目和具体事物联系起来,如"3+2",他需先想着是"3 个苹果加 2 个苹果",或"3 只小兔加 2 只小兔",才能算出得数。这些都是儿童具体形象思维的表现。儿童这种具体形象思维是在其直觉行动思维的基础上形成和发展起来的。随着儿童活动的发展,儿童的表象也日益丰富,思维凭借表象的成分才越来越敏捷。

(三)抽象逻辑思维

在具体形象思维发展的基础上而形成和发展起来的思维形式是抽象逻辑思维。抽象逻辑思维是指依靠概念、判断以及推理而进行的思维。它反映事物的共同本质属性和规律性联系,是人类思维的典型形式,也是人类思维的最高级形式。儿童能够掌握一些比较抽象的概念,并运用这些概念组成恰当的判断,进行合乎逻辑的推理活动,从而使他们的间接理解能力迅速发展起来。他们能够理解许多较复杂、隐蔽的事物的因果关系,能够脱离直观的形象来揭示寓言或比喻的含义。

三、学前儿童思维的特点

(一)学前早期儿童以直觉行动思维为主

直觉行动思维是在儿童感知觉和有意动作,特别是一些概括化的动作的基础上产生的。儿童摆弄一种东西的同一动作会产生同一结果,这样在头脑中形成了固定的联系,以后遇到类似的情境,就会自然而然地使用这种动作,而这种动作已经可以说是具有概括化的有意动作。比如,儿童躺在摇篮里盯着摇篮上面挂的铃。偶然的机会,他抬起腿碰到了铃,铃发出响声,他觉得非常新奇、好听,但这时他还不理解响声与铃之间的关系。后来又有几次这样的偶然,于是儿童概括出伸腿碰铃与响声之间的关系,他就学会了主动伸腿来获得听觉上的满足感。

实际上,在直觉行动思维阶段,动作和感知是不可分的。动作不但为儿童提供触觉形象,而且提供不断更新的视觉和听觉形象,由此使儿童能够认识到单凭感知所不能揭示的知识。

(二)学前中期儿童以具体形象思维为主

学前儿童思维的具体形象性是在婴儿思维的直觉行动性的基础上逐渐孕育形成的。到幼儿阶段,具体形象思维进一步迅速发展,愈来愈在儿童思维中占有重要地位,成为儿童思维的主要形式。从幼儿思维的各个具体方面都可以明显地看到这个特点。比如,幼儿往往根据物体的一些外部、表面、直观的特征来概括其特征,问他灯和蜡烛有什么共同点,回答是:"都是白的,长圆形的。"只有启发他再想想,他才能说出:"有光,能照亮。"要求幼儿概括鱼的共同特征,有的说:"鱼有尾巴。"有的说:"鱼是在水里游的。"还有的说:"鱼有一层一层的鳞。"这就说明,幼儿概括事物的依据,或是物体的表面颜色、形状,或是可直接感知到的物体间的外部联系,而不是物体内部的本质特征和内在联系。因此,幼儿概括的内容往往比较贫乏,内涵往往也不精确。

概念是在概括的基础上形成的,因而幼儿概括的这种特点也就直接影响了幼儿掌握概念的水平。他们能掌握关于具体事物的具体概念,如爸爸、妈妈、姐姐、妹妹、桌子、椅子、汽车、飞机、香蕉、苹果、大象、长颈鹿等,但不易掌握比较抽象的性质概念、关系概念、道德概念,如水果、野兽、动物、植物、家具、种子、勇敢、诚实等。而且就是对上述日常具体实物概念的掌握,也都带有很大的具体形象性。如幼儿认为只有他那么小的孩子才是爸爸、妈妈的儿子,比他大的、长了胡子的人就不会是别人的儿子;桌子就是用木头做的,放东西、吃饭用的;英雄就是解放军,不拿枪打仗的就不是英雄。

幼儿的判断、推理也是很形象的。他们常常按照事物表面的直观联系或者偶然的个别外部特点来进行判断、推理。例如,问幼儿皮球在斜面上为什么会滚落下来,他们会回答:"皮球没有脚,站不稳。""皮球是圆的,它会滚。"看见老师给小人书包书皮,他们会问:"是不是书也怕冷,也要穿衣服?"还有的幼儿听家长或老师讲要喝开水,不要喝生水,喝生水要生病,他马上就跑去往金鱼缸里倒开水。

幼儿的理解多为直接理解。例如,看图讲述时,幼儿能说出图画中最突出的个别人物,以及他们的外形特征、姿态、活动、位置关系等,但不能理解人物表情所反映的内心活动,更不能概括图画主题。又如,幼儿常常说"××是好孩子","××不是好孩子",但问他什么是"好孩子",他回答"上课坐得好,手不乱动,眼睛看老师","不打架,不挤人",却说不上比较抽象的品质,如守纪律、爱劳动、友爱谦让等。这些都反映了幼儿理解的表面直观性,他们容易理解事物及事物之间能直接感知到的外在特点、联系,但不易理解事物的本质以及事物之间比较内在、隐蔽的关系。

所以,在教育教学活动中,既要重视培养幼儿的具体形象思维,又要重视培养幼儿的抽象逻辑思维。那种只重视培养幼儿的具体形象思维而忽略培养抽象逻辑思维的做法是错误的。当然,我们也要防止超越幼儿思维发展的年龄阶段性,出现"拔苗助长"的错误做法。

(三)学前晚期儿童开始出现抽象逻辑思维的萌芽

具体形象思维是儿童思维的主要形式,那么,儿童有没有抽象逻辑思维呢?答案是肯定的。学前儿童抽象逻辑思维的萌芽、发展表现在以下两个方面。

第一,儿童不但能广泛了解事物的现象,而且开始要求了解事物的原因、结果、本质、相互关系等。他们遇到什么事情都喜欢追根究底,问个"为什么"。比如,"螃蟹为什么横着爬?人为什么直着走?""天上的星星为什么不会掉下来?""小蝌蚪为什么变成了青蛙?"……这些问题上至天文,下至地理,无所不包,充分反映了幼儿正在努力探索事物的内在奥秘和事物间的因果关系。抽象逻辑思维是反映事物的内在本质和逻辑关系的一种思维形式,其过程从寻求某种事物的本质和事物间的关系开始,以揭示这种本质和关系而告终。因此,儿童提问的过程,实际上也就是儿童进行抽象逻辑思维的过程,是儿童抽象逻辑思维活动的表现。

第二,儿童的思考能力进一步发展,不仅能反映具体事物、事物的具体属性或可直接感知的表面联系,而且逐步能反映事物的内在本质及事物间的规律性联系。儿童能根据事物内部的共同特点进行概括,如把汽车、电车、轮船、三轮车放到一起,说"它们都可供人乘坐";把狮子、老虎、狐狸、狼、大象放到一起,说"它们都是动物"。五六岁的孩子已能够准确运用野兽、玩具、水果、家具、交通工具等许多概念,而且能结合生活中的大量事实理解一些更抽象的概念,如会说:"他打针不哭,真勇敢!""我们俩互相帮助。""别乱看了,上课要认真。"这里的"勇敢""互相帮助""认真"都是十分抽象的概念。不少五六岁的幼儿已能按事物内在的本质联系来进行判断、推理,他们知道火柴浮在水面是因为它是木头做的,重量轻;针沉到水底是因为它是铁做的,重量重。他们还能猜中一些简单的谜语,可以理解"种瓜得瓜,种豆得豆"的因果关系。这个时期儿童的判断、推理已由表面、直接走向比较内在、间接了。

由此可见,儿童是有抽象逻辑思维的,但这个时期儿童的抽象逻辑思维只处于萌芽期,和学龄期儿童的抽象逻辑思维相比,还有很多局限性。这表现在:其一,儿童能够进行抽象逻辑思维的事物数量很少,而且这些事物只是在他们有限的知识、经验范围之内;其二,儿童的抽象逻辑思维在很大程度上还需要感性经验的直接支持,带有很大的具体形象性,如幼儿只能理解"打针不哭"是勇敢,还不能理解同坏人坏事做斗争也是勇敢。

第二节　学前儿童思维发展的理论

正如前文所说,儿童思维的一个重要特点就是它在不停地发生变化。在发展过程中,儿童如何从特定角度进行思维是一个有趣而重要的课题。在理解学前儿童思维的发展进程上,皮亚杰做出了无与伦比的贡献。在近50年的时间内,皮亚杰对孩子是如何犯错误的思维过程进行了长期的探索,他发现分析一个儿童对某问题的不正确回答比分析正确回答更具有启发性。因此,采用临床法,先观察自己的3个孩子,之后与其他研究人员一起,对成千上万的儿童进行观察,他找出了不同年龄儿童思维活动质的差异以及影响儿童思维的因素。在此基础上,总结发展出一套关于儿童思维、推理和解决问题的理论,引发了一场儿童思维的革命。

扩展阅读

> **小实验:儿童对表现与现实的理解**
>
> 德弗里斯(1969)研究了3～6岁儿童对表现与现实的理解差异。她给这个年龄段的儿童呈现一只性格非常温顺的猫,名叫梅纳德,并且允许儿童抚摸它。当实验者问梅纳德是什么时,所有儿童都知道它是一只猫。接着,当着儿童的面,实验者给梅纳德戴上了恶狗的面具。实验者问:"看,它的脸像狗一样,这个动物现在是什么?"许多3岁的儿童认为梅纳德已经变成一条狗了。他们拒绝去抚摸它,并且认为它从里至外都变成狗了。相反,大多数6岁的儿童知道猫不会变成狗,面具不会改变动物的身份。人怎么会认为猫能变成狗呢,即使是非常年幼的孩子?为什么3岁的儿童相信猫能变成狗,而6岁的儿童则会嘲笑这个愚蠢的想法?我们知道,与3岁的儿童相比,6岁的儿童的思维发生了变化,但问题是这个变化是如何发生的。
>
> 资料来源:[美]罗伯特·西格勒,玛莎·阿利巴利.儿童思维发展(第四版)[M].刘电芝等译.北京:世界图书出版公司,2006.

一、皮亚杰的思维发展阶段理论

皮亚杰认为,儿童的思维发展表现出阶段的特性,在每一阶段中,儿童的思维具有特定的性质,这些特定的性质是由不同的认知结构所决定的。儿童的认知结构是在儿童(认识的主体)与环境对象(认识的客体)相互作用中不断建构的。知识就是主客体相互作用的产物。关于皮亚杰的思维发展阶段理论,在第二章中已经做过详细的阐述,下面就皮亚杰关于思维发展的研究方法进行述评。

在皮亚杰研究的早期,他察觉到不同的研究方法是各有利弊的。标准化实验程序具有准确性和可重复性,而一对一的观察则能获得丰富的描述性材料和深刻的理解。皮亚杰同样也认识到和儿童进行谈话会得到一些意想不到的信息,但由于儿童不善表达,研究者容易低估他们的推理能力。

皮亚杰早期对婴儿的研究是在日常生活情境中设计非标准化实验来观察他自己的3个孩子。他早期关于因果推理、游戏等的研究,几乎全部来自儿童对假设问题的回答。后来他关于数量、时间、速度和比例的研究,既考察了儿童对材料的操作,也考察了他们对推理过程的解释。

总的来说,当涉及研究方法的选择时,皮亚杰表现出了相对的灵活性,这种做法可能有时会让他误入歧途。他的有些结论可能是由于研究方法的缺陷而低估了儿童的能力,然而,也就是这些灵活的方法使他得到了意想不到的资料。如果采用标准化的实验程序,这些了不起的发现和洞察可能永远也不会出现。

有研究者对皮亚杰采用的口语报告方法提出质疑。他们认为,也许儿童在许多情况下表现出的不成熟推理,不是因为他们的推理能力不够成熟,而是因为皮亚杰和重复实验中其他研究者采用的口语报告方法低估了他们的思维能力。对于口语报告的批评是:年幼的儿童不善于表达,使人错误地认为他们的认知能力较差。儿童不能够很好地解释他们的推理,并不代表他们的推理能力本身存在缺陷。

二、学前儿童思维发展理论的进展

对儿童思维发展的新近研究或多或少地继承了皮亚杰的思想,是对皮亚杰关于儿童思维发展研究的拓展、修改、完善和发展。这些研究主要提出以下几种关于儿童思维发展的新理论。

(一)信息加工理论

信息加工理论认为,幼儿思维的发展是形形色色的个别思维发展的集合,各种个别思维的发展并不一定遵循相同的规律。信息加工论者主张从信息的获得、储存、加工和提取等几个环节来分析和解释幼儿的思维能力,重点强调不同年龄阶段幼儿思维的具体加工模式。不同于皮亚杰的理论,信息加工理论认为,幼儿思维发展的缺陷在于幼儿的知识经验、幼儿的记忆能力以及幼儿掌握的策略都很有限。这种信息加工能力的有限性使幼儿的思维表现出一定的局限性。另外,信息加工理论认为,幼儿思维的发展是一个连续而渐进的过程,而并不像皮亚杰认为的那样,幼儿思维的发展是质的非连续性的变化。

(二)先天模块论

福多(1983)假定幼儿存在先天模块、结构或制约,并且每个模块专门负责某一特定的思维。例如,存在专门的语言模块支持语言的发展。一个模块只需要少量的刺激就可以激发,幼儿在某些领域的思维可以是先进的,如幼儿早期就具有大量关于物体运动的知识等。每个模块之间是相对独立的,因此,某个思维领域的进步通常不能使其他思维领域进步。先天模块论得到了对有脑损伤或脑障碍幼儿的研究的支持。

(三)理论论

理论论者(Gopnik & Meltzoff,1997)认为,幼儿思维的发展类似于科学的发现。在理论论者看来,幼儿是一个小小的科学家。最初存在一些朴素的理论,用来预测、理解、解释幼儿周围的世界。当幼儿发现已有的理论不能解释和预测新的情景时,就会修订自己的理论,就像科学家所做的一样。当然,这种理论只是幼儿对日常概念形成的框架,并不是真正的理论。因此,幼儿思维的发展过程是一个不断检验和修订幼儿在不同思维领域或思维方面的理论的过程。

对理论论的研究的重要证据是研究者发现幼儿似乎很早就能超越知觉特征而看到客体、人物和事件的"本质"。例如,凯瑞(1985)向4岁的幼儿出示一只机械猴,该玩具与真实的猴子很像。凯瑞问幼儿:"人、狗等动物有骨头,能生小孩吗?"幼儿回答"能"。凯瑞进一步问:"这只猴子(指着机械猴)有骨头,能生小孩吗?"幼儿能正确地回答说"不能"。这表明幼儿关于真实猴子的生物性和玩具猴的机械性的理论,包含了关于生物实体和机械实体的潜在性质,超越了知觉的相似性。理论论者认为,幼儿具有某种知识系统,该系统将思维领域内的不同现象联系起来,幼儿的这些理论包含着信念、愿望和意图。幼儿的理论具有抽象性和内在一致性,这为幼儿提供了某种将世界知识条理化、解释和预测世界的方式,从而减少了有限的记忆对思维产生的限制。

第三节　学前儿童思维形式的发展

一、表征和概念

(一)表征

儿童之所以获得客体永久性概念，是因为当物体在儿童的视线中消失后，儿童头脑中依然保留着物体的表象。我们把物体表象在头脑中的保存称为表征。最近的研究进一步指出，婴儿的表征能力早在客体永久性概念形成之前就已经出现。更有研究者认为，儿童客体永久性概念的出现比皮亚杰所说的要早，皮亚杰低估了儿童的思维能力。当今的大多数学者认为，婴儿的表征能力比皮亚杰所估计的要高。利用习惯化、去习惯化法的研究发现，4个月的婴儿对违背物理原则的事件的注视时间要长于可能事件。如果刺激物的数量差异对比足够大，6个月的婴儿甚至能辨别5个以上的物体数目。进一步的研究甚至发现，5个月的婴儿对物体的加减法的不可能结果花更长的时间注视。因此，研究者认为，基本的数能力是人类生来就具有的。到了30个月至36个月之间，儿童已经习得了3个关于表征的思维能力。

其一，表征洞察。儿童意识到某个实体是代表一个实体的符号。如儿童认识到实验用的小房间代表着一个真实的大房间。

其二，双重表征。儿童可以同时以两种方式考虑一个物体，既作为一个客体，又是一个符号。如儿童首先把自己表征为一个玩具娃娃，然后再将自己与另一个玩具娃娃一块儿比较。

其三，表征特定性。儿童意识到一个符号能够代表一个具体的实体。为了使用一个符号，儿童必须认识到一个符号与指示物之间的关系（即意义所代与意义所指的关系），还要找出符号与指示物的相应成分，并且利用符号或指示物的知识对另一方加以推理。

以后，儿童的这些表征开始变得具有组织性，形成了结构化的知识体系，表现为儿童能在心理上表征他们在生活中发生的事件，从这些事件中概括出一定的行为操作程序。例如，一个20个月的儿童给玩具熊洗澡时所做的动作系列完全符合成人给他洗澡的程序。可见，在他们的头脑中有着顺序信息的良好编码。儿童对事件顺序概括出的程式具有普适性，能有效地帮助儿童预测熟悉事件的可能发展，并参与活动。

(二)概念

通常，我们提到"概念"，都说它是反映事物本质属性的一种思维形式。从结构上讲，概念是思维的基本单位;从功能上讲,概念是正确思维的基本条件。而这里所提的"概念",实质上指的是基于某种相似性所做的心理分类。

格尔曼和马尔克曼(1986)在一个实验中发现,4岁的儿童并不单纯地依靠知觉做出反应。在儿童的头脑中,具有对所观察的对象产生某种相似性的认知能力。这一研究成果激发了更多研究者的兴趣,导致"喜报频传"。有人利用简化的方法在3岁的儿童身上发现了类似的结果,又有人利用更简化的方法在2岁半的儿童身上发现了类似的结果。此类研究结果的启示在于:儿童的概念并不仅仅是知觉特征的集合,而是像成人的概念一样,强调样例之间基本的且常常是不明显的相似性,这些相似性使儿童能从某个范畴成员到另一个成员进行强有力的概括。研究者在这个基础之上进一步研究儿童对不同类别概念(如自然类属——鱼、鲸、海豚等;称名类属——人类习惯界定的圆、公主等;人造物——桌子、汽车、计算机等)的区分,发现儿童只是部分而不是完全地区分类别。也就是说,儿童能在某些特征上做出分类,对另一些特性则不会分类。一般说来,儿童在分类时,更注重外表的形象,而对内在的本质特性关注较少。格尔曼认为,4～7岁有一个发展过程。年龄大的儿童比年幼儿童更可能对事物的内在属性做出正确的区分。

二、分类和关系

分类在一定程度上是根据某一特征将物体组织起来,使人们在整体上对组织起来的物体做出共同的反应而不是对个体做出反应。当我们说一个女孩理解了"3"这个概念的时候,这意味着什么呢?她应该明白"3个球""3辆汽车""3把勺子"之间的共同之处:一般来说,它们都是"3"这一类的成员。同时,她也应该理解这一类和其他类的关系:"3"这一类比"2"这一类大,而比"4"这一类小。皮亚杰认为,儿童起先只是把"分类"和"关系"当作彼此独立的两个概念,但是最终实现了把这两者整合在一起进行理解。

儿童分类的发展经历了4个阶段:习性分类或随机分类、知觉分类、功能性分类或主题分类、基于概念的分类。

第一阶段,习性分类或随机分类。这是大多数2岁的儿童和一些3岁的儿童的典型表现。这时儿童通常成对组织物体,他们既不能提供分类的理由,也不能说出物体的某一个具体的特征。例如,儿童可能会把一条狗和一个苹果分在一起。当你问他为什么要将这两者分在一起时,儿童可能回答道:"因为狗叫,并且你可以吃苹果。"儿童也可能仅仅宣称:"我喜欢狗,并且我喜欢苹果。"后一种回答表明儿童在此阶段仅根据自己喜欢与不喜欢进行分类。

第二阶段,知觉分类。此阶段儿童根据知觉特征对物体进行分类。例如,将桌子和椅子分在一起是因为它们都有4条腿,将大象和卡车分在一起是因为它们都很大,将青蛙和树分在一起是因为它们都是绿色的等。基于知觉的分类主要在3岁和4岁的儿童身上发生,也能在一些年龄更大的儿童身上发生。

第三阶段,功能性分类或主题分类。年龄较大的儿童倾向于根据物体的功能或主题关系进行分类。所谓功能或主题关系,是指在时间和空间上共同发生或相互作用的人、物、事件以及实体之间其他的外部或互补的关系。例如,将生日蛋糕和生日蜡烛分为一类即为根据功能或主题分类。这时儿童认识到在一个类别内的物体虽然不同,但它们之间共享某种内部的相互关系。例如,儿童将狗和骨头分在一起是因为狗能吃骨头,将人和卡车分在一起是因为人能开卡车等。

第四阶段,基于概念的分类。6~9岁的儿童主要采用基于概念的分类。这时儿童的分类比较符合成人的分类标准,具有逻辑性,在一定程度上与科学的分类相似。儿童能产生诸如动物、家具、衣服等类别,能够将燕子、麻雀和飞机分在一起是因为它们都能飞。虽然儿童早期也能出现基于概念的分类,但在6~9岁时这种分类才会得到快速发展。

不过,儿童分类的发展并不是严格按阶段进行的。虽然3岁的儿童很少出现基于概念的分类,但4岁和5岁的儿童通常采用混合的分类方式。在一项实验中,给定的16个物体在成人看来可以分为4类:动物、衣服、食物和工具。儿童通常成对地分类,尽管这对分类任务来说并不是必需的。儿童将麦子和香蕉分为一类,因为它们都是黄色的(知觉分类);将锤子和螺丝刀分为一类,因为它们都是工具(概念分类);将兔子和牛奶分为一类,因为它们都是白色的(知觉分类)。对5岁的儿童来说,知觉分类是主要的,但也明显发现儿童进行混合分类。实验也表明,儿童在分类时不能事先浏览全部物体,然后决定最佳的分类方式。

三、推理和问题解决

(一)推理

推理是一种特殊类型的问题解决。人们在日常生活中经常使用各种类型的推理来解决问题,下面主要介绍3种类型的推理:类比推理、归纳推理和演绎推理。

1. 类比推理

类比推理是从特殊到特殊的推理。类比推理通常包含关系的映射,即应用前提之间的关系完成推理结果。

虽然在皮亚杰看来,类比推理的能力直到青春期才能发展起来,但最近的研究表明,1岁左右的幼儿也能进行类比推理。在一项实验中,10~12个月的儿童需要越过一个障碍获得一个不能直接拿到的玩具。为了得到玩具,儿童需要移开一个障碍(一个盒子),拉动一块布拿到上面的一根绳子,然后拉动绳子得到玩具。实验要求儿童解决几个类似的问题,如改变玩具的种类、改变障碍物的形状、改变绳子的颜色、质地等。儿童很少能独立解决任何一个这样的问题,但当实验者向儿童示范了解决问题的方法后,许多儿童就能解决类似的其他问题。

儿童不仅能根据知觉的相似性,有时也能根据关系的相似性进行类比推理。在一项研究中,研究者向4岁、5岁和9岁的儿童呈现一系列的图片以解决类比问题,要求儿童在4张图片中选择最佳的类比匹配。在这个问题中,儿童需要发现鸟和鸟巢的关系(鸟住在巢里),并寻找狗的最佳匹配(狗房子)。实验结果表明,4岁、5岁和9岁儿童的正确率分别为59%、66%和94%。在这个问题中,狗和鸟以及狗房子和鸟巢并没有知觉上的相似性。

随着年龄的增长,儿童在类比推理时能从多方面注意事物的一致性,从而提高类比推理的效率。在李红和冯廷勇(2002)的一项关于类比推理的研究中,在要求儿童从两个方面注意事物的一致性时,5岁半儿童的成绩比5岁儿童的成绩要好。

2.归纳推理

归纳推理是从特殊到一般、从少数到多数的推理。虽然目前关于儿童归纳推理发展的研究十分有限,但研究者还是发现了一些关于幼儿归纳推理发展的有趣现象。一般认为,儿童的归纳推理是基于知觉相似性的,即儿童是根据事物之间在知觉上的相似性得出普遍的结论。也有一些研究表明,幼儿通常是根据事物的名称进行归纳推理的。例如,在一项研究中,实验者先向4岁的儿童呈现一幅画有一条热带鱼的图,告诉儿童这条鱼在水底下呼吸,但海豚跳出水面呼吸;然后向儿童呈现的第二幅图是鲨鱼,鲨鱼在知觉特征上像海豚但名称为鱼。实验者问儿童:"鲨鱼是在水下呼吸还是跳到水上呼吸?"实验结果显示,儿童能根据事物的名称进行推论。后来的实验在3岁的儿童身上也发现了类似的结论。

3.演绎推理

演绎推理是从一般到特殊的推理。三段论推理是一种典型的演绎推理,是从两个前提推论出一个符合逻辑的结论的推理。近来的研究显示,儿童也能进行三段论推理。三段论推理要求从前提出发推出结论,就像下面的例子:

所有的猫都会叫。

Rex是一只猫。

Rex会叫吗?

当然,答案是"是的,Rex会叫",因为这是从两个前提出发能够得出的唯一结论。值得注意的是,在上例中,结论实际上可能与儿童对现实世界的认识并不一致。例如,可能Rex是一只有病的猫,碰巧它不会叫。因此,如果要真实评定儿童从前提出发推论出结论的能力,当以他们的一般知识为基础不能猜出正确答案时,给他们看一些例子是必要的,即推理所处的背景对儿童来说应该是可感知、可理解的,这一点相当重要。

有研究者认为,儿童演绎推理的发展大致要经过 5 个阶段:第一阶段,儿童还不会运用任何一般规则,对于自己的结论不提供任何论据或仅提供一些偶然的论据;第二阶段,儿童运用了一般规则,并试图论证自己的答案;第三阶段,儿童运用了一般原理,这种原理已能在某种程度上反映对象的本质特征,但还不能完全做出正确的结论;第四阶段,儿童不能说明一般原则,但能正确解决问题;第五阶段,儿童能正确解决问题,并对结论进行有效的说明。

(二)问题解决

解决问题的能力在儿童期经历了重要的变化。有实验者要求 15~35 个月的儿童搭积木仿造一个成人的积木房子。平均年龄 17 个月的儿童没有明显的指向目标的行为,他们仅在那儿玩积木。大部分 2 岁的儿童能够确认目标并在那儿建造房子,这些儿童也能根据他们建造的结果评价自己房子的好坏,85%的 2 岁儿童至少需要重试一次才能完成任务。显然,儿童问题解决能力的发展依赖于儿童短时记忆的容量。解决问题需要儿童记住目标(有时是几个子目标),也需要记住达成目标的方法并选择一个或几个达成目标的方法,以监控问题解决的过程。

儿童问题解决能力的发展还需要依赖儿童思维策略的发展,因为策略能使儿童方便解决更复杂的问题。例如,有种简单的策略叫爬山法,这种策略只要求问题解决者从目前的状态开始朝向预定目标推理。这种推理类似于盘山小道,登山者的目标是每走一步都在山上爬得高一点,就算他不知道怎样才能完全爬上山。有了爬山策略,所有的潜在目标及其解决方法不用在解题之初就必须确定下来。4~6 岁的幼儿能够用爬山法来解决难题。

虽然大部分重要的策略是在学龄期获得的,但学前儿童也能自发产生一些策略。例如,儿童最早获得的数学运算法则是加法,儿童提供了许多方式去执行这种简单的计算。让儿童计算"5+3=?",儿童通常有三种策略:简单地数数,"1,2,3,4,5,(停顿)6,7,8";第二种数数策略是"5,(停顿)6,7,8";更有效的策略是直接在记忆中提取,结果是"8"。儿童在解决这一问题时,可以使用以上部分或全部策略。有人将儿童使用策略描绘为一系列相互重叠的波浪,在时间维度上的任一时刻,儿童通常使用不同的策略,甚至在不同的时刻,在仅仅几分钟之后就使用不同的策略。在发展期间,许多策略相互竞争,较有效的策略逐渐得到更频繁的使用。尽管儿童将会替换不良策略,但在相当长的时间内仍会保留它们。

儿童思维策略的运用通常受到具体任务情境的限制,而不能普遍地用来解决问题。例如,年幼的儿童只能将他们关于数的知识应用于项目数少(2~4 个)的集合中,年长的儿童则能将其应用到较大的集合中。儿童思维策略的发展也表现在儿童最初在不适当的情境中使用某种策略,以后则能在恰当的情境中使用这种策略。

儿童思维策略发展的一个重要方面是儿童制订计划能力的发展。计划是指在行动之前预先拟订具体行动的内容和步骤。儿童在某些情况下也能在解决问题之前做计划。例如,要求儿童到一个模型杂货店里找几样特定的物品。结果发现,大部分5岁的儿童逐一在模型杂货店中寻找,而年龄更大的明显表现出计划性:先扫描整个模型杂货店,估计要找的物品在什么地方,然后直接到他们认为物品应在的地方寻找。

新近的心理学研究倾向于认为,儿童的头脑中拥有形成知识和解决问题的最初资源,尤其是关于物理现象、生物现象、心理现象和数概念特殊领域的最初知识(即朴素理论)。儿童心理发展的结果是这些特殊领域变得越来越方便于解决问题。在一个漫长的发展过程中,儿童的各种能力相互联系,形成一个知识和技能的系统,并且在言语的参与下更容易被意识反省和用言语表达。

儿童解决问题时还受到父母、教师、同伴的提示和鼓励,这些社会支持有力地帮助儿童形成解决问题的技能。每个儿童在解决问题时都已内化了他们的文化所鼓励的特定方式,并用这种方式去收集信息和处理问题。

第四节　学前儿童思维的研究方法

一、临床法

在学前儿童思维研究领域,皮亚杰及其助手们做了大量的开拓性研究,提供了大量有价值的研究信息,为后来的研究者开辟了广阔的研究空间。临床法是皮亚杰研究儿童思维发展的最重要方法,主要通过与儿童进行灵活的个别谈话来研究思维发展问题,一般人将其称为谈话法,而皮亚杰将其称为临床法,因为他认为该方法与富有经验的临床医生诊断与治疗情绪问题的方法相似。

(一)守恒概念研究

1.数量守恒实验

皮亚杰将7个鸡蛋与7个玻璃杯一一对应地排列着,问年幼儿童鸡蛋和杯子是否一样多,儿童回答"一样多"。然后,皮亚杰当面将杯子间的距离拉开,使杯子的排列在空间上延长,这时儿童认为杯子比鸡蛋多,表现为数量不守恒。

2.质量守恒实验

皮亚杰把一团橡皮泥先搓成圆球形,然后当着儿童的面将圆球形搓成"香肠",问儿童圆球和香肠哪一个橡皮泥多。一部分儿童认为圆球的多,因为圆球大;而另一部分儿童认为香肠的多,因为它长,表现为质量不守恒。

3.容积守恒实验

将一个玻璃杯盛满水,然后当着儿童的面将水倒入一个细高的量筒内,问儿童哪个里边的水多。一部分儿童认为量筒里的水多,因为它水面高;一部分儿童认为杯子里的水多,因为杯子比量筒粗,表现为容积不守恒(见图7-1)。

图 7-1　容积守恒实验

此外,年幼的儿童还表现出重量、面积、体积、长度的不守恒。实验表明,当物体量的表现形式改变后,年幼的儿童就认为数量变化了,表现出不守恒现象。

(二)类包含研究

类包含的原则是:子类不能大于它所属的目类。皮亚杰运用临床法对儿童的类包含概念进行考察,发现此概念在 6 岁左右的儿童身上尚有待发展。

皮亚杰等人用一些木珠作为刺激物,测定 6 岁儿童的类包含概念能力。这些木珠大多数是咖啡色的,只有两颗是白色的。主试与儿童的对话(主试提问,儿童作答)如下:

主试:是木珠多还是咖啡色珠多?

儿童:咖啡色的多,因为只有两颗白的。

主试:白珠是木珠吗?

儿童:是。

主试:那么,木珠多还是咖啡色珠多?

儿童:咖啡色的多。

主试:用木珠做成的项链是什么颜色的?

儿童:是咖啡色和白色的。(可见他已理解了问题)

主试:那么,是用木珠做的项链长还是用咖啡色珠做的长?

儿童:用咖啡色珠做的长。

主试:你把项链画出来让我看看。(男孩画了一串黑圈圈,表示咖啡色珠项链;又画了一串黑圈外加两个白圈,表示白珠项链)

主试:好,现在看看哪根长?是咖啡色珠的长还是木珠的长?

儿童:咖啡色珠的长。

可见,儿童虽然清楚地理解这个问题,并能正确地画出来,但他不能解决咖啡色珠这一子类包含于木珠这一母类这个问题。

(三)关系概念研究

皮亚杰做了许多研究,探讨儿童的关系概念。例如,他常常考察儿童在下列推理过程中的反应:如果 A＝B,且 B＝C,则 A＝C;或如果 A＞B,且 B＞C,则 A＞C 等。这些推理过程往往是关于长度和重量的,通常所用的刺激物是不同长度的小棍或不同重量的黏土小球等。无论研究何种数量方面,其方法与程序都是一样的:先演示 A 与 B 以及 B 与 C 之间的关系,然后问儿童 A 和 C 有什么关系。需要注意的是,这里 A 和 C 之间的数量关系是不能直接知觉的。根据皮亚杰的研究,8～9 岁之前,儿童尚不能进行这种推理。

(四)理解他人见解的研究

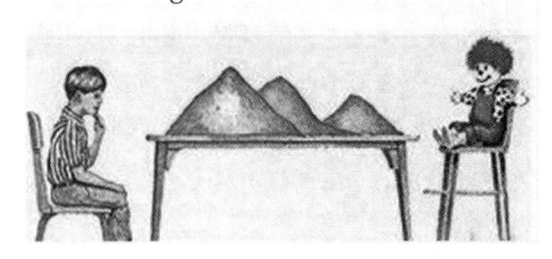

图 7-2 三山实验

如图 7-2 所示,在一个立体沙丘模型上错落摆放了三座山丘,首先让儿童从前后、左右不同方位观察这个模型,然后让儿童看 4 张从前后、左右 4 个方位所拍摄的沙丘的照片,让儿童指出和自己站在不同方位的另外一人(实验者或娃娃)所看到的沙丘情景与哪张照片一样。这是皮亚杰为了解儿童是如何理解他人头脑里的认识而设计的"三山实验"。研究结果显示,处于不守恒阶段的儿童总认为对方所看到的山就是自己所看到的那样。4~7 岁的儿童开始从表象思维阶段向运算思维阶段发展,他们的判断仍受到直觉表象自动调节的限制。他们既无归纳推理,也无演绎推理,会将没有逻辑联系的事物说成有因果关系。这一阶段儿童思维的突出特点是自我中心。皮亚杰说:"儿童把注意力集中在自己的观点和自己的动作上的现象称为自我中心主义。"自我中心是学前儿童思维的核心特点,是儿童认知的潜在出发点,表现在年幼儿童的思维逻辑、言语和关于世界的表象之中。这个阶段的儿童在大多数场合都认为外部事物就是他直接知觉到的那个样子,而不能从事物的内部关系来观察事物。

皮亚杰的研究工作激励了后人对儿童思维发展的深入研究。这些后来的研究者也发现了皮亚杰方法中的一些问题或欠缺,并在此基础上发展了新的研究方法,如非言语法。

二、非言语法

在皮亚杰的研究过程中,言语成分较多。从表面上看,似乎儿童对某些概念(如守恒)不能理解,也不能用语言表达出对这些概念的掌握,这或许是由于儿童在言语理解和表达能力方面的未成熟所致,因此,皮亚杰的研究方法可能低估了年幼儿童实际已经具有的知识或能力。于是,有人用非言语法来测试皮亚杰提出的概念。

这种非言语法大致分为两种:一种是主试做出明显的违反守恒概念的行为,然后看儿童的反应。这种做法的依据是:当儿童对主试的错误行为表现出惊讶的反应时,主试便可证实他对守恒的理解。另一种常用的非言语技术是让儿童在两组糖果中选择一组糖果吃,从而评定儿童对相对数量的理解。这两组糖果之中有一组只是看起来似乎多一点,而另一组却实际上较多。

三、训练法

有人批评皮亚杰,说他的研究往往只告诉我们儿童的思维从一个阶段到另一个阶段,却并未告诉我们这个转化过程是怎样发生的。比如,一个不能理解守恒概念的孩子,如何转化为能理解这一概念的孩子。为了弥补皮亚杰研究中的此种不足,有人用训练法研究儿童的认知变化。采用这种方法最常研究的是守恒概念,下面以守恒为例进行说明。第一步是施行预测验,决定哪些儿童已理解或尚未理解守恒概念。在此基础上,选取尚未理解守恒概念的儿童作为训练对象,使被试的基点相对一致,然后进行训练。在训练过程中,主要是让儿童获得一些可帮助理解守恒概念的实际经验。在不同的研究项目中,研究者向儿童提供的这类实际经验各不相同,往往根据研究者所基于的不同理论预见而设计选定。最后一个阶段是关于守恒概念的后测验,以测定训练是否有效。如果结果说明训练是成功的,则该成功的训练过程也就可能向我们提供关于儿童理解守恒概念的真实过程和途径的资料或证据。

📖 **问题讨论**

> **训练能够加快思维发展的速度吗?**
>
> 关于训练是否有可能加快儿童思维发展的观点,是皮亚杰理论中最具有争议的部分之一。皮亚杰的一些论述表明,训练是不可能导致认知加快发展的。其他学者的研究表明,训练有时能促进认知发展,条件是此时儿童对概念已有一定的理解,并且训练过程中儿童和训练材料有充分的互动。你认为呢?

第五节　学前儿童思维的测量与评估

1900年的巴黎，有不少人向心理学家比奈提出了一个不寻常的请求：设计一种测试方法，来预言儿童中哪些将来会有出息，哪些将平平庸庸。比奈成功了，他的发明很快被命名为"智力测验"，测验的结果被称为"智力商数"，即IQ。智力测验很快就传到了其他国家，并取得了相当的成功。

智力测验之所以引起轰动，一个重要的原因是人们过去总是依靠直觉判断评估人的天资，而现在智力可以量化了。过去你只能测量一个人真实或潜在的身高，现在你似乎能准确测量任何人现实或潜在的智力高低，怎不是一件让人兴奋的事？目前常用的儿童智力测量量表有韦克斯勒幼儿智力量表、比奈量表、瑞文推理量表等。

一、韦克斯勒幼儿智力量表（WPPSI）

韦克斯勒幼儿智力量表出版于1967年，适用于4～6岁半的儿童。该量表分为言语测验和操作测验两大部分，共计11个子测验，包括知识、图片词汇、算术、相似性、图片概括、领悟、动物房子、图画填充、迷津、木块图案、几何图形等。实施顺序是先做一个言语测验，再做一个操作测验，交替进行以维持儿童的兴趣，避免疲劳和厌倦。

（一）知识部分测试

开始进行测验时，可先用一些无关的问题作为开端，如"你叫什么名字"，然后转入正式测验。按次序提问题，如果回答不够明确，可以说"你的意思是什么"或"再多告诉我一些"。

表 7-1　韦克斯勒幼儿智力量表知识部分测试

题项	正确	错误
（1）你的鼻子在哪里？指给我看。		
（2）你有几只耳朵？		
（3）主试者伸出拇指问："这个手指叫什么？"		
（4）瓶子里可以装什么东西？		
（5）什么东西生活在水里？		
（6）草是什么颜色的？		
（7）告诉我这是什么动物？		
（8）哪些动物有奶可以给人吃？		
（9）晚上天空中有什么东西会发亮光？		
（10）狗有几条腿？		

续表

题项	正确	错误
(11)你将信寄出(邮出)前放上什么？		
(12)有什么办法把两块木头拼在一起？		
(13)说出两样圆形的东西。		
(14)怎样才能使冷水变成开水？		
(15)在哪种店里可以买到白糖？		
(16)一角钱有几分？		
(17)鞋子是什么做的？		
(18)一个星期有几天？		
(19)面包是什么做成的？		
(20)一年有哪四季？		
(21)宝石是什么颜色？		
(22)一斤有几两？		
(23)太阳落山是什么方向？		

(二)算术部分测试

第(1)至(4)题用图片册。

(1) 第1图(球)，将图片放在孩子面前，未订合的一面朝向幼儿，问："这里是一些小球，哪一个最大？指指看。"

(2) 第2图(小棍)，问："这是一些小棍，哪一根最长？指指看。"

(3) 第3图(星)，问："这几个盒子里装着小星星，哪一个盒子里最多呢？"

(4) 第4图(樱桃)，问："这几个碗里盛着樱桃，哪两个碗里的樱桃一样多？"(必须清楚指出两碗)

第(5)至(8)题用木块，红色向上，各相距1.5厘米。

(5) 数到2：放2块木块在孩子面前，问："这儿有几块？"

(6) 数到4：放4块木块在孩子面前，说"这是几块？用手指数数看。"如果孩子在数到2或3时停下来，就说："再数，要数完。"

(7) 数到9：将9块木块排成一行，说："用手指数这些木块。"如果孩子数到2或3后停下来，可鼓励他"数下去，全数完"。

(8) 将9块木块放成一排，说："留4块在桌上，其余的给我。留下4块，记录留下的木块数目。"

二、比奈量表

比奈量表的最早版本是法国心理学家比奈和他的助手西蒙在1905年编制的。这套量表由30个从易到难的题目组成,以完成题目的数量来确定儿童思维能力的高低。比如,能力平常的3岁儿童,大约可以从第1题做到第9题;而如果一个3岁的儿童完成了十几个题目,就说明他的思维水平较高。反之,如果同年龄的儿童只完成了较少的题目,则说明他的思维水平偏低。这里,相同年龄儿童的一般水平称为一个比较尺度,这是近代心理量表的一个基本思想。

比奈量表于1922年传入我国,1924年陆志韦首次做了修订,1982年吴天敏再次对比奈量表进行了修订,并将其称为"中国比奈测验"。这套测验共有51个项目,从2岁到18岁,每岁3个项目。项目按从易到难排列,部分内容如表7-2。

表 7-2　中国比奈测验的前 20 个项目

1.比圆形	8.上午和下午	15.推断情境
2.说出物体	9.简单迷津	16.指出缺点
3.比长短线	10.解说图形	17.心算(二)
4.拼长方形	11.找寻失物	18.找寻数目
5.辨别图形	12.倒数 20 至 1	19.找寻图样
6.数纽扣 13 个	13.心算(一)	20.对比
7.问手指数	14.说反义词	

中国比奈测验适用于个别施测。测试时,先根据被试的年龄,从量表指导书的附表中查到开始的试题,然后按照指导书进行测验。每答对1题记1分,如果连续5题没答对则停止测验。根据被试的得分和他的实足年龄,就可以从量表指导书的附表中查到被试的分数。

三、瑞文推理测验(RPM)

瑞文推理测验,简称瑞文测验,以英国心理学家瑞文的二因素理论为基础,主要测量一般因素中的推理能力,即个体做出理性判断的能力。它可排除或尽量克服知识的影响,努力做到公平,这是比奈量表和韦克斯勒幼儿智力量表所不能代替的。

该测验要求受试者根据大图案内图形的某种关系去思考、去发现,看哪一个小图案添入大图案中缺失的部分里最合适,使整个图案形成一个合理完整的整体。瑞文推理测验既可以用于个别施测,也可以用作团体施测,适用于6岁以上的儿童及一般成人。

扩展阅读

3岁儿童的思维发展评估测试题

1. 拼图画

把4张卡片(狗、房子、车、圆圈)对角剪成两个三角形。

把其中一对三角形(如狗)直角对直角放在桌上,然后请孩子:"把这两个三角形完整地拼在一起,可以组成一幅画。会是什么样的画呢?请把这两个三角形拼在一起。"

合格标准:分别进行的4张画中,拼对两张即可得分。

(说明:可面向上摆在桌上。当孩子拼了几次时,以最开始的反应作为评分依据。)

2. 看图说名称

逐一展示以下20张卡片,每出示一次都问"这是什么"。

1.手表 2.鞋子 3.小勺 4.椅子 5.玻璃杯 6.汽车 7.大鼓 8.电话 9.帽子 10.飞机 11.剪子 12.眼镜 13.桌子 14.马 15.自行车 16.猫 17.花 18.鸟 19.球 20.狗

合格标准:20问中答对15问以上得1分。

(说明:幼儿说出某种物品时发出幼儿音,成人大致听得懂就算正确。)

3. 性别

测试者问孩子:"你是男孩呢,还是女孩?"

合格标准:马上正确答出得1分。

4. 复述句子

测试者对儿童说:"一会儿我要说几句短语,请你仔细听并记住。我说完一句,你就重复一遍,知道吗?"

(1)玩沙子真有趣

(2)用彩色铅笔画画

(3)狗在大声叫

合格标准:3问中答对1问即可得1分。

(说明:一字不错才为对。每句话只说一遍,不可重复。)

5. 指出图中的内容

把第2题中的20张卡片全部展示给孩子,并按下列顺序提问。如果一时回答不上,可暂停一会儿,过一会儿再继续。

(1)会飞的动物是哪一个?请用手指给我看看。

(2)看时间用的东西是哪一个?指给我看看。

(3)剪东西用的是哪一个?

(4)穿在脚上的东西是哪一个?

(5)使用发动机跑的东西是哪一个？

(6)喝牛奶用的东西是哪一个？

(7)有4只脚而又跑得最快的动物是哪一个？

合格标准：7问中答对4问得1分。指出或说出都对。

6.模仿画圆圈

展示一张白纸上画的圆圈，对孩子说："这是一个圆！请你也在这张纸上画一个和这个圆一样的圆。"

合格标准：能马上画出一个正确的圆加1分。

(说明：有点歪、起点和末点没完全重合，只要大概看起来是个圆形就可加分。起点与末点分离过大，或出现角、尖等，无分。)

7.复述数字

测试者对孩子说："我现在说几个数，你要仔细听，并要记住，我一说完，你就按我说的再复述一遍，比如，我说'6,8,1'，你也说'6,8,1'，知道了吗？"

(1)1,3,6

(2)4,5,7

(3)6,2,8

(4)9,5,1

合格标准：4问中答对2问可得1分。

8.图形搭配

出示4个等腰三角形纸板，并告诉孩子："请你仔细看我是怎么做的。"边说边把测试者手中的4个三角形纸板拼成一个大正方形(三角形直角为大正方形的边角)；然后对孩子说："请用你的纸板做成和我一样的图形。"如果孩子一次做不对，可以再试一次。

合格标准：两次试做只要有一次搭配成功即可得1分。

(说明：虽然拼得有点斜、偏、散，只要大体上呈现出正方形，就算对。)

9.数概念"3"和"4"

两张画，一张画有2个苹果，一张画有3根香蕉。

(1)把苹果画拿给孩子看，并问："一共有几个苹果？"

(2)接着拿出香蕉画："一共有几根香蕉？"

(3)然后同时展示两张画，问："苹果和香蕉相比，哪个多？"

(4)最后问："你能从1数到4吗？请数给我听听。"

合格标准：4问中答对3问得1分。

10.模仿画十字形

测试者告诉孩子:"请仔细看我画的东西。"尽量吸引孩子的注意,然后在孩子面前画一个标准的十字形(长10厘米的线)。告诉孩子:"请你照我画的样子画一个十字形。"

合格标准:能马上画出十字形的加1分。

(说明:两条线呈一横一竖、两条线长短大致相同、两条线在中点相交,就可算对。画成×形、不相交线、T形等,不加分。)

11.反义词类推

测试者对孩子说:"请你仔细听我说的话。我说一个短句子,在中间停下,你就接着说下去。比如,我说:'夏天热,冬天…'"让孩子回答。根据这个例子使孩子掌握回答方法。孩子回答不出"冷"时,就说出答案,并向孩子说明一下。

(1)爸爸是男的,妈妈是……

(2)老鼠跑得快,蚯蚓……

(3)点灯时亮,关灯时……

(4)哥哥大,弟弟……

(5)脚趾短,手指……

(6)飞机飞,汽车……

(7)铁锅重,报纸……

合格标准:7问中答对3问就可得1分。

(说明:回答不是"男的""不亮""不大"等,无分。)

12.理解场景

进行下列提问:

(1)肚子饿了怎么办?

(2)嗓子渴了怎么办?

(3)冷了怎么办?

(4)受伤了怎么办?

(5)手脏了怎么办?

合格标准:5问中答对3问得1分。

正确答案示例:

(1)吃东西、吃饭

(2)喝水、喝橘子汁

(3)穿毛衣、戴手套、围围巾、生炉子

(4)贴创可贴、扎绷带、对妈妈说要治伤药

(5)洗、用肥皂洗手

本章小结

1.思维是人在实践活动中,在感性认知的基础上,借助于词、语言和过去经验而实现的一种高级的心理过程或高级的心理机制。它是个体认知过程的核心成分。

2.学前儿童的思维发展经历了三种不同水平的发展形式,即直觉行动思维、具体形象思维和抽象逻辑思维。

3.皮亚杰认为,儿童的思维发展表现出阶段的特性,经历的阶段分别是感知运算阶段、前运算阶段、具体运算阶段和形式运算阶段。

4.学前儿童思维的具体形式包括表征和概念、分类和关系、推理和问题解决。

5.学前儿童思维的研究方法包括临床法、非言语法和训练法。

课后巩固

一、填空题

1.从思维发展的方式看,儿童的思维最初是_____思维,然后出现_____思维,最后发展起来的是_____思维。

2.皮亚杰将认知发展分为四个阶段:_____阶段、_____阶段、_____阶段和_____阶段。

3.思维的两个特征是_____和_____。

4."三山实验"反映儿童思维的特点是_____。

5.思维一般经过_____与_____、_____与_____、_____与_____等过程。

二、选择题

1.(　　)是人在实践活动中,在感性认知的基础上,借助于词、语言和过去经验而实现的一种高级的心理过程或高级的心理机制。

  A.表征 B.想象 C.思维 D.注意

2.儿童最初对客观事物的概括和间接反应是依靠(　　)实现的。

  A.记忆 B.动作 C.推理 D.概念

3.推理可以分为(　　)。(多选)

  A.类比推理 B.归纳推理 C.正确推理 D.演绎推理

4.依据实际行动来解决具体问题的思维过程属于(　　)。
　　A.常规思维　　　B.动作思维　　　C.形象思维　　　D.抽象思维

三、论述题

1.简述儿童分类的四个发展阶段。

2.简述儿童守恒概念的实验操作程序。

3.简述促进儿童问题解决能力发展的有效途径。

四、设计题

设计一个实验来测量儿童的类包含概念。

第八章　学前儿童想象的发展

案例导读

【案例1】 在一次接待家长咨询的时候,蛋蛋的家长充满了忧患意识地对我说:"鲁老师,最近我发现我5岁的儿子新添了一个说谎的毛病。对小朋友说他爸爸是警察,妈妈星期六带他去了动物园,还说我们家的小乌龟下了许多蛋,可这些根本不是事实。在家里也经常骗我,他已经把骗我当成一件好玩的事情,比如说'妈妈,你的扣子掉了一颗',我就赶紧低头查看。每次在骗完我之后,他都诡秘地冲我笑着,很得意地看着我。我真担心这孩子的心理发展,您看有没有什么好方法来克服这个毛病。"

【案例2】 4岁女孩悠悠的母亲也说:"一天,孩子正在看《西游记》,我说看完这一集后带她去洗澡,结果她头也不回地对我说:'妈妈,我不能和你一起洗澡,我还要和我的师傅去西天取经呢!'我一和她急的时候,她就说:'俺老孙有金箍棒,我怕谁!?'您说她是不是有些颠三倒四?"

问题聚焦

以上两个案例都是关于儿童想象力的小故事,其中家长的困惑也是我们在生活中最常遇到的,其实这些都是孩子在进行角色替换想象。许多家长不是很理解的现象都是因为孩子在此期间想象的特点决定的,即想象与现实分不清。所以,家长除区分想象与说谎的关系外,还要理解孩子有时候想入非非、异想天开也是想象力的表现。了解儿童行为、语言背后的心理机制,有助于家长理解儿童的行为,从而科学对待、保护并促进幼儿想象力的发展。

学习目标

1. 了解想象在学前儿童心理发展中的作用。
2. 知道学前儿童想象发展的特点。
3. 掌握学前儿童想象力培养的方法。
4. 了解学前儿童想象力研究的进展。

第一节　学前儿童想象概述

爱因斯坦曾经说过:"想象比知识更重要,因为知识是有限的,而想象力概括着世界上的一切,推动着进步,并且是知识进化的源泉。"的确,想象力是智力发展的体现,是创造活动的翅膀,是好奇心向创造力的延伸,人类正是通过想象才冲破一次次界限,创造出现在这样一个美好的世界,而且这个世界也将因想象而更加美好。

一、想象的定义

想象是对头脑中已有的表象进行改造,建立新形象的过程。对此概念,我们应做如下理解。

第一,想象是以感知过的事物形象为基础,即以记忆表象(储存在头脑中的已有表象)为原材料进行加工改造而形成的。例如,我们没有去过草原,但当我们读到《敕勒歌》中的诗句"天苍苍,野茫茫,风吹草低见牛羊"时,头脑中就会浮现出一幅草原牧区的美丽景象:蓝蓝的天空,一望无际的大草原,微风吹动着茂密的牧草,不时露出牧草深处的牛羊。这幅我们从未感知过的图景,就是我们所熟悉的蓝天、草地、微风、牛羊等记忆表象组合构成的。

第二,人的头脑不仅能够产生过去感知过的事物形象,而且能够产生过去从未感知过的事物形象。例如,吴承恩在写《西游记》时,他头脑中出现的孙悟空、猪八戒等形象并不是他所感知过的;读者在读《西游记》时,头脑中出现的孙悟空、猪八戒等形象也是读者未曾感知过的;法国科幻小说家凡尔纳在小说中描述的霓虹灯、潜水艇、坦克、电视机等也是他当时未曾感知过的;还有音乐家谱写一首新曲子时头脑中出现的音乐形象,建筑设计师设计一座新的建筑物时头脑中出现的新建筑物的形象等,这些他们没有感知过的但又出现在头脑中的新形象就是想象的结果。

第三,想象过程所产生的新形象称为想象表象。由于形成想象表象的加工、改造过程是通过思维活动进行的,所以,想象是思维的一种特殊形式,是一种形象思维。

学前儿童经常天马行空、信口开河,他们非常喜欢想象,可是,此时的想象只是初级形态的,水平不高,他们的想象以无意想象和再造想象为主。

二、想象的构成方式

想象过程是一个对表象进行分析、综合的过程。想象的分析过程是从旧形象中区分出必要的元素或创造的素材的过程;想象的综合过程是将分析出来的元素或素材按照新的构思重新组合,创造出新形象的过程。想象的分析、综合活动有以下几种形式。

(一)黏合

黏合是把两种或两种以上客观事物的属性、元素、特征或部分结合在一起而形成新形象的过程,如孙悟空、猪八戒、美人鱼、飞马等的形象。黏合方式是想象过程中最简单的一种方式,多用于艺术创作和科技发明。

(二)夸张与强调

夸张与强调是改变客观事物的正常特征,使事物的某一部分或某一特性增大、缩小、数量增多、色彩加浓等,在头脑中形成新形象的过程。例如,人们创造的千手千眼佛、九头龙,及《格列佛游记》中的大人国、小人国等。此外,我们常看到的一些人物漫画就是绘画者对人物特点进行夸张或强调的结果。

(三)拟人化

拟人化是把人类的形象和特征加在外界客观对象上,使之人格化的过程。例如,《封神演义》《西游记》《聊斋志异》等古典名著中的许多形象,都采用了拟人化想象的创作手法。雷公、风婆、花仙、狐精、白蛇与青蛇等均是拟人化的产物。拟人化也是文学和其他艺术创作的一种重要手段。

(四)典型化

典型化就是根据一类事物的共同的、典型的特征创造新形象的过程。这是一种在文学艺术创作中普遍采用的方式。例如,鲁迅笔下的阿Q形象、祥林嫂形象,就是鲁迅综合某些人物的特点之后创造出来的。

三、想象的类型

根据不同的维度,想象可以分为无意想象和有意想象、再造想象和创造想象。

(一)无意想象和有意想象

根据是否具有目的性,想象可以分为无意想象和有意想象。

无意想象是一种没有目的地、不自觉地想象某种形象的过程。例如,听老师讲故事时,脑海里就会出现故事里的场景;看到路边的小花小草时,就会想到之前童话故事里面的花仙子等小精灵。

有意想象是根据一定的目的,自觉进行的想象。例如,在老师布置的任务下,创作出具有一定主题的画。

(二)再造想象与创造想象

根据内容的新颖程度和形成方式,有意想象可分为再造想象和创造想象。

再造想象是根据语言文字的描述或图形、图解、符号等非语言文字的描绘,在头脑中形成新形象的过程。

创造想象是根据自己的创见,独立地构造新形象的过程。它具有首创性、独立性、新颖性等特点。

再造想象的形象一般是以前已经存在的,而创造想象的形象一般都是全新的。如孙悟空就是吴承恩的创作结果,可是,我们听到孙悟空而产生的形象往往就是再造想象的结果了。再造想象和创造想象虽然都有一定的创造性成分,但是创造想象和再造想象比起来,具有更大的创造性,因此,创造想象是更加复杂、更富有独立性的想象。例如,让儿童复述听过的故事和让儿童独立编造一个故事,所要求的想象水平是不一样的,前者主要是再造想象,后者主要是创造想象。

扩展阅读

游戏打开了科学的大门

1609年,荷兰一家眼镜店老板汉斯的孩子,悄悄地拿了几块镜片,有老花的,也有近视的和邻居孩子玩耍。有一个淘气的孩子,想了一个"异想天开"的游戏,他一只手拿着近视镜片,另一只手拿着老花镜片,把它们一前一后举在眼前向远处一望,不由得惊喜地发现,礼拜堂的尖塔突然变得那么近啦!老板赶来一看,孩子们真是了不起,他们在游戏中竟发现了一种可以望远的透镜。汉斯就照着这个方法做了一架望远镜。后来望远镜传到意大利,伽利略就设计了一架天文望远镜,用来观察天上的星星,把人类的视线从地面转到了天上,从此为人类打开了宇宙的大门。

幼年时期许多美好的想象就像一颗种子,如果得到精心呵护,到成年的时候真的能在自己的努力下长成参天大树。家长应当鼓励、启发孩子大胆想象,并且常对孩子的想象给予赞叹。如果您更有心的话,就以科学的视角引导孩子进一步想象。

资料来源:郑延慧.一个游戏打开两个世界的大门——科学发现发明故事[M].北京:知识出版社,1991.

四、想象的作用

想象与人的认知、情绪以及学习等都有着紧密的联系。

(一)想象与认知

1.想象和记忆密不可分

想象依靠记忆,依靠头脑中已有的表象,表象是感知过的事物在头脑中留下的具体形象,记忆的表象越多,想象就越容易、越丰富。想象的发展有利于记忆活动的顺利进行,想象越丰富、水平越高,越有利于对识记材料的理解、加工、保持、回忆。

2.想象和思维关系密切

想象一端接近于记忆,另一端接近于创造性思维。想象是思维的特殊形式。就深刻性而言,想象不满足于像知觉那样只反映事物外部的和表面的联系,也不满足于像记忆那样只再现过去的认识,而是人脑对已有的感知材料经过加工改造后进一步深化的认识;就广阔性而言,想象不像感知觉那样只限于个人狭窄的直接认识的范围,而具有更丰富的内容。借助想象,人们可以驰骋于无限的现实世界和神奇的幻想世界之中,使人"思接千载,视通万里",打破时空的界限,使人的心理更为丰富、充实。

(二)想象与情绪

1.想象能够满足儿童的情感需求

在生活中,我们有时候会看到这样的场景:走夜路时,幼儿会一边说"我一点都不怕黑,我是超人",一边快速地冲过去。这实际上是幼儿通过把自己想象成某个自己崇拜的英雄人物,通过自我暗示,从而克服害怕恐惧的心理。有的小孩在打针时,也会给爸爸妈妈说:"这针一点都不痛,是甜的。"通过想象针是甜的,暂时忘记打针产生的痛感。这些想象都是幼儿在满足自己的情感需求,而西方盛行的游戏疗法也说明了想象有宣泄不良情绪、减轻压抑和挫折感、维持心理平衡、促进心理健康的作用。

2.想象能够调节人的情绪情感

想象的形象会引起人的情感体验,从而调节人的情绪。这一点在人们阅读文学作品时体会最深,我们借助想象与故事里的人物一起欢笑、流泪,一起紧张、悲愤;借助想象还可以从书中的英雄人物身上获得精神的陶冶,发展具有积极倾向性的情感。同时,想象也是构成人的意志行动的内部推动力不可缺少的因素之一。苏联学者鲁宾斯坦认为,每一种思想,每一种情感,哪怕是在某种程度上的改变世界的意志行动,都有一些想象的成分。事实也是如此,如果没有想象的作用,人就不可能预瞻活动的结果,不可能确定清楚的目标,不可能预定具体的计划,因而也就不可能进行意志活动。

(三)想象与学习

1.想象能够促进理解,掌握新知识

想象是理解的基础,也是人类理解事物的一种重要方式。通过把现有的事物与已有的经验相联系,利用旧经验来同化新事物,这种联想,也是想象的一种。如当老师在给幼儿讲《卖火柴的小女孩》时,当幼儿能把过去的经验(冬夜很冷,让人害怕;饿让人难受等)和故事联系起来时,就能身临其境地体会到小女孩的痛苦,理解、同情她。当幼儿在学习一首新的儿歌,如《彩虹的约定》时,把过去对于彩虹的记忆和现在欢乐的曲调联系在一起,就更能感受到其中的快乐和爱,这样才能更好地欣赏和学习歌曲。

2.想象能够促进人进行创造性的活动

如果没有想象,人们的活动就无法进行,也不可能事先在头脑中形成关于活动本身及其结果的各种表象。人们对未来的预见,一切科学上的新发现、新发明,新的艺术作品的创作,各种科学知识的学习等,都是与人的想象活动密切联系的。列宁说过:"以为只有诗人才需要想象,这是没有道理的,这是愚蠢的偏见!甚至在数学上也需要想象,甚至微积分的发现没有想象也是不可能的。"

3.想象能够促进幼儿游戏的发展

游戏是学前儿童学习的主要方式。在学前阶段,幼儿经常喜欢玩的游戏包括角色扮演、结构游戏等,这些活动都依赖于想象的发展。幼儿园经常开展角色扮演活动,如在"我到超市买东西"的活动中,需要小朋友分别扮演收银员、导购员和购物者等角色,如果没有一定的想象,游戏就无法顺利展开。在结构游戏中,幼儿需要对结构材料展开想象,如一根小棍子,可以被想象成一匹马、一杆枪,在想象力的带动下,这就是丰富多彩的世界。

扩展阅读

如何培养想象力?

谈到引导孩子想象,我们不妨以想象性说谎为例,比如当孩子说他星期天去了动物园时,家长可以进一步引导孩子:"你到动物园都见到什么动物了?斑马长什么样?看见大象和小象了吗?你去海洋馆了吗?那里都有什么?……"通过一段深入而具体的对话,不仅锻炼了孩子的想象力,更重要的是让孩子在想象时伴随有一种愉快的情绪体验,而不是被冠以说谎后的压力。快乐能释放孩子的想象空间,压抑只能扼杀孩子的想象热情。

讲故事也是一种极好的锻炼孩子想象力的方法。很多家长向我们反映:"一个故事讲了八回,他还让我讲,我都讲烦了。"其实,这正是幼儿想象力发展的又一特点:幼儿是以想象过程为满足的,大人讲一遍,他就会在脑子里把故事过一遍,仅仅有个结果是不能满足孩子的想象需要的。而且在孩子看来,大人讲的故事可比自己讲的全面丰富多了。针对这种情况,我们可以在每次讲故事时留一点点空给孩子去填,填的次数多了,孩子自然记住了所有的故事情节。记忆是想象的宝库。家长也可以不讲结尾,让孩子自己想象一个结局。

几乎所有的孩子都喜欢画画,孩子只有在画画时他的小脑袋瓜才是最不受拘束的,同时又是极能发挥其想象力的,并且能把想象变为现实。家长可以与孩子共同合作画画,培养孩子的想象力。

角色游戏也可以使孩子通过模仿和想象，扮演各种角色，创造性地反映现实生活。例如，孩子玩开公共汽车、开商店等游戏时扮演司机、售货员等角色，就是通过想象再现现实生活。除了和孩子一起做游戏外，还要经常带着孩子走近大自然。丰富、神秘的大自然本身就是孩子想象力的最好源泉。全身心地感受大自然的奇妙，能从小培养孩子热爱大自然、热爱科学的精神，这才是我们能留给孩子最宝贵的财富。

资料来源：如何开发孩子想象力[EB/OL].[2017-09-19].http://henan.sina.com.cn/edu/qingshaonian/2013-12-04/115799383.html.

第二节 学前儿童想象发展的特点

既然想象是对头脑中已有的表象进行加工改造,那么想象产生的前提首先是必须有一定数量的、比较稳定的表象存在,其次是人脑具备了对表象进行加工改造的能力。刚出生的婴儿是不具有想象能力的。1岁半至2岁时,儿童才可能形成较为稳定的记忆表象,同时内部智力也得到一定的发展,初步具备了对表象进行加工改造的能力,从而出现想象的萌芽。

我们可以看到,2岁左右的儿童通常会把日常生活中的行动迁移到游戏中去,并用一定的语言或动作表达自己的想象活动,这明确客观地说明了想象的存在。如2岁左右的小女孩会抱着布娃娃,一边轻拍,一边哼哼。可以看出,小女孩正在进行的是一种模仿游戏,而她的心理机能反映的则是最初的想象:布娃娃是睡觉的小宝宝,自己是哄宝宝睡觉的妈妈。

儿童最初的想象,可以说是记忆材料的简单迁移,具有记忆表象在新情景下的复活、简单的相似联想、没有情节的组合等特点。

2岁以后,学前儿童的想象得到了较大的发展,我们经常可以在儿童的绘画作品、语言交流中发现孩子们的天马行空,这是他们想象显著发展的时期。此时,学前儿童想象发展的一般趋势是从简单的自由联想向创造性想象发展,具体表现在:从想象的无意性发展到开始出现有意性;从想象的单纯再造性发展到出现创造性;从想象的极大夸张性发展到合乎现实的逻辑性。

一、学前儿童无意想象和有意想象的发展

学前儿童最初的想象多是无意的,没有预定的目的。随着年龄的增长,有意想象开始发展起来。

(一)学前儿童无意想象的发展

学前儿童的无意想象是一种自由联想,不需要意志努力,意识水平低,这是幼儿想象的典型形式。具体说来,学前儿童的无意想象具有如下特点。

第一,想象没有预定目的,由外界刺激直接引起,在游戏中想象一般随玩具的出现而产生。如在区域活动中,看见了小型厨具,就会把自己想象成厨师、餐厅服务员等,进行角色游戏。到了服装设计区,又开始把自己当成服装设计师,给模特设计衣服、穿衣服。在玩积木时,看见别的幼儿在堆房子,旁边的幼儿很有可能会模仿堆起来,至于到底要堆

成一个怎样的形象,幼儿的脑海里是没有预先计划的,是随意的,且可能发生变化。

想象的主题不稳定,幼儿想象的过程容易受外界事物的直接影响,想象的方向随外界刺激的变化而变化。在小班,一名幼儿告诉老师,他要画一个机器人。当他在纸上涂了一块时,他又突然说,他想到了他会画椅子;画了几笔之后,他又大叫说要画彩电。当幼儿一起玩游戏时,可能一开始说要玩过家家;看到别的小伙伴在玩汽车时,可能马上又想要扮演司机;看到区域角的货物架时,可能又说他要去超市购物。

第二,想象的内容零散、不系统,所想象的形象之间不存在逻辑联系。有时候,幼儿会饶有兴趣地跑过来说要给大人讲个故事,先讲了一只小花猫,过了一会儿又讲了一只小狗,等会又变成了其他的东西。在大人看来,幼儿的整个故事显得很没有主题,杂乱无章,角色很多,经常前后不搭,但是幼儿讲得津津有味,乐不可支。

第三,以想象过程为满足,没有稳定的目的。在听故事时,小班和大班的孩子有较大的差别。小班的孩子对于喜欢的故事百听不厌,非常享受整个过程,可以一边听,一边想象,沉醉其中。可是,大班的幼儿会对经常听到的故事感到乏味,说要换个新的。随着年龄的增大,幼儿已经开始追求想象的结果了。

第四,想象受情绪和兴趣的影响。幼儿的想象不仅容易受外界刺激所左右,也容易受自己的情绪和兴趣的影响。

第五,想象有灵性。幼儿会把对象想象成有灵性的,如在幼儿园,老师给大家做科学小实验,把豆子装在小瓶子里,如果装得太满太挤,幼儿会说"豆子会痛的啦",他们经常把自己的感受和其他事物的感受联系起来,具有泛灵的特点。

(二)学前儿童有意想象的发展

有意想象在幼儿期开始萌芽,幼儿晚期比较明显,主要表现为:活动中出现有目的、有主题的想象;想象主题逐渐稳定;为了实现主题能克服一定的困难。幼儿的绘画过程能够体现出以上这些特点。一个5岁的幼儿在绘画之前,先说她要画一只小猫,她先画了头、耳朵、眼睛,又画了地平线、小花和绿草,然后画兔子。画兔子时,她又觉得不像,觉得更像小火车。突然,她又想到小猫还没有画完,然后继续画小猫,画胡子,画嘴巴。可以看出,5岁幼儿的想象基本上是围绕主题展开的,虽然有时候会偏离主题,但是最后还是能够回到主题上来,所以有意想象是在无意想象的基础上逐渐形成的,这是由于此时幼儿已经具备了低龄幼儿所不具备的控制能力。

大班幼儿的有意想象表现得更为明显,他们已经能够排除一些干扰因素,让想象的游戏活动围绕主题持续进行下去。如在战斗的角色游戏中,他们能够在简单的场地中,利用简单的工具,设想出战壕、手榴弹、机关枪等,让游戏生龙活虎地进行下去,说明他们此时的有意想象已经得到了较好的发展。

定势想象实验说明幼儿的有意想象是需要培养的。在组织幼儿进行各种有主题的想象活动、启发幼儿明确主题、准备有关材料时,成人及时的语言提示对幼儿有意想象的发展起着重要作用。

二、学前儿童再造想象和创造想象的发展

学前儿童早期的想象具有明显的复制、模仿的性质。例如,在复述过程中,在游戏活动中,常常是重复成人的讲述或模仿成人的动作(如在电影中看过的),创造加工的成分是不多的。随着年龄的增长,复制和简单再现的情况逐渐减少,而对表象的创造性改造日益明显、增多,随后概括性、逻辑性才逐渐发展起来。研究指出,学前儿童在游戏的时候,需要一定的实物来支持,否则不能长时间地坚持担任某一角色。

(一)学前儿童再造想象的发展

1.幼儿再造想象的特点

(1)幼儿的想象常常依赖于成人的语言描述

幼儿的想象往往是在成人的引导下产生的。如当成人在给幼儿讲故事时,生动有趣的外形描绘或者精彩的故事情节更能激发幼儿的兴趣,让他们遐想连篇。当缺乏这种语言引导时,幼儿的头脑中就难以建立这种景象,他们也不能进行很好的想象。

(2)实际行动是幼儿进行想象的必要条件

玩具有助于幼儿的再造想象。幼儿的想象缺乏独立性,需要借助成人的语言或者玩具。如在进行餐厅游戏时,小碗、小勺的存在能让幼儿的游戏更好地进行,如果缺乏这些道具,年纪小的幼儿可能无法对着空气进行想象并开展游戏。

(3)幼儿的再造想象缺乏新异性

幼儿再造想象的来源是先前的记忆表象。如在绘画时,幼儿画的小动物形象来源于先前看到的实体或者其他场合出现的图画,所以,此次幼儿的想象就是记忆表象的加工重现。在制作模型玩偶时,幼儿所创造的形象也往往是之前头脑中原有的形象,而且是当幼儿碰巧制作出和之前很相似的形象时,才会联系在一起。这种情况下的想象往往和原型差不多,缺乏新异性。

2.再造想象在幼儿的生活中占主要地位

再造想象和创造想象相比,是较低级水平的想象。想象的内容主要有四类:经验性想象、情境性想象、愿望性想象、拟人化想象。再造想象是幼儿生活所大量需要的。

3.幼儿的再造想象为创造想象的发展奠定基础

再造想象的发展使幼儿积累了大量的想象形象,出现创造想象的因素;再造想象可以转换为创造想象。

(二)学前儿童创造想象的发展

创造想象的发生表现为能独立地从新的角度对头脑中已有的表象进行加工,具体表现为独立性。这类想象不是在外界指导下进行的,不是模仿,受暗示性少,具有新颖性的特点。它改变原先知觉的形象,摆脱原有知觉的束缚。

1.幼儿创造想象的特点

幼儿的创造想象具有如下特点:第一,最初的创造想象是无意的自由联想,可以称为表露式创造;第二,形象和原型只是略有不同,或者在常见模式上略有改造;第三,发展的表现在于:情节逐渐丰富,从原型发散出来的种类和数量增加,从不同中找出非常规性相似。

2.幼儿创造想象的发展水平

有研究认为,幼儿创造想象的发展有六种水平:第一,最低水平,不能接受任务;第二,能在图片上加工,画出图画,但物体形象只是粗线条的,只有轮廓,无细节;第三,能画出各种物体,已有细节;第四,画出的形象包含某种想象的情节;第五,根据想象情节画出几个物体,它们之间有情节联系;第六,按照新的方式运用所提供的图形。

随着生活经验、知识的丰富及抽象概括能力的提高,幼儿创造想象的水平逐渐提高,具体表现在:时常提出一些不平常的问题;自编新故事;创造性的游戏活动与创造性的绘画活动出现等。

三、学前儿童想象的极大夸张性

(一)幼儿想象夸张的表现

1.夸大事物某个部分或某种特征

学前儿童最初的想象常常是不精确、不完整、不符合现实事物的,以后精确性、完整性、现实性才逐渐发展起来。有人研究了不同年龄儿童在口头描述他们所不太熟悉的事物(如火山、小船等)时再造想象发展的年龄特点,结果表明,无论在想象的数量上(以再现事物的细节为指标)或质量上,不同年龄的儿童的差别都是很明显的。这个特点在儿童的绘画中体现得非常明显。

2.混淆假想与真实

幼儿常常混淆记忆表象与想象表象。孩子长到四五岁,对世界的万事万物有了一定的知识、经验和印象后,说谎的现象比比皆是,有时是为了避免惩罚,有时是为了向别人炫耀,有时是觉得好玩。据心理学统计,孩子从3岁左右就开始会想象性说谎,到小学一、二、三年级,这种现象更多。心理学研究已证明,会想象性说谎的孩子比不会的孩子更具高度的创造力。所谓想象性说谎,就是说出假想的经历,是一种能够把语言和行为分开的想象力,与"无中生有"的创造力有密不可分的关系。而且说谎技术越巧妙,这个孩子具有的创造力就越高。

(二)幼儿想象夸张的原因

幼儿想象夸张的原因来自认知水平的限制、情绪的影响以及想象表现能力的局限等。大班之后,幼儿对夸张的故事有了认识,会对很荒诞的故事提出看法,如说"这个故事肯定是假的"等。

扩展阅读

别剪掉天鹅的翅膀

在美国内华达州,有一天,一个名叫伊迪丝的3岁小女孩告诉妈妈,她认识礼品盒上"OPEN"的第一个字母"O"。妈妈非常吃惊,问她怎么认识的。伊迪丝说:"薇拉小姐教的。"这位母亲一纸诉状把薇拉小姐所工作的地方——劳拉三世幼儿园告上了法庭,理由是该幼儿园剥夺了伊迪丝的想象力,因为她女儿在认识"O"之前,能把"O"说成苹果、太阳、足球、鸟蛋之类的圆形东西。然而,自从幼儿园教她认识26个字母后,伊迪丝便失去了这种能力。她要求幼儿园对此负责,赔偿伊迪丝精神伤残费1000万美元。结果幼儿园败诉了,因为,陪审团被这位母亲在辩护时所讲的一个故事感动了。

这位母亲曾经到某个国家旅行,在一家公园里见到两只天鹅,一只被剪去了左边的翅膀,另一只天鹅的翅膀完好无损。被剪去翅膀的天鹅被放养在较大的一片水塘里,翅膀完好的天鹅被放养在较小的水塘里。她非常不解,管理员告诉她,这样能防止它们逃跑。因为,剪去一边翅膀的天鹅无法保持平衡,飞起来后会掉下来;在小池塘里的天鹅,虽没有被剪去翅膀,但起飞时会因没有必要的滑翔路程而老实地待在水里。她听后既震惊又感到悲哀,为天鹅悲哀。她今天为女儿来打官司,就是因为她感到伊迪丝变成了劳拉三世幼儿园的一只天鹅。他们剪掉了伊迪丝的一只翅膀,一只幻想的翅膀;他们早早地把她投进了那片水塘,那片只有A、B、C的小水塘。

想象与童心相伴,多数人长大以后,想象力也就随风飘逝。而剥夺这份与生俱来的财富的,恰恰是不恰当的教育,是缺乏想象力的老师。在教师善意的管束下,孩子的想象力就像被剪去了翅膀的小鸟,被束缚住了。孩子进入学校,似乎就和大自然、社会生活发生了隔绝,这就使想象力失去了源头活水。如果这一时期对孩子的自由言论给予过多的限制,对孩子充满诗意的灵感和幼稚天真的话语进行自以为是的封杀,用成人的眼光批评孩子的创造,那就像被掐掉了花蕾的植物一样,别指望在未来还会开出五彩缤纷的花朵。

资料来源:滕云.别剪掉天鹅的翅膀[J].小学语文教学,2006(Z1).

第三节　学前儿童想象力的培养

学前儿童的想象力可以从多个方面展开培养，主要有以下五个方面。

一、扩大幼儿的视野，丰富幼儿的感性知识和生活经验

想象虽然是新形象的形成过程，但是这种新形象的产生是在过去已有的记忆表象的基础上加工而成的。也就是说，想象的内容是否新颖，想象的发展水平如何，取决于原有的记忆表象是否丰富，而原有的表象丰富与否又取决于感性知识和生活经验的多少。因此，知识和经验的积累就是幼儿想象力发展的基础。

在实际工作中，要指导孩子去感知客观世界，使其置身于大自然中，多让他们去看、去听、去模仿、去观察，通过参观、旅游等活动开阔幼儿的视野，积累感性知识，丰富生活经验，增加表象内容，为幼儿的想象增加素材。如在校园里种植很多花草树木，在户外活动时，老师带领孩子去看看花草树木，耐心地对孩子进行讲解，引导孩子观察体会花草树木的发芽、开花等生长过程。

二、充分利用文学艺术活动，发展幼儿的想象力

首先，幼儿想象力的发展离不开语言活动。想象是大脑对客观世界的反映，需要经过分析综合的复杂过程，这一过程与语言思维的关系是非常密切的，通过语言，幼儿得到间接知识，丰富想象的内容。

其次，美术活动更为幼儿的想象插上理想的翅膀。特别是随意画，可以无拘无束地发挥幼儿的想象力，使幼儿构思出奇特、新颖的作品。在教学过程中，教师要激发幼儿的灵感，放飞幼儿的想象，点燃幼儿创造的火花，鼓励幼儿大胆作画，让幼儿充分发挥自己的想象力，创造出优秀的作品。评价幼儿的美术作品，不能以成人的眼光，更不能以"像不像"为标准。即使幼儿画得"四不像"，也要与幼儿交流，知道幼儿所想，很多时候幼儿的图画实际上是他内心世界的重要反映。

再次，音乐和舞蹈活动也是培养幼儿想象力的重要手段。通过对音乐、舞蹈的感受，幼儿可以运用自己的想象去理解所塑造的艺术形象，然后运用自己的创造性思维去表达艺术形象。如幼儿园的早操活动就很有利于幼儿想象力的培养，早操要放音乐，音乐中就有小猫、小狗、小鱼、汽车等形象。在老师的带领下，幼儿置身于其中，跟着老师做动作。当音乐到小小兵时，幼儿就会排队通过障碍物跑、爬、跳，俨然一副小

兵的样子，有的幼儿还会走到你面前来给你敬个礼。可见，音乐和舞蹈也为幼儿提供了想象的空间，有利于培养幼儿的想象力。

三、开展游戏活动，推动幼儿想象力的发展

在游戏过程中，幼儿可以通过扮演各种角色，发展游戏情节，展开自己的想象。如在"小小超市"中，幼儿扮演收银员、售货员；在"幸福的一家"中，幼儿扮演爸爸、妈妈、娃娃，充分结合已有的知识经验，发挥自己的想象，努力扮演好各自的角色。

四、利用玩具，促进幼儿想象力的发展

玩具为幼儿的想象活动提供了物质基础，能引起大脑皮层旧的暂时联系的复活和接通，使想象处于积极状态。玩具容易再现过去的经验，使幼儿触景生情，从而展开各种联想，启发幼儿去创造，有时幼儿可以长时间地沉湎于自己的玩具想象中。有的幼儿园每个班级都由老师布置出不一样的游戏区，如有的班级有医院、一佳造型、小小建筑工等不同的游戏区角，每个区域的配置都很齐全。有的班级还给幼儿准备了小的白大褂、吊针的管子、挂号室、门诊室等。造型室区域还有洗头池、毛巾、沙发、各种洗发露等。齐全的玩具给幼儿想象力的发展创造了良好的环境。

五、创造条件，让孩子异想天开

给幼儿自由的空间，包括思想上的、行为上的，不要定格幼儿的思维，更不要扼杀幼儿的想象，让孩子异想天开。传统的教育往往比较死板，直接告诉幼儿天是蓝的、太阳是圆的。这样不好，没有留给孩子想象的空间，扼杀了孩子想象的天性。在实际工作中，我们要创造各种条件，让孩子异想天开，充分发挥其想象力。

第四节　学前儿童想象力的研究

迄今为止，对学前儿童想象力的研究多采用的是文献分析法，以下是相关的文献梳理和总结。

一、近 10 年(2002~2012 年)来幼儿想象力的研究

有学者用内容分析法，以"幼儿想象力"为主题，通过文献检索，从文献数量、研究内容两个维度对该问题的研究进行了审视，探明近 10 年来有关幼儿想象力这一问题在国内的研究现况。从 2002 年 1 月 1 日起到 2012 年 9 月止，选定中国期刊全文数据库、中国优秀硕士学位论文全文数据库，搜索到相关研究文献 84 篇，剔除重复和与本研究无关的文献，还剩 70 篇。其中，优秀硕士学位论文 5 篇，占总研究的 7.14%。这些研究主要从内涵、特点、培养途径、条件及影响因素等四个方面着手，各自所占的比例如表 8-1、8-2 所示。

表 8-1　幼儿想象力研究按内容纬度分类一览表

维度	篇数	占相关文献百分比
内涵	2	2.86%
特点	3	4.29%
培养途径(艺术、语言、游戏、手工等)	60	85.7%
条件及影响因素	5	7.14%

表 8-2　根据不同培养途径按主题统计一览表

主题	篇数	所占相关研究百分比
绘画	28	46.67%
音乐	11	18.33%
舞蹈	5	8.33%
诗歌	4	6.67%
故事	6	10.00%
自由游戏	4	6.67%
手工制作	2	3.33%

从以上两个表格中可以看出，在研究内容层面上，有关"培养途径"的研究文献数量最多，占到相关研究文献总量的 85.7%，其次是"条件及影响因素"和"特点"的研究，

最少的是"内涵"的研究。研究重在探讨幼儿想象力的实体（想象力的培养途径），而非本体（是什么的问题）。在对"培养途径"的分主题研究层面，"绘画"方面的研究文献量在总量中占相当比例（46.67％），这与"手工制作"方面的 3.33％形成鲜明对比。关于幼儿想象力的研究内容，归纳起来主要包括幼儿想象力的内涵与特点、促进幼儿想象力发展的途径、影响幼儿想象力的重要因素等。

二、国内外关于幼儿想象力的研究综述

有学者以"幼儿想象力"为题，通过查阅文献，对目前国内外的研究现状进行了说明：在与"幼儿想象力"相关的中文文献资料中，1985 年至今共检索到 5075 份文献，其中期刊资料的数量最多，占总数的 80％左右，图书资料次之，学位论文与会议论文的数量紧随其后。在与"幼儿想象力"相关的外文文献资料中，共检索到约 57 万份文献，1985 年至今的文献资料远多于中文文献。文献多选用较小的切入点，对幼儿想象力进行了探究。中外文献的主要内容如下。

（一）关于幼儿想象力发展与培养的研究

80％以上的中文文献是围绕"如何发展与培养幼儿想象力"展开的。如我国学者吴月霞依据哲学家亚里士多德的名言告诉我们，生活是幼儿想象力的根本来源。她认为，如果现实生活中的某些形象反复出现，人的记忆就会产生与之匹配的意象。想象力是在意象积累的基础上发展而来的，幼儿绘画需要的想象应该源于他们的感性经验、生活体验。

（二）有关想象力与其他能力关系的研究

约有 40％的文献资料探讨了幼儿想象力与幼儿其他能力的内在关联及上下级发展关系，如创造力、兴趣、游戏、观察力、思维能力、语言表达能力、审美能力等。

（三）有关教师与家长对幼儿想象力态度的研究

这部分研究主要认为，幼儿教师与家长对幼儿的影响举足轻重。如果成人的教育态度是积极的、鼓励的、赞赏的，幼儿的情绪通常会处在比较愉悦的状态，这对幼儿想象力的发展具有积极的促进作用；相反，如果成人持消极、反对的态度，幼儿可能会认为天马行空的问题是多余的。

（四）关于高科技对幼儿想象力影响的研究

这部分研究主要展开了关于高科技玩具到底是激发了幼儿的想象力还是局限了孩子的想象力的讨论。有观点认为，更新的科技代表了智慧的发展，为孩子提供了更高的起点与思考平台。也有人认为，高科技的、高精度的玩具使孩子失去了更多的动手机会和更加基础的观察力、想象力与创造力素质，不利于孩子想象力的发展。

第五节　学前儿童想象力的测量与评估

一直以来,国内外对儿童想象的实验研究主要集中在对于儿童想象力的测评方法的研究上。

一、常用的测评方法

对想象力进行研究的主要困难就是研究指标难以确定,尤其对于学前儿童来说,他们处在各种能力迅速发展的时期,如何测评想象力是一件难事。综合国内外的研究成果发现,人们常用的方法有以下四种。

第一,印象画法。呈现若干幅印象画,让被试者观察,说出浮现在心中的观念。

第二,作图法。按照一定的语言描述,让被试者作图。

第三,创作法。它包括再构成法,即提示三言两语,在规定的时间内,让被试者自由联想,通过联想内容,看是否有创造性;完成法,以不完全的文章让被试者接着补充完成;作文法,确定课题,让被试者在一定时间内作文,按用时、字数、思考、结构、布局和全文内容测定其想象力;制作实物,让被试者按一定要求制作实物或分析他们创作的作品。

第四,检查空间想象能力。这既是思维的课题,也是想象的课题。

二、幼儿想象力测评方法举例

向幼儿出示曲线图形,教师提问:"请想一想,这个图形像什么？想得越多越好。"要求:至少能说出一个答案。

向每个幼儿提供一张画有10个以上圆形的图画纸,对幼儿说:"如果在圆形上再添几笔,就变成了什么？现在请你们画一画,画得越多越好。"(可集体进行)要求:能画出8种以上的物品且具有创造性,即不仅能在圆形中构思图形,而且能把圆作为整体的一部分,构思新图形。

本章小结

1. 想象是对头脑中已有的表象进行改造,建立新形象的过程。
2. 根据不同的维度,想象可以分为无意想象和有意想象、再造想象和创造想象。

3.想象与人的认知、情绪以及学习等都有着紧密的联系。

4.1岁半至2岁时,儿童才可能形成较为稳定的记忆表象,同时内部智力也得到一定的发展,初步具备了对表象进行加工改造的能力,从而出现想象的萌芽。

5.学前儿童想象发展的一般趋势是从简单的自由联想向创造性想象发展。具体表现在:从想象的无意性发展到开始出现有意性;从想象的单纯再造性发展到出现创造性;从想象的极大夸张性发展到合乎现实的逻辑性。

∽课后巩固∽

一、填空题

1.根据是否具有目的性,想象可分为_____和_____两种。
2.根据内容的新颖程度和形成方式,有意想象可分为_____和_____两种。
3._____岁以后,学前儿童的想象得到了较大的发展。
4.幼儿再造想象的特点有_____、_____、_____。
5.想象力常用的测评方法有_____、_____、_____、_____。

二、简答题

1.学前儿童创造想象发展的水平是怎样的?
2.学前儿童想象发展的特点有哪些?

三、案例分析

幼儿园生活课上,老师在给小朋友们讲解睡衣的用途。老师问小朋友:"你们觉得什么样的睡衣最好呢?"有的小朋友说她喜欢带绒毛的睡衣,穿起来暖暖的。还有的小朋友说他喜欢有怪兽的睡衣,晚上和怪兽一起睡是勇敢的表现。轮到小飞,他说:"我觉得带软管的睡衣是最好的。"老师和其他小朋友都觉得很奇怪,就问他为什么。小飞说:"只要把软管的另一头接到厕所,我晚上就不用起来上厕所了,也不用叫醒妈妈,更不会尿床了,多好啊!"如果你是幼儿的老师,应该如何引导并促进幼儿想象力的发展呢?

第九章　学前儿童语言的发展

案例导读

【案例1】 据古代的历史学家记载,13世纪时,弗雷德里克二世有一个残酷的想法,他想知道如果没有人与儿童讲话,那么儿童会讲什么语言。于是,他选了一些新生儿,并且强迫婴儿的照料者不能跟孩子说话,否则就处以死刑。弗雷德里克二世并没有发现这些孩子讲什么语言,因为他们都死了。

【案例2】 2岁左右的元元不仅能够熟练地用3~5个单词组成的句子表达自己想说的话,而且能够比较顺畅地和别人进行对话交流。有一次,妈妈拿着两个不同颜色的小球问她:"这两个小球,你想要红色的还是黄色的?"她回答:"黄色的。"妈妈又问:"这两个小球,你想要黄色的还是红色的?"她又答:"红色的。"妈妈让她自己拿,元元过去拿了黄色的小球。

问题聚焦

虽然案例1中的故事很残酷,但它提出了一个人类共同感兴趣的问题:儿童的语言是怎样形成的?它是一种天赋,还是后天培养的结果?教育能否促进儿童语言的发展?心理学家发现,儿童的语言发展夹杂着许多错误,如案例2中的元元的表现,但这些错误往往多是有规律的。了解错误发生的规律,就了解了儿童学习语言的秘密。

学习目标

1. 了解学前儿童口语发展和语言交际功能发展的一般过程。
2. 理解几种语言获得理论的基本观点。
3. 掌握学前儿童语言发展的研究方法。

第一节　学前儿童语言的发生与发展

语言是以语音和符号形象为载体,以词为基本单位,以语法为构造规则的一套符号系统。它是一种重要的沟通工具。我们需要通过语言表达自己的思想或意见,我们需要通过语言与他人谈话、交流,我们还需要通过语言将人类创造的丰富文化遗产传承下去。儿童的语言发展又称语言获得,主要指的是儿童母语的产生和理解能力的获得。学前儿童的语言发展主要指学前儿童对口头语言中的说话和听话能力的获得。

0~6岁是儿童口语能力迅速发展的时期,主要包括语音、词汇、语法等方面的发展。无论儿童开始说话的时间是早是晚,无论儿童处于世界的哪个角落,儿童语言的发展都经历着相同的阶段。

一、前语言阶段(0~1岁)

尽管真正的语言要到1岁左右才出现,但儿童在0~1岁阶段已经有感受语言技能的学习。此阶段又被称为语音敏感期,儿童感知语音的能力是他们获得语言的基础。从出生到1岁,儿童自第一声啼哭到做好说话的准备,经过了大量的发音练习。

吴天敏和许政援(1999)将该阶段的语音发展划分为三个阶段:第一阶段为简单发音阶段(0~3个月)。婴儿1个月内偶尔吐露ei,ou等声音,第二个月发出ma声,第三个月出现更多的元音和少量辅音,辅音在以后逐渐增多。第二阶段为连续音节阶段(4~8个月)。这时期婴儿发音明显增多并发出连续音节,如增加了b,p,d,n,g,k等辅音和ba,da,na等重复的连续音节。这时出现的ma—ma,ba—ba常被成人误以为是在呼叫妈妈、爸爸,实际上这只是前语言阶段的发音现象。第三阶段为学话萌芽阶段(9~12个月)。这时期婴儿增加了更多的声音和不同音节的连续发音,音调经常变换,能经常系统地模仿成人和学习新的语音。有些音节开始与具体事物联系起来,这意味着婴儿获得了语言的意义联系,词语开始出现。

卡普兰等人则把该阶段的语音发展划分为四个阶段:第一阶段即哭叫阶段(0~1个月)。该阶段的主要标准是啼哭或类似发声。多数婴儿都有几种哭法,大人可知其哭声的意义,如饥饿、疼痛、无聊等。有研究者发现,即使没有上下文,父母也能从听哭声录音带中判断婴儿哭声的意思。第二阶段为唧唧咕咕阶段(1~5、6个月)。婴儿满1个月后,除了啼哭以外,其他发声开始出现。这种发声方式是运用发声器官进行的,如唇、舌、口等。满两个月后,婴儿开始发出一系列咕咕的声音,这些音大都是后元音类。第三阶段是咿呀学语阶段(6~10个月)。婴儿到三四个月的时候就可以发出咿咿呀呀的声音,这些声音接近人类语言,而且婴儿能够辨别出元音和辅音,类似于人类的声调系统也开始出现。有研究者指出,儿童获得不同的语言具有类似的发音规律。这种类似性可以从以下研究结果看出:说印度文、日文、英文、阿拉伯文的儿童经历了类似的咿呀学语过程。事实上,连聋哑儿童也要经历这一阶段,尽管他们的发声与正常儿童不一样。第四阶段是标准化言语阶段(11个月以后)。这一阶段可以认为是真正的语言发展的最初阶段。从上一阶段到这一阶段的转折可能很突然,也可能很缓慢,甚至会经历一个沉默阶段。这一阶段最突出的特征是儿童所发出的音不再繁杂多样,而只限于几种。

上述学者的研究结果基本一致。由此可见,儿童的语音获得过程可归纳为:从最初的哭声中逐步分化语音,并沿着单音节音—双音节音—多音节音—有意义语音的顺序发展。

学术争鸣

> **如何判断儿童语言发生的起点?**
>
> 以什么标准来确定儿童获得了第一批词语,目前仍存在激烈争论。欧美心理学家认为,婴儿说出第一个与某一事物有特定指代关系的母语中的词标志着语言的发生,时间在出生后9~11个月。我国心理学家认为,婴儿最早说出的具有概括性意义的词才是语言发生的标志,时间在11~13个月。你认为儿童语言发生的标准应该是什么呢?

二、儿童语言的发展

从1岁起,儿童进入了正式学习语言的阶段,然后在短短两三年的时间里,儿童便初步掌握了母语的基本表述。这一阶段因此被称为儿童语言培养的关键阶段。这一阶段儿童语言的发展可以从语音、词汇、句子和口语表达四个方面展开。语音的发展一方面是逐渐掌握本族语的全部语音,另一方面是对语音的意识开始形成。词汇的发展一方面体现为词汇量迅速增加,另一方面体现为词类范围日益扩大,还体现在词义理解逐渐确切和加深上。语法结构的掌握主要表现在语句的发展趋势和句子的发展趋势两方面。

(一)语音的发展

语音是口头语言的物质表现形式,正是因为有了语音,语言才成为可以被人感知的东西。特别是幼儿,语言以口头语言为主,他们又正处在语音发展的关键期,因此,了解儿童的语音特点,能为制订正确的教育措施提供帮助。

我国心理学研究者刘兆吉和史慧中曾先后对3~6岁儿童关于声母和韵母的发音进行了研究,得出儿童语音发展的以下特点。

1.儿童发音的正确率与年龄的增长成正比

有两种原因可以解释这一特点:第一,生理因素。随着儿童发音器官的进一步成熟,语音听觉系统以及大脑机能的发展,幼儿的发音能力迅速增强。第二,词汇的积累。不少心理学家认为,在语言发展的早期,幼儿是通过学习词汇而不是个别、孤立的单音来学习语音的,他们必须掌握相当数量的主动词汇后才能建立语音系统。如果这一观点成立的话,那么,儿童期急速增加的大量词汇对其语音的发展是大有帮助的。

此外,儿童语音的正确率与所处的社会环境有关。在跟随成人及时发音时,儿童对不少音素的发音是正确的,然而,当他们独自背诵学会的材料时,不少原来能正确发出的音却又变得不正确了(史慧中,1986)。在同一方言地区,城乡幼儿发音的正确率有较大差异,这说明环境中的其他因素(如教育条件、家庭环境等)也会影响幼儿正确发音。比如,重庆地区的调查表明,"n"是幼儿感到困难的音之一,3~4岁的幼儿发"n"音的正确率为零。幼儿常把"n"发成"l",如把"奶奶"说成"来来","宁宁"说成"玲玲"。可是,对北京3~4岁幼儿的调查表明,幼儿几乎全部都能发对"n"这个音。

发现儿童发音不正确,教师可以通过儿歌、绕口令帮他纠正不正确的发音。注意语言环境的营造,避免方言的干扰。在日常说话时,要求幼儿努力做到发音清楚。如果他某个字发音不正确,不必马上停下来纠正这个音,最好等到有一点空闲时间再教他。如果每出现一个不正确的发音就马上纠正的话,会破坏孩子说话的完整性。随着生理的成熟,儿童大脑皮层的听觉中枢逐渐成熟,语音听觉逐渐发展,他的发音也会逐渐正确起来。

2.语音发展的飞跃期为3~4岁

儿童的发音水平在3~4岁时进步最为明显,在正确的教育条件下,他们几乎可以学会世界各民族语言的任何发音。此后发音就趋于稳定,趋向于方言,在学习其他方言或外国语时,常会受到方言的影响而产生发音困难。

3.儿童对声母、韵母的掌握程度不同

4岁以后,城乡的绝大部分儿童都能基本发清普通话中的韵母,而对声母的发音正确率稍低。大多数3岁的儿童可以发清声母,一部分儿童发声母的错误主要集中在zh,ch,sh,z,c,s等辅音上。研究者认为,3岁的儿童发辅音错误较多,主要是因为其生理发育不够成熟,不善于掌握发音部位与方法,故发辅音时分化不明显,常介于两个语音之间,如混淆zh和z,ch和c,sh和s等。

4.语音意识逐渐发展

儿童语音意识明显发展主要表现为他们对别人的发音很感兴趣,喜欢纠正、评价别人的发音,还表现为很注意自己的发音。他们积极努力地练习不会发的音,倘若别人指出其发音的错误,他们会很不高兴,对难发的音常常故意回避或歪曲发音,甚至为自己申辩理由。

(二)词汇的发展

词汇是语言的基本构成单位,词汇量越丰富就越容易表达思想,掌握的词汇越多对事物的认识就越深刻。因此,词汇的发展是语言发展的重要标志之一。儿童掌握的词汇数量和质量随年龄的增长会发生很大的变化。

1.词汇数量逐渐增加

国内外有关研究表明,儿童的词汇量是以逐年大幅度增长的趋势发展着的,词汇的增长率呈逐年递减趋势。国内外的一些研究结果表明,3岁的儿童能掌握1000个左右的词汇;4岁的儿童能达到2000个左右;5岁增长到2800个左右;到了6岁时,他们的词汇量增长到3500个左右。

2.词类范围不断扩大

随着词汇数量的增加,儿童的词类范围也在不断扩大,这主要体现在词的类型和词的内容两个方面。儿童一般先掌握实词,即意义比较具体的词,包括名词、动词、形容词、数量词、代词、副词等(实词中最先掌握名词,其次是动词,再次是形容词和其他实词);后掌握虚词,即意义比较抽象的词,一般不能单独作为句子成分,包括介词、连词、助词、叹词等。幼儿掌握虚词不仅时间较晚,而且比例也很小。在儿童掌握的词汇中,最初名词占主要地位,随着年龄的增长,名词所占的比例逐渐减少,4岁以后,动词的比例开始超过名词。

伴随着年龄的增长,幼儿掌握同一类词的内容也在不断扩大。他们先掌握与日常生活直接相关的词,再过渡到与日常生活距离稍远的词,词的抽象性和概括性也进一步提高。以名词的发展为例,幼儿使用频率最高和掌握最多的名词,都是与他们日常生活内容密切相关的,如日常生活环境类、日常生活用品类、人称类、动物类等,而像政治军事类、社交个性类等离日常生活距离较远的抽象词汇,随着年龄的增长才逐渐发展起来。

3.对词义的理解逐渐加深

儿童不断增加的词汇量促使其对所掌握的每一个词汇本身含义的理解也逐渐加深。在这一过程中,儿童对词义的理解出现了一种有趣的现象,即词义理解的扩张和缩小。

词义理解的扩张指儿童最初使用一个词时,容易倾向于过分扩张词义,无意中使其包含了比原义更多的含义。例如,他们可能用"狗狗"一词来代表一切全身长毛、四脚、有尾巴的动物。这种过度扩张的倾向在1~2岁时最为明显,大约有1/3的词汇被扩大运用,到了3~4岁时逐渐有所克服。有两种原因可以解释这一现象:原因之一在于儿童的理解力低弱,他们还不能理解一个概念的核心特征;另一种可能在于儿童缺乏相应的词汇。如果儿童不知道单词"水果",则他可能仅仅是为了达到谈论"水果"的目的而使用某种相似客体的名称(如"球球")。儿童除了用某一熟悉的客体的名称来指代不熟悉的客体外,还会为不熟悉的客体杜撰一个新词以达到指代目的,这一颇具创造性色彩的现象即"造词"现象,它会随着幼儿词汇量的进一步增加而减少。

在词义理解扩张的同时,儿童还有词义理解缩小的倾向,即把他初步掌握的词仅仅理解为最初与词结合的那个具体事物。比如,"桌子"一词仅仅指他家里的某张桌子。这种缩小倾向与扩张一样,都表明儿童最初对词义的理解是混沌、未分化的,只有经过进一步发展,儿童才能从具体到抽象地逐步理解词义。

(三)句子的发展

人类所有的语言都具有复杂的语法结构,儿童要学会某种语言就必须掌握该语言的语法结构。语法是组词成句的规则,通过幼儿句子的发展状况可以反映其对基本语法结构的掌握情况。我国心理学研究者认为,儿童句子的发展可以从以下几个方面进行分析。

1.句子结构的发展

(1)句子从简单到复杂,从不完整到完整

儿童在句子的习得过程中,最初出现的是主谓不分的单词句(用一个词代表的句子),如"狗狗",可能指的是所有的四脚动物;后发展为双词句(两个词组成的不完整句,有时也由三个词组成,又称为电报句),如"妈妈,饭饭",它可能表示"饭是妈妈的",也可能是指"妈妈在吃饭";而后又发展到简单句(语法结构完整的单句),如"我叫小明,我爱画画";最后出现结构完整、层次分明的复合句(由两个或两个以上意思关联比较密切的单句组合起来而构成的句子),如希望别人对自己做评价时,会说"我是个好孩子,是吧?妈妈"。

儿童最初习得的句子不仅简单,而且常常不完整、漏缺句子成分或者句子排列不当。比如,儿童表达情感时的句子往往有省略主语或宾语提前的倾向。儿童可能向家长这样转述他所看到的某一情景:"摔了一跤,在滑梯上,她哭了。"目的是告诉父母有个小朋友在滑梯上摔倒了,哭了。造成主语省略的原因可能与儿童思维的自我中心有关,他们误以为自己明白的事别人也明白。儿童说话时带有很强烈的感情色彩,他们往往把容易激起兴趣和情绪的事物当作重点,急于抢先表达出来,因而在说话时往往把宾语提前了。一般到6岁左右,儿童说出的句子才会比较完整,如说因果复合句时,能说出关联词"因为"等。

(2)句子从无修饰语到有修饰语,长度由短到长

朱曼殊等人(1979)的研究表明,2岁的幼儿在运用句子时,有修饰语的情况极少,仅占20%左右;3岁时使用修饰语的能力显著增强,达到50%左右;6岁时可达到90%以上。随着幼儿词汇量的增加,使用修饰语能力的增强,儿童使用句子的长度也在增加。华东师范大学的研究人员分析了2~6岁儿童简单陈述句的平均长度的发展,发现2岁时儿童句子的平均长度为2.9个词,3岁半时为5.2个词,到6岁时增长到8.4个词。句子长度的增加表明了儿童语言表达能力的进一步提高。

2. 句子功能的发展

儿童句子功能的发展表现为从混沌一体到逐步分化。在儿童早期语言的功能中,表达情感(如表示高兴与不高兴)、意动(语言和动作相结合表示愿望)和指物(叫出某一物体的名称)三方面是紧密结合、没有分化的,表现为同一句话在不同场合可以表达不同的内容。例如,儿童说出单词句"饼饼",既可能是指物的功能,表达出"这是饼饼""我看到了饼"的意思,也可能是意动的功能,表达出"我要吃饼""给我饼"的含义,还可能是情感的功能,表达出"我看见饼很高兴"的意思等。儿童还喜欢边说边做,尤其是当他们难以用语言表达清楚自己的意思时,就急着借用动作来解释,因为只有这样才不影响他们进行交流。3岁以后,这种语言功能不分化的现象就会越来越少。

儿童句子功能的逐步分化还表现在词性和句子结构的逐步分化上。儿童早期说出的词语不分词性,他们往往把名词和动词混用,还把名词词组当作一个词来使用,如"嘭嘭嘭",即可表示名词"枪",也可表示动词"开枪"。他们最初使用没有主谓之分的单词句,以后才发展到层次分明的复合句。儿童这种对句子功能混沌不分的现象反映了其认知水平的低下。

3. 句子的理解

儿童对句子的理解总是先于句子产生,即他们在会讲正确的句子之前,已经能够听懂句子的意思。早在前语言阶段,他们已开始表现出能听懂成人的一些话,并做出相应的反应。比如,母亲抱着婴儿问"爸爸在哪里",他就会把头转向父亲;对他说"拍拍手""摇摇头",他就会做出相应的动作。为什么对语言的理解会先于句子产生呢?有研究者认为,理解仅仅需要儿童认出词语的意思,而说话则要求他们回想或者从他们的记忆、词语以及词语所代表的概念中积极地回忆。说话对于儿童而言是一项困难的工作,不能说出话和句子并不意味着儿童不能理解它。

影响儿童理解句子的因素是多方面的。朱曼殊等人的研究发现,同一句型中主语、宾语名词的性质以及组合方式都会影响儿童对句子的理解。4~5岁的儿童虽已能与成人自由交谈,但对一些结构复杂的句子(如被动语态和双重否定句)还理解不

好。比如,"玲玲被红红撞倒在地上,老师把她扶起来。"问:"谁撞倒了谁?老师扶谁?"他们往往不能正确回答。到了6岁时才能较好地理解常见的被动语态句型。

(四)口语表达能力的发展

1.口语表达能力的发展

(1)从外部言语到内部言语

儿童口语表达能力的发展表现为一个从外到内的过程,即从对话言语发展到独白言语,又从独白言语经过渡言语产生内部言语。

口语表达能力的发展是儿童独白言语能力发展的重要体现。有研究者利用看图说话研究了儿童口语表达能力的特点及发展趋势。研究表明,随着年龄的增长,儿童讲述图画所表达故事基本内容的量逐渐增加;在看图说话中,儿童语法结构的发展趋势与自发言语一致,但由于图画内容对儿童语言的限制,使儿童在各年龄阶段上对各种句子结构的使用率稍稍落后于自发言语发展的水平;儿童看图说话的主动性有一个发展的过程。2岁至2岁半的儿童只能对主试提出的问题做简单的回答,不会做主动叙述;3岁的儿童开始出现部分的主动叙述;4岁的儿童能主动叙述的已达78%;6岁的儿童能全部主动叙述。儿童的复述能力(即儿童在看图说话后能不再看图而讲述故事的内容)也在逐渐发展。3岁前的儿童不会复述,4岁以后大多数儿童才会复述。

4岁左右,儿童开始出现过渡言语。过渡言语进一步发展便产生了内部言语。内部言语与思维联系密切,主要执行自觉分析、综合和自我调节的机能,与人的意识的产生有着直接的联系。

(2)从情景性言语到连贯性言语

情景性言语往往与特定的场景相关,说话者事先不会有意识地进行计划,往往想到什么就说什么。3岁以前的儿童说话常常是情景性的,表现为说话断断续续,缺乏连贯性、条理性和逻辑性。6~7岁时,儿童才能比较连贯地进行叙述,但叙述能力的发展还是不完善的。言语连贯性的发展往往是思维逻辑性的一个重要标志。儿童口语表达的逻辑性较差,表明其抽象逻辑思维的发展水平较低。

2.语言表达技能的发展

语言表达技能是指个人根据交谈双方的语言意图和所处的语言环境有效地使用语言工具达到沟通目的的一系列技能,主要包括听和说两方面的技能。

(1)说话技能的发展

儿童在前语言阶段就已经能用手势进行交流。到了2岁末,儿童的沟通技能已达到了相当高的水平。国外有研究表明,2岁左右的儿童对有效沟通的情景已十分敏感。在简单的情景中,他们多使用较短的语言表达,而在复杂的情景中增加了沟通活动。这一时期的儿童对同伴的反馈易于做出积极反应,如当传达者未接收到听者的反馈信息时,有54%的儿童以某种形式重复自己说过的话,而在接收到正确的反馈信息后又重复的只有3%。4岁的儿童已初步学会了根据听者的情况确定语言的内容和形式。国外有研究者发现,当4岁的儿童分别向2岁的儿童和成人介绍一种新玩具时,所用语言的长度、结构和语态都是不同的。对于2岁的儿童,他们话语简短,多用引起和维持对方注意的语词,如"注意""看着",谈话时也显得自信、大胆。对于成人,则话语较长,结构复杂,也更为礼貌和谨慎。5岁以后的儿童已经能根据事物所处的具体情景而调节自己的言语。国内有研究者曾对5~7岁儿童的语言技能做过调查,发现同一块黄色的圆形积木,5~6岁的儿童就能根据其背景而改变对它的称呼,但还不够完善;7岁的儿童在比较复杂的条件下能对自己的表达方式进行调节,有时称这块积木为黄积木,有时称之为圆积木,有时称之为黄的圆积木,甚至大的黄色圆积木。

(2)听话技能的发展

儿童在儿童期所获得的听话技能是十分有限的,他们对话语中讽刺意图的理解力,以及对诚实话和讽刺话、嘻嘻话和侮辱性话语的辨别能力相当迟才会出现,这表现为他们常把成人的反话当作正话理解。例如,儿童擅自过马路时,妈妈说"你再往前走走看",他就真的往前走,并没有意识到此种情形中他是不应该再往前走的。4岁的儿童对听者困惑的眼光或"我不懂"等形式的反馈不像7岁的儿童那样敏感。尽管如此,儿童还是具备了一定的听话能力。有研究发现,4岁至4岁半的儿童,即使在说话者话语的字面意义提供线索很少的情况下,也能推测出说话者的意图。如在一张纸上呈现一个空心圆圈,另有红蓝两张纸,告诉儿童不要将圆圈填成红色,4岁半的儿童已能领会到是要求他们将圆圈填成蓝色。

百度拾遗

儿童口吃怎么办?

口吃表现为说话不正确地停顿和单音重复,这是一种言语的节律性障碍,俗称结巴。学前儿童的口吃现象常常出现在2~4岁。造成口吃的原因有生理性的,主要是由于2~4岁儿童的言语调节技能不够完善,造成连续发音的困难。但更多为心理性的,主要表现为孩子说话时过于急躁、激动和紧张。2~4岁的儿童口语表达不够流畅,在急于表达自己的思想时,容易出现言语节奏的障碍;父母急躁、简单而又粗暴的处理方式加剧了孩子的紧张;模仿口吃患者。除生理原因外,教师和家长可以通过以下途径帮助儿童矫正口吃:创设宽松愉快的说话氛围,解除孩子的紧张情绪;提醒孩子不要模仿别人的口吃;引导孩子说话时不要急躁,想好后再慢慢说出;鼓励和强化孩子的每一点进步。

资料来源:http://baike.baidu.com/view/1252570.htm#4。

第二节　关于语言获得的理论

儿童为什么能在短短的几年内掌握复杂的语言？儿童的语言能力从何而来？是先天具有的还是后天习得的？对于上述问题，20世纪的心理学家和语言学家进行了各种探究。目前，关于儿童语言获得的理论解释大体可以归为三大类：先天决定论、环境决定论、先天与后天交互作用论。

一、先天决定论

该学派提出儿童语言的发展主要是由先天的遗传因素所决定，认为环境和后天学习对语言的获得影响非常小。

(一)先天语言能力说

先天语言能力说是由乔姆斯基的语言学理论发展而来的一种儿童语言获得学说。同后天环境论者的观点相反，先天语言能力说认为，儿童"是自然界特别制造的小机器，是专为学语言而设计的"。儿童有一种受遗传因素决定的先天语言获得机制(Language Acquisition Device,简称 LAD)。语言获得机制包含两样东西：一样是包括若干范畴和规则的语言普遍特征；另一样是先天的评价语言信息的能力。儿童获得语言就是运用先天的评价语言信息的能力，为这套普遍语言的范畴和规则赋上各种语言的值。

儿童获得语言的过程，就是为普遍语言的范畴和规则赋值的过程。儿童听到一些具体的话语，首先根据语言的普遍特征对某一具体的语言结构提出假设，接着运用评价能力进行验证和评价，从而确定母语的具体结构，即为语言的普遍范畴和规则赋上具体的值，进而获得语言能力。

LAD 的工作程序说明，先天语言能力说把儿童的语言获得看作一个演绎的过程。这种学说并不完全否认后天语言环境的作用，但是把后天语言环境的作用看得非常之小，认为其只起到触发 LAD 工作的作用。LAD 利用少量后天接触到的语言材料，就可以像知识渊博的语言学家那样，从输入的语言素材中发现规律，从而获得语言。

乔姆斯基在其重要理论著作《句法理论的若干问题》中描述："很清楚，学会一种语言的小孩已经发展了一种内在的能力，即能够描述一套决定句子怎样构成、怎样使用和怎样理解的规则。我们可以说，那个小孩已经发展了并且在心中描述了一种生成语法,那个孩子是在对我们可以称为基本的语言数据进行观察的基础上这样做的。小孩子在这样一些数据的基础上构造语法——也就是说,构造语言理论,作为语言学习的前提条件,必须拥有两件东西:第一是语言理论,这种理论详细说明一种可能的人类语言的语法形式;第二是技巧,用以选择适当形式的语法,这种语法与基本的语言数据相一致。"

该学派还认为,LAD 的活动有一个临界期。过了这个临界期,LAD 就会退化。所以,成人学习语言的能力不如儿童;儿童能在较短时期内获得语言,没有 LAD 是不可想象的。"狼孩"等一些特殊儿童,在临界期没能使 LAD 发挥作用,当他们被发现以后,尽管为他们提供了学习语言的机会,但是也不能够再顺利地发展他们的语言了。

先天语言能力说把儿童获得语言描绘为一个主动积极、充满创造性的过程,即儿童在获得语言的过程中所使用的特有的句法现象,就是儿童创造性的最明显的表现。

对乔姆斯基理论的评价是:第一,乔姆斯基的理论是思辨的产物,人脑中是否存在一个如乔姆斯基所说的那种由语言普遍特征和先天的语言评价能力所构成的 LAD,还是一个无法证明的假设。第二,过于低估后天语言环境的作用。许多研究表明,儿童各阶段语言的发展,同成人与儿童交谈的话语成正相关。我们在研究成人同儿童交际的语言问题时曾经发现,成人同儿童交谈的话语,在复杂程度上具有"略前性",对儿童的语言发展起着"导之以先路"的向导作用。第三,乔姆斯基把儿童学习语言的过程看得过于容易。事实上,儿童学习语言是一个十分艰难的过程,不仅有大量的失误,而且所花费的学习时数也是非常多的。语言学家马蒂估计,如果一个孩子需要 5 年的时间才能掌握一种语言的话,那么,他所花费的时间是 2500 个小时。这足以说明儿童学习语言绝不是一件轻而易举的事情。

(二)自然成熟说

1967 年,美国哈佛医学院心理学家勒纳伯格发表著作《语言的生物学基础》,认为人的语言能力是先天性的。以生物学和神经生理学为基础,他把儿童语言的发展看作一个受发音器官和大脑等神经机制制约的自然成熟过程,即语言是人类所特有的,人类具有一种先天的潜在语言结构,有适合语言发展的生物学基础。语言是人类大脑机能成熟的产物,当大脑机能的成熟达到一种语言准备状态时,只要接受外在条件的激活,就能使潜在的语言结构状态转变成现实的语言结构,语言能力就能显露,儿童的语言也就逐渐发展成熟(如图 9-1)。

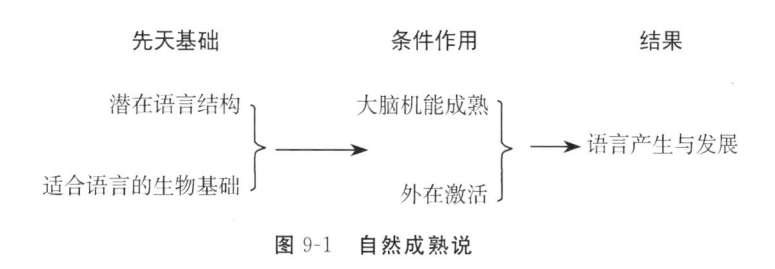

```
先天基础          条件作用          结果
潜在语言结构  ┐   大脑机能成熟  ┐
              ├─→              ├─→ 语言产生与发展
适合语言的生物基础┘   外在激活     ┘
```

图 9-1　自然成熟说

自然成熟说提出了语言发展关键期的观点,给幼儿的语言教育以启示,但无法解释为何生活在不同语言社会的儿童会获得不同的语言系统,能听、说不同的语言;无法解释本身听力正常而父母聋哑的儿童为什么不能学会正常人的口语,而只能使用聋哑人的手势语。

二、环境决定论

以巴甫洛夫的条件反射理论和华生的行为主义学说为基础理论的学者,在儿童语言发展的问题上都比较强调后天环境的因素。这些学者关于儿童语言发展的理论,被称为环境决定论。在行为主义者看来,儿童掌握语言就是在后天的环境中通过学习获得语言习惯,语言习惯的形成是一系列刺激—反应的结果。以行为主义理论为背景的后天环境论者,关于语言获得的观点因强调的侧重点不同而并不完全一致,其内部还可以分为模仿说、强化说、中介说三种。

(一)模仿说

模仿说认为,儿童是通过对成人语言的模仿而学会语言的,儿童的语言是其父母语言的翻版。

模仿是幼儿学习语言的重要方法,但它忽视了儿童掌握语言的过程中的主动性和创造性,显然是有失偏颇的。应当承认,儿童在学习语言的过程中,模仿是起着比较重要的作用,但模仿说对如下一些儿童语言发展的根本问题和发展中的一些重要现象却不能做出解释。

第一,自从乔姆斯基的转换生成语言学问世以来,人们大都同意这样一种定义:"语言是一个由无限多个句子构成的集合。"即任何一种语言都有可能是无限的。美国心理学家米勒在 1965 年指出,用 20 个英语词可组合出 1020 个句子;并进一步估计,如果不停地把这些句子听一遍,就需要比地球年龄还要大 1000 倍左右的时间。这个估计说明,儿童不能在有限的时间内通过机械模仿学会由无限多个句子构成的语言。

第二,许多时候,儿童对成人的语言并不能很好地模仿。例如,心理学家麦克尼尔曾提供过这样一个例子。

儿子:Nobody don't like me.

母亲:No, say "Nobody likes me".

儿子:Nobody don't like me.

母亲:No, say "Nobody likes me".

(母亲和孩子这样反复七八次之后)

母亲:No, now listen carefully, say "Nobody likes me".

儿子:Oh, nobody don't like me.

母亲反复纠正儿子的错误说法,要求模仿正确的形式,但是没有成功,孩子总是把它说成有语法错误的形式。在中国汉族儿童的语言发展中也可以看到类似的现象。

朱曼殊等人对一名1岁8个月的儿童进行追踪研究时,每天向他提出"××是谁买给你的"之类的问题,一连十几天,他的回答总是"××是妈妈(或阿姨、老师等)买给你的"。虽然每次纠正,但总不能把"买给你的"转化为"买给我的"。

第三,儿童常能说出他从未听过的成人语言中所没有的词或句子。例如:"这条路很瘦。"

第四,成人提供给儿童的语言样板并不是特别理想。成人同儿童交谈时,其语言表达并不是十分规范,有时甚至杂乱无章,但儿童最终学会了规范的语言。

(二)强化说

强化说是行为主义最有影响的解释儿童语言发展的理论,在20世纪40年代和50年代初非常盛行。斯金纳被认为是强化说的主要代表人物。斯金纳在其著作《言语行为》中,广泛运用"强化"来解释各种言语行为,并提出"自动的自我强化"的概念,即儿童的模仿性发音会对儿童产生强化作用。

斯金纳的基本观点是:所谓强化依随,是指强化刺激紧跟在语言行为之后发生。它有两个特点:一是最初被强化的是个体偶然发生的动作;反应和强化只是一种时间上的关系,并非有目的、有意志的行为。二是强化依随是渐进的。当儿童对示范句模仿得有些近似时就给予强化,然后再强化接近该句的话语。通过这种逐步接近的强化方法,儿童最终学会了非常复杂的句子。

强化在儿童语言发展中起着重要作用,但不能片面夸大其作用:第一,"刺激""反应""强化"等概念,是行为主义心理学家在实验室中通过小白鼠等动物的实验得出的,人的言语行为必然不同于动物的"行为"。行为主义者把动物的"行为"与人的言语行为相提并论,用来解释儿童语言的发展,是不合适的。第二,行为主义者把言语行为简单地看作一系列刺激—反应现象,只强调语言可观察、可测量的外部因素,并认为弄清楚了这些制约语言反应的变量,就可以预测人的各种言语行为。这种看法有些幼稚。言语行为十分复杂,有环境因素、心理因素,还有大量的语言因素,且并不都是可观察、可测量的。第三,强化虽然是儿童学习语言的一种重要方式,但绝不是唯一方式。句子是无限的,成人不可能对无限的句子都给出强化反应。而且,在儿童学习语言的自然环境中,成人比较关注的是儿童话语的内容,而不是语法结构的正确性。例如,一个3岁的儿童说自己的母亲"He a girls"(她是一个女孩),孩子的母亲回答"That's right"(对啦),并没有改正其语法上的错误。当孩子指着灯塔说"There's the animal farmhouse"(这里是一个养动物的农舍)时,虽然语法结构正确,但内容不对,母亲却立即给予纠正。

(三)中介说(传递说)

中介说是传统的刺激—反应论的改良主张。中介说提出外显的刺激和反应、隐含的刺激和反应的区别,认为在外显的刺激和反应中间,听话人有一系列的因联想而产生的隐含的刺激和反应(隐含的刺激和反应被称为传递性刺激和传递性反应),即外显的刺激—隐含的传递性刺激和传递性反应—反应。

比如,在公共汽车上,司机播放"请给老人让座"的广播时,乘客接收到这一外显的刺激,在内心会联想到"有老人上车了""有老人没有座位"等信息(即外显的刺激所带来的隐含的刺激和反应),这时乘客往往会看向车门,关注是否有老人上车,或观察周围是否有老人站着,并做好让座的准备,在需要时让座(外显的反应)。

中介说在刺激和反应的中间加上"传递性刺激和传递性反应"的中介,解释了客观环境通过语言作用于人,以及儿童是怎样通过一系列的刺激—反应链条学会语言的,是一大进步。但该学说仍存在一定的局限性:第一,传递性反应不一定是在刺激的作用下直接产生的。比如,许多幼儿在乘车之前就已经从父母、老师那里知道了要给老人让座的道理(间接经验)。第二,传递性反应也不一定能够成为隐含的刺激并引起新的反应。比如,有些人缺乏公德意识,不想给老人让座,就不会对广播产生反应。

三、先天与后天相互作用论

(一)认知说

皮亚杰的认知说认为,儿童的语言是主客体相互作用的结果。相互作用论以皮亚杰的认知说为理论基础,认为儿童的语言发展是天生的能力与客观的经验相互作用的结果。该学习模式认为语言是人类特有的行为,来源于人类的遗传结构和环境输入的相互作用,特别强调儿童智慧、思维等认知因素的发展对语言发展的作用。

在行为主义时期,皮亚杰的学说并不为人重视。在乔姆斯基学说对行为主义展开批评以后,人们才逐渐发现皮亚杰学说的价值,并把它用于儿童语言获得的研究中。与此同时,也引起了皮亚杰本人对儿童语言获得的关注。人们通过对皮亚杰认知说的研究,认为这一学说可派生出如下关于儿童语言获得的基本观点。

第一,人类有一种先天的认知机制,但是这种先天的认知机制不像乔姆斯基所说的那样由语言的普遍特征所形成,而是一种一般性的加工能力。它不仅适用于语言活动,而且也适用于其他一切认知活动。儿童语言发展的普遍性,不是因为他们有与生俱来的普遍语法,而是由于人类具有普遍的认知策略。

第二,儿童并没有特殊的语言学习能力,语言学习能力只是认知能力的一种。语言不决定认知能力的发展,相反,认知能力的发展决定语言能力的发展。语言能力的发展不能先于认知能力的发展,儿童的语言发展是儿童主体因素和客观环境因素相互作用的结果,是通过同化和顺应不断地从一个阶段发展到另一个新的阶段的过程。

认知说是很有影响力的理论,然而,它并不是专为解决儿童语言获得问题提出的,尽管得到了创造性的应用和发展,但是它仍具有一定的局限性:第一,要真正弄清楚儿童认知水平的发展和语言结构的发展之间的关系,还要做大量的工作;第二,只强调认知发展对语言发展的影响,忽视乃至否定语言对认知发展的影响。

(二)规则学习说和社会交往说

在吸收其他理论观点的基础上,规则学习说和社会交往说都承认语言的发展受先天与后天等多种因素的影响,这些先天的能力和社会的、认知的、语言的诸因素相互依赖、相互作用、互为因果。语言的发展在很大程度上是语言规则的获得。

规则学习说认为,儿童具有一种理解母语的先天处理机制,但这种机制主要是一种学习和评价的能力,而不是乔姆斯基所说的语言的普遍特征。儿童学习母语是一个归纳的过程,而不是演绎的过程,即儿童用先天的语言处理机制,通过对语言输入的处理归纳出母语的普遍特征和个别特征。儿童的语言学习主要是对规则的学习。

社会交往说认为,语言获得不仅需要先天的语言能力,还需要一定的生理成熟和认知发展,更需要在交往中发挥语言的实际交际功能,而社会交往是儿童的天性。所以,社会交往说特别重视儿童与成人语言交往的实践,认为儿童和成人语言交往的互动实践对儿童语言的发展起着决定性的作用。

两种学说都是比较有前途的理论,很有说服力,但研究工作还未能全面展开,学说系统有待进一步完善和发展。

目前,在心理学和语言学的关系问题上,许多学者更倾向于根据认知理论来说明儿童的语言发展,并且出现了竞争模型(Competition Model)、语义和语法之间相互的扣襻作用(Boostraping)等研究,试图以认知研究方法来研究语言的习得问题。在研究方法和技术上,开始出现多学科融合、协同攻关的研究倾向,特别是认知神经科学研究的发展,使人们有理由期待,关于语言习得的某些重要先天基础的研究会有重大突破。另外，研究语言发展的学者开始普遍重视个别差异问题，并且就差异的表现、差异的一致性和连续性、个别差异与发展速度和水平的关系及其产生原因等方面进行了深入探究。

尽管语言发展研究已经取得了这些不俗的成就，但就目前的结果而言，距离最终解决语言发展中的一些根本性问题还十分遥远。虽然我们有理由相信，多学科融合、协同攻关的研究将大大促进该领域研究的发展，但鉴于语言发展问题，尤其是句法习得问题的复杂性，语言发展研究的探索之路仍十分漫长。

第三节　学前儿童语言发展的研究方法

研究儿童的语言发展并非易事,这是因为儿童的语言能力往往只能用间接的方式测出。儿童的语言发展夹杂着许多错误,这些错误多是有规律的。有时,儿童能在大人矫正时正确发出某个音,但在日常交际场合依然出现错误。有时,儿童能听出某个音正确与否,但他不一定能正确发出这个音。心理学家开发出了一系列的研究方法,力图探寻儿童学习语言的秘密。

一、自然观察法

自然观察法主要有两种:一种为日记法,即每天观察记录儿童语言的获得情况;另一种是定时观察记录法,即每隔一段时间观察一次儿童的语言获得情况。

日记法是最早用来研究儿童语言获得能力的方法。例如,早在1787年,在德国医生蒂德曼发表的《儿童心理发展的观察》和1876年达尔文发表的《一个婴儿的传略》中,就用日记法观察记录儿童语言发展的情况。但蒂德曼和达尔文用日记法的真正目的不是研究儿童语言的发展,蒂德曼的研究目的是促使人们注意收集儿童语言发育的资料,而达尔文的目的是比较人与动物在语言方面的差异。德国心理学家普莱尔是第一位真正用日记法研究儿童语言获得的人,他从其儿子出生之日起便开始观察、记录,每日早、中、晚观察3次,连续进行了3年。然后,他根据这些记录写成了一部有影响力的著作《儿童心理》。该书共分3编:第一编讲感觉的发展(关于视觉、听觉、肤觉、嗅觉、味觉和机体觉的发展);第二编讲意志的发展(关于动作的发展);第三编讲智力的发展(关于语言的发展)。直到现在,这部古典的儿童心理学著作仍然具有一定的生命力和参考价值。

定时观察记录法是针对日记法的不足而发展起来的研究方法。它可以同时观察不同年龄段的多名被试,能在短时间内获得大量的数据,并进行数量化的统计分析,从而使研究结果具有一定的普遍意义。随着科学技术的不断发展,计算机、录像等技术开始用于观察儿童语言的获得过程。通过这些设备收集到的资料不但有声音记录与视觉记录,而且能确切记录语境及上下文对话,这使自然观察法的研究得以深入。

二、实验法

采用自然观察法研究儿童语言的发展,虽然获得的结果与实际较为接近,但它也有局限性。研究者通过创设一定的情境,控制、操作一定的变量,诱发儿童的言语活动或者行为变化,被称为实验法。

(一)语音感知实验

感知语音的能力是儿童获得语言的基础。正常儿童在这段时间内不但能够听到声音,而且还以某种能帮助自己学习语言的方式去感知语音。20世纪60年代末,利伯曼等人曾通过合成刺激,强调人的声带发出的声音,让被试感知不同声音发出的时间(VOT)的区别。自此,有关儿童尤其是婴儿感知语音的研究基本上沿袭了实验室研究的方法。

📖 **扩展阅读**

什么是VOT?

当人们在发"b"音和"p"音时,先要闭着嘴唇,再张开嘴唇吹出空气。在发"b"音时,空气一吹出去,声带马上开始震动。在发"p"音时,空气吹出到声带震动之间有段时间。包括声带震动的语音称为有声音素。听声音的人以空气吹出和声带震动的间隔时间为线索,来决定所听到的音是"b"还是"p",这个线索称为发声开始时间(Voice Onset Time,简称VOT)。

资料来源:沈德立,白学军.实验儿童心理学[M].合肥:安徽教育出版社,2004.

研究者将1个月婴儿的吮吸奶嘴与一个压力传感器连接起来。该传感器能实时提供婴儿吮吸时的多道数据,特别是吮吸频率(每分钟的吮吸次数)。实验开始时,研究者先播放一种语音材料,使用仪器监控婴儿吮吸奶嘴的情况,婴儿会逐渐适应这种语音,其吮吸奶嘴的频率趋于稳定。当连续2分钟的吮吸频率都低于之前的20%时,新的语音材料被换上。与此同时,发现婴儿吮吸奶嘴的频率也发生相应的变化。这说明婴儿能够分辨出前一种语音与后一种语音的区别,即对语音的听辨和区别能力在婴儿早期就已经形成了。进一步的研究发现,6~12个月的婴儿辨别母语和非母语元音变化的反应是不同的,同样的结果也发生在7~11个月的婴儿辨别母语与非母语辅音变化的反应上。由此可推知,幼儿已经能够通过仔细听来区别不同的语音,甚至掌握除母语以外的其他语音,从而具备学习第二语言,甚至更多语言的能力。

(二)词汇理解实验

该实验的基本范式主要有两种:看图说话实验和听话操作实验。看图说话实验的基本程序是:先让儿童看一些图片,如画面的内容是一位警察叔叔正牵着小朋友的手过马路,马路上有许多来往的汽车和行人;然后,要求儿童根据图画的内容讲述、解释图画,同时,用录音机或摄像机记录儿童的言语反应;最后,整理分析儿童的词汇、句法、语法的运用情况。另外,还可以让儿童描述当时他所面临的实际情况,如做游戏等,以分析儿童的语言水平。听话操作实验的基本程序是:研究者向被试发出一个言语指令,让被试根据指令进行反应,然后根据儿童对不同言语的行为反应来分析儿童的语言获得情况。这一方法一般有三种情况:一是按指令完成动作;二是按指令选择图片;三是按指令组织图片。

上述方法最大的特点是能把儿童在自然观察条件下不易发现的言语行为诱导出来。但此方法往往会低估儿童的实际语言能力,因为儿童不按指令反应,可能并不是不懂,而是当时注意力不集中或不感兴趣。另外,儿童在判断实际情境时,往往会根据他的实际经验,而不是根据指令来行动。

三、测验法

心理学家认为语言能力是智力结构的重要组成部分,因此,许多智力测验都包括语言能力测验的内容。例如,在著名的韦克斯勒儿童智力测验中,言语子量表就是该测验的重要组成部分,它包括常识、类同、算术、词汇、理解、背数 6 个部分。

(一)皮博迪图片词汇测验(PPVT)

皮博迪图片词汇测验主要用于评估儿童和青少年(2 岁半～18 岁)的词汇能力,并进而预测其智力水平。该测验由 150 张图片组成,每张图片有 4 幅画,主试读出其中的一个词,要求被试指出与其相应的那幅画。词汇的排列顺序是由常见具体词到少见抽象词。这种测验不要求儿童用语言回答,时间较短,是一种理解型的词汇测验。尽管皮博迪图片词汇测验算是一种精心设计的词汇测验,但是它常被研究者用来作为语言总体发展水平的测试工具,其原因是词汇的增长本身就反映了语言的发展。然而,迄今为止仍没有确凿的证据来证实词汇的发展与语言其他方面的对应关系。

(二)语言障碍儿童诊断测验

语言障碍儿童诊断测验由我国台湾心理学家林宝贵编制。该测验专门用于诊断儿童的语言障碍。该测验旨在短时间内,通过个别测查,鉴别出学前儿童和小学生中有语言障碍的儿童。测验内容有 4 个部分:语言理解能力测验、耳语声辨别能力测验、发育测验和说话与其他表达能力测验。测验所使用的材料均为儿童熟悉的图画。

第四节　学前儿童语言发展的测量与评估

心理学家用来测查幼儿词汇与句法理解的方法主要有四种：表演作业、动作指示、指图辨物和日记研究。

表演作业就是儿童依照自己对成人指导语的理解，用实物操作把指导语的意思表演出来。例如，成人说"小狗追小猫"后，儿童能把小狗和小猫朝同一方向分前后摆放，一只猫在狗的前面跑，这说明儿童理解了成人的话，反之就是不理解。

动作指示则是用语言做指示语要求儿童做出相应的动作。如成人对儿童说"把娃娃给我"，就要求儿童能把娃娃递给成人，没有反应或反应错误都说明不理解这句话。

这两种方法的特点是都要求儿童用物体和动作"表演"出事件。众所周知，儿童在身体四周摆放着玩具时有做出动作的倾向。这种事先存在的"像 a 那样动作"的倾向可能使成人的指示（"像 y 那样动作"）不起作用。即使儿童完全理解了指示语的意思，这种可能也存在，儿童也可能会拒绝按命令行动。这都是"表演"出事件这类方法的弊端，因此，没有反应或有偏爱的反应并不能充当不能理解的证据。

这个缺点在指图辨物中也存在。例如，成人把画有鸭子的图片或画有鸡、鸭、猫、狗的几张不同的图片放在儿童面前，问"鸭鸭在哪儿"时，要求儿童用手把鸭子正确地指出来。这种从几张图片中指出一张的作业还带有其他测量上的困难：呈现图片的方法或许没有给被试提供操作上的充分激励，以及不能把寻找动作前后的差别突出出来。有研究者认为，后者在测验主动语态的不及物动词和涉及不止一个单一动作的及物动词的理解方面是个重要问题。所以说，指图辨物测验对于名词理解的测定来说是不够有力的，对动词和词序理解的测定就更差了。

日记研究是以日记作为语言理解的标志的研究方法。它也存在一些问题。因为日记里所反映的是同一时间里儿童和语言以及丰富多样的环境相互作用的产物，所以，它容易高估儿童的理解能力。

可以看到，上述每一种评价语言理解的方法都有一定的弊病。因为所研究的儿童通常不足两岁，所用的作业又要求他们做出动作，所以大多数这类研究实际上测的是幼儿的合作精神和语言熟练程度，而以操作物体或其他动作形式为基础的测验结果恰恰低估了儿童的语言理解能力。

一个真正的语言理解测验，其控制作业应当做到：不要求儿童被试做出明显的动作，而以更为自然的方式呈现动态的事件。有研究者提出，可以用信号觉察法研究儿童的语言理解。具体做法是:把4个玩具分别放在一个矩形装置的4个角上,向儿童依次说出眼前玩具的名称、不在眼前玩具的名称及胡乱说出的词。不要求儿童做出明显的动作,而只观察记录儿童注视各玩具的时间。还有研究者向儿童呈现动态事件,在两个银幕上放映代表不同动词的电影画面,要求儿童必须做出选择,看或者指出代表某个动词的银幕或站到这个银幕旁边。这种方法有些地方虽说不错,但还是免不了因要求明显动作而带来的麻烦,这是因为什么样的反应程度才满足我们的选择标准并不很清楚。此外,它对儿童的动词偏好缺乏控制,来自母亲或主试的"聪明的汉斯"效应仍然存在。

目前,国内尚缺少对学前儿童语言发展的测量与评估手段的研究,本文介绍几种近几年来国内外常用的测量评估手段,旨在为进一步研究提供参考。

一、心理测验量表中的语言能力测试

这类心理测验量表是从智力的角度出发,在智力检查中设定与智力密切相关的语言功能区,以此来测查语言的发展水平。这类工具通常仅仅考察到部分语言项目。以下是专门的学前儿童心理测验量表。

(一)美国幼儿发展筛选量表(ESI)

美国幼儿发展筛选量表由两部分组成:一是测查部分,二是家长问卷。此量表可以用来初步评价幼儿的发展状况,操作方法简便。其中,语言能力的测验主要测查幼儿的言语理解、发音和口头表述,以及听觉顺序记忆的能力。它具有以下优点:测查的内容比较全面、客观、有趣,耗时不多;对短期和长期的儿童学习困难及缺陷的预测具有重要价值;测查工具简单,操作简便易行,容易被教育工作者和家长掌握,易于推广;常模采用的是等级划分的方法。其局限性在于:测查结果不能作为诊断或终极评价材料;它只能测查出幼儿某些方面的信息,不能用测查结果给幼儿贴标签。

(二)格塞尔发展顺序量表

格塞尔发展顺序量表由美国耶鲁大学教授、儿童心理学家格塞尔制订。他认为,一个婴儿可以在运动方面获得一个发展商(DQ),也可以在语言方面获得另一个DQ,这两者可以不一致,所以不能只用一个总的智力商数来解释幼儿的发展水平。

(三)麦卡锡幼儿智能量表(MSCA)

麦卡锡幼儿智能量表系美国儿童发展心理学家麦卡锡创制,其言语量表包括5项测验:第一,图画记忆,回忆画在卡片上的物品名称。第二,词语知识,此测验分为两个部分:从儿童熟识的图画中指出与词语一致的图,或说出所指图的名称;单词释义,对给予的词汇说出它的意义。第三,词语记忆,复述单词序列及句子,复述主试讲过的故事。第四,词语流畅。第五,反义词类推。项目简单易行,可以引起儿童的兴趣,便于弱智儿童操作。但是,由于难度不够,致使学龄期的两个年龄组在高智水平上的区分度较差,而对于优等以内以及6岁以下的儿童的鉴别力仍然较佳;因本量表系个别测试,故较费时。

二、儿童语言发展的测查工具

根据各种不同的评价理论,研究者们编制了多种语言评估工具。下面就测验的内容和特点对几种目前国内外应用较为广泛的语言测验做简要评述。

(一)国外语言发展量表和标准化测试

1.学前儿童语言发展量表(PLS)

学前儿童语言发展量表用于评估1.5~7岁儿童的语言发展,由听觉理解和口语表达两个分测验组成,题目涉及的内容极其广泛。缺点是在语用方面的评估不足;施测时对于两岁以前的幼儿比较困难;由于测验所用材料较多,一般教师或有关人员使用前需反复练习。

2.Rossetti 婴幼儿语言量表

Rossetti 婴幼儿语言量表可以测量36~40个月幼儿的语言发展,还可以收集表达性词汇增长、最长的三句话的平均长度等信息。

3.MacArthur—Bates 沟通发展量表

MacArthur—Bates 沟通发展量表是 Fenson 等人在1993年为美国说英语儿童制订的语言与沟通发展量表。目前已有十多个国家、十几种语言将该量表进行了标准化研究,并投入临床使用。它包括8个月到1岁4个月的婴儿词汇和手势问卷,以及1岁4个月到2岁6个月的幼儿词汇和句子问卷。Fenson 等人通过对1700名儿童的父母所做的调查,确立了理解和产生词汇的常模和百分数,这样就可以将一个儿童的语言发展水平与相应的常模进行比较,有助于筛选早期语言发展异常的儿童。

4.Reynell 语言发展量表

Reynell 语言发展量表测试儿童的语言表达和词汇理解能力,适用于6个月到2岁的儿童,也可用于有特殊障碍儿童的语言发展测量。

(二)中文语言发展量表和标准化测验

1.中文早期语言与沟通发展量表(CCDI)

中文早期语言与沟通发展量表采用父母报告的形式,是一个简便实用的儿童语言发展量表。国内学者根据 MacArthur—Bates 沟通发展量表修订完成了"中文早期语言与沟通发展量表(普通话版)"。根据 MacArthur—Bates 沟通发展量表的格式和内容,并根据中国儿童的语言发展特点,制订了中国儿童语言发展量表。此量表可应用于从婴幼儿第一个非词汇手势信号出现到早期词汇的增长,一直到开始出现语法这些阶段。2002年,此量表又进行了再标准化,揭示了讲普通话儿童语言发展的一些规律。目前,中文早期语言与沟通发展量表的汉化版本《汉语沟通发展量表》已经出版,在北京和香港地区已投入临床使用。

2.婴幼儿智能开发与发育简明表

婴幼儿智能开发与发育简明表包括大运动、精细动作、认知能力、语言、社交行为、情感等6个方面的测试。欧萍等人应用婴幼儿智能开发与发育简明表发现,干预能显著提高正常及高危婴幼儿的智能发育。这证明了婴幼儿智能开发与发育简明表的可行性和有效性。

三、儿童语言发展研究中的其他测试方法

除了标准化的量表外,研究者还使用自己设计的调查问卷,结合父母报告、采集语言样本和发展监测等方法评估儿童早期语言发展。其中,父母报告是最常用的方法,它较其他评估方法具有简便易行等优点。父母报告与采集语言样本具有相当好的一致性($r=0.66$)。通过收集儿童与施测者进行游戏的语言样本,将50句连续说出的话输入CHILDES数据库中,可以考察儿童在对话过程中体现出的语言发展水平。根据收集到的语言样本还可以进行进一步的分析,如计算儿童语言的平均句长(MLU)。平均句长是衡量儿童不同阶段的语言能力(尤其是语法发展水平)的一个很有意义的指标。平均句长的计算方法是将儿童自然说出的每句话按照词素进行统计,如"dog"是1个MLU,而"dogs"是2个MLU。

语音意识的测试也是语言发展研究的重要组成部分。语音意识是对各种语音单元进行识别、鉴别和操作的能力。过去二三十年来的纵向研究结果似乎都显示,语音意识是后来阅读能力高低的最有力的预测源之一。

此外,研究者还根据各自的需要编制了其他的测验,如美国儿科学院加州分院使用的儿童入学准备测验,其中包括语言发展方面的内容,适用于4～7岁的儿童。

四、儿童语言发展障碍的评估和筛查

语言发展障碍也是学习障碍的一种表现。儿童语言发展障碍可以分为两种:一种是跟其他的发育异常(如唐氏综合征、孤独症)相伴随的;另一种是不伴随其他发育异常症状的,称为特殊言语损伤(SLI)。最新的研究探讨发展性阅读障碍儿童听觉功能的神经心理学特性,研究其听觉功能与正常儿童的差异,进一步探讨阅读障碍儿童的神经结构特征。在临床应用中,应根据研究和诊断的不同需要而综合利用各种量表和

不同的测评方式。比如,皮博迪图片词汇测验适合初步筛选智能不足儿童或语言发展障碍儿童,但还需配合其他标准化量表一起使用才能做出诊断。

  国内外已有一些研究者根据临床经验总结编制出了成套的测试方法。国外有可用于学前儿童的临床评估,可评估接受性语言能力和表达性语言能力,可计算标准分数。我国学者林宝贵编制的学前儿童语言障碍评估量表,可用于评量3岁至5岁11个月儿童的语言障碍,包括理解与表达两个分测验。该测验工具简便易行,缺点是缺少操作与互动,特殊幼儿较难维持对测验的兴趣。表达测验中多数只是回答词汇或短语即可得分,对于高功能自闭症幼儿有高估的可能性。此外,还有我国香港地区的阅读写作有特殊困难测验量表,以及张芳蓉等人编制的学习困难儿童学习能力综合检测等。

附录 1　儿童语言能力自查量表

年龄	语言能力发展
1～1岁半	① 能够理解简单的句子,如"好了吗""没有了吗"等 ② 能够开口说简单的话,如"爸爸""妈妈""再见"等
2～3岁	① 能够认识并指出两种以上的颜色 ② 能够认识并指出物品和身体部位等 ③ 能够说动宾结构的、由三个字组成的句子,如"在哪里""在这里""在那里"等
3～4岁	① 能够理解性别(这点不同的孩子略有所不同) ② 能够使用表达时间的词,如"过去""现在"和"将来"等 ③ 能够说自己的姓名 ④ 会讲述简单的经历 ⑤ 掌握了一定的连词和关系词,能够使用"而且""因为"和"所以"等
4～5岁	① 能够理解各种方位,如上、下、前、后、左、右等 ② 能够认识抽象名词的概念,如"动物""水果"等简单抽象名词,并会进行归类 ③ 基本能够发出母语中所有的音 ④ 能够模仿句子,并且说长句子 ⑤ 能够认识名字和名称
5～6岁	① 能够理解反义词,如"冷"和"热"等 ② 能够比较自主地表达自己想好的事情,自如地表达自己的想法 ③ 会朗读句子
6～7岁	① 知道自己的生日 ② 能够阅读小人书 ③ 会打电话 ④ 会使用问候语 ⑤ 掌握实用对话,而且与成人的用语接近 ⑥ 对于听到的话感觉有疑问,便会主动提问 ⑦ 具有用完整的疑问句提问的能力,比如"我为什么要去奶奶家"

附录 2　儿童语言能力发育量表

语言	最早月龄	85%通过月龄	最晚月龄
会发 au、e、a 等音	0	1.6	2
笑出声	2	2.7	6
主动对人笑	1	2.8	5
逗时会用声音回答	1	3.0	5

续表

语言	最早月龄	85%通过月龄	最晚月龄
哭时开始有厌恶、急躁等情绪	2	3.7	6
主动对玩具笑	2	3.8	6
会尖声叫	2	3.9	7
会用哭声要人或要东西	2	4.9	6
会叫 da—da—ma—ma，无所指	5	8.7	11
用动作表示"再见""欢迎"	4	8.9	12
懂得"不要这样"的话	4	10	11
会发 ba、ga 等音	5	10.7	14
会模仿成人发音	7	11.5	14
向他要东西知道给	7	13.2	15
叫妈妈有所指	8	13.8	15
叫爸爸有所指	7	14.5	16
会叫其他亲人(2人)	8	14.7	18
除亲人称呼外还会1～2个字	9	14.9	16
会表示不要	12	15.8	18
知道亲近人的名字(2人)	11	16.1	18
知道同伴的名字(2人)	11	16.1	18
能执行简单取物命令	12	16.2	18
能指出身体3～4个部分	11	16.6	19
会用叠字(3个)	11	16.8	21
会说一个词的话	12	18.7	20
开始模仿声音	12	19.1	21
会说10个词	13	19.1	21
会说2～3个词的句子	14	19.5	22
懂得上面、下面	14	19.5	21
能叫自己的名字	15	19.8	23
懂得3个投向	18	21.2	25
会用词回答"这是什么"	18	22.7	25
会说3～5个词	18	22.7	26
会说父母的名字	18	23.9	29
会用词回答"×××到哪里去了"	19	24.2	26
会用词回答"谁来了"	19	24.6	28
常用的东西会说出名称(4件)	18	25.1	28

续表

语言	最早月龄	85％通过月龄	最晚月龄
会用代名词"我"	18	25.1	27
会说3~4句儿歌	18	25.5	28
会用代名词"他"	18	26.3	28
会用代名词"你"	18	26.4	28
会问"这是什么"	20	26.8	28
会问"×××到哪里去了"	19	27.5	29
会问"那是谁"	20	28.3	30
会说4首以上儿歌	19	29.1	32
会用完整句子表达一件事	28	29.6	35
知道反义词(3个)	27	29	36
知道连接词"和""跟"	23	29.7	32
理解饿了、冷了、累了	27	30.5	34
会问和答生活简单问题	28	31.4	36
会用形容词(2个)、副词(2个)	28	33.2	35

本章小结

1.儿童的语音获得过程为：从最初的哭声中逐步分化语音，并沿着单音节音—双音节音—多音节音—有意义语音的顺序发展。

2.学前儿童的语言发展将从语音、词汇、句子和口语表达四个方面展开。

3.儿童语言获得的理论解释有：先天决定论、环境决定论、先天与后天交互作用论。

4.研究儿童语言获得的方法有：自然观察法、实验法、测验法。

课后巩固

一、填空题

1.儿童一般先掌握_____，再掌握_____。实词中最先掌握_____，其次是_____，再次是_____和其他实词。

2.学前儿童的语言发展将从_____、_____、_____和_____四个方面展开。

3.儿童口语能力迅速发展的时期是_____。

4.儿童语言发展的飞跃期为_____。

5.儿童在句子的习得过程中,最先出现的句子类型为_____。

二、选择题

1.儿童语言的准备时间为(　　)岁。

　　A.0~1　　　　B.0~2　　　　C.0~3　　　　D.0~4

2.幼儿词汇的发展体现在(　　)。(多选)

　　A.词汇数量的增加　　　　B.词类范围的扩大

　　C.词义理解的狭隘　　　　D.词义理解的加深

3."儿童语言的发展过程以其认知的发展为基础。"这一观点出自(　　)。

　　A.先天决定论　　　　　　B.环境决定论

　　C.先天和后天相互作用论　D.中介论

4.词汇理解实验的基本范式包括(　　)。

　　A.看图说话实验和句子识别实验

　　B.听话操作实验和语言辨别实验

　　C.看图说话实验和听话操作实验

　　D.看图说话实验和语言辨别实验

5.心理学家用来测查儿童词汇与句法理解的方法有(　　)。(多选)

　　A.表演作业　　　B.动作指示　　　C.指图辨物

　　D.日记研究　　　E.识字作业

三、论述题

1.简述儿童词语理解发展的变化。

2.简述实验法在儿童语言发展研究中的运用。

第十章　学前儿童情绪的发展

案例导读

方方离开自己的座位向门口跑去，随即又退回到自己的座位上，一副瘪着嘴欲哭的表情。

妈妈推门进来，抱起方方。

"奶奶呢？奶奶……"

"奶奶在家呢。"

"不要，不要，我要奶奶接！"方方哭了。

"奶奶的脚扭了，不能走路，妈妈带你回家。"

"不，不，我要奶奶来带我！"边哭闹边推妈妈。

妈妈耐心地讲着。

方方越哭越厉害。

面对越来越多的家长，妈妈一脸尴尬。终于，妈妈失去了耐心："你不想跟妈妈回家就一个人待着，我走了。"妈妈生气地放下方方，装着要离开。

方方哭得更厉害了。

束手无策的妈妈满脸祈求地望着站在活动室门口的老师。

问题聚焦

方方的问题在哪儿呢？如果你是方方的老师，应该怎样和方方的妈妈合作，促进方方正常地情绪表达呢？在我们周围，经常会发现情绪表达不当的小孩，如何根据学前儿童情绪的发展规律，对孩子进行干预观察，是本章学习的重点。

学习目标

1. 了解情绪情感在学前儿童心理发展中的作用。
2. 知道学前儿童情绪情感发展的特点。
3. 掌握学前儿童积极情绪情感培养的方法。
4. 了解学前儿童情绪情感的研究进展。

第一节　学前儿童情绪情感概述

一、情绪和情感概述

(一)情绪和情感的定义

情绪和情感是个人的感受和体验,是个体对于外界事物的一种态度反应。情绪和情感是人的主观体验,即人对自己心理状态的自我感觉。面对同样的场景,每个人的情绪体验并不一样,所以,在面对同一事件时,有些人沮丧难受,有些人乐观积极,这就是不同的情绪体验。

情绪和情感的产生以需要为中介,人对客观事物采取什么态度,取决于该事物是否能够满足人的需要。如果某一事物能够直接或间接满足人的需要,人就会对其产生肯定的态度和体验;如果某一事物不能满足或违背人的需要,人就会对其产生否定的态度和体验。所以,当得偿所愿时,人往往会产生兴奋、满足的情绪;当事与愿违时,人便会失望、低落。由此可见,情绪和情感是人对客观事物是否符合其需要而产生的态度体验。

(二)情绪和情感的联系与差异

一般情况下,情绪与情感是时刻联系在一起的统一体,稳定的情感随着情绪的积累慢慢形成,又通过情绪表现出来,情绪和情感的表达总是相互交融的。尽管如此,二者仍存在一定的差异,体现在以下几个方面。

第一,从满足需要的角度看,情绪一般与人的较低级的需要即生理性需要相联系,而情感往往与人的高级需要即社会性需要相联系。如婴儿饥渴或身体不舒适时就会有哭的情绪体验,吃过奶后会做出笑的情绪体验,感受到危险时则会有紧张不安等情绪体验。以后随着年龄的增长和社会化的发展,会产生对父母、对他人、对祖国等的情感,如和同伴之间产生友谊,和爱人之间产生爱情,对集体产生荣誉感、责任感等,从而形成理智感、道德感和美感等高级的情感体验。

第二,从发生时间的角度看,情绪发生得早,而情感产生得晚,两者有着先后之分。如刚出生的婴儿会啼哭,这是机体对外界不适的情绪体验,此时是没有成就感、美感等道德体验的。当个体慢慢成长,与社会发生联系时,情感才会显现出来,并日益丰富和复杂化。

第三,从持续时间的角度看,情绪持续的时间短,情感持续的时间长。情绪主要从当时情况的好与坏来下结论,情绪的表现具有一定的情景性、暂时性。如面对某种情景个人表现出暴怒的情绪,当客观情况有所好转时,这种情绪就会发生变化。情感所体现出来的特性是带有一种稳定性、持久性、深刻性、内隐性的效果反映,如个人的爱国情感是个人慢慢培养起来的一种稳定的不会轻易变化的内心体验。

百度拾遗

积极情绪促进人的身心发展

积极的情绪能提高大脑皮层的张力,通过神经生理机制,保持机体内外环境的平衡与协调;负性情绪则严重干扰心理活动的稳定,致使体液分泌紊乱,免疫功能下降。以羊羔和狼为伍的古老实验为例,若将同时出生体质健康的羊羔,一只与其他羊群为伍喂养,另一只则与圈在笼中的狼为伍喂养。不久之后,前一只羊羔活泼健壮,后一只羊羔体弱消瘦。

二、情绪和情感的分类

(一)情绪的分类

古人有七情六欲,现代人把情绪分为快乐、愤怒、悲哀、恐惧等几种基本形式。按照情绪发生的强度和持续时间的长短,可以将其划分为心境、激情和应激三种状态。

扩展阅读

钉子的故事

有一个脾气很坏的男孩,他父亲给了他一袋钉子,并且告诉他,每当他发脾气的时候,就钉一颗钉子在后院的围栏上。第一天,这个男孩钉下了37颗钉子。慢慢地,每天钉下钉子的数量减少了,他发现控制自己的脾气要比钉下那些钉子容易。于是有一天,这个男孩再也不会失去耐性、乱发脾气了。他告诉父亲这件事情,父亲又说,现在开始每当他能控制自己脾气的时候,就拔除一颗钉子。一天天过去了,最后男孩告诉他的父亲,他终于把所有钉子都给拔出来了。父亲握着他的手,来到后院说:"你做得很好,我的好孩子。但是,看看那些围栏上的洞,这些围栏永远不能回复到从前的样子。你生气时说的话就像这些钉子一样留下疤痕。"

资料来源:张磊.从"钉子的故事"谈起——如何培养孩子的EQ[J].大众心理学,2015(8).

1.心境

心境是一种微弱、平静而持久的情绪状态。心境产生的原因是多方面的,既有客观原因,也有主观原因,如人所处的经济地位和社会地位、对人有重要意义的事件、人际关系、激情和余波、健康状况、自然环境变化等方面的因素。心境一旦产生,就会在较长时间内保持稳定,人在面对各种事物时的态度体验也会基本一致。

2.激情

激情是一种强烈的、短暂的、失去自我控制力的情绪状态。激情具有冲动性,发生时强度很大,它使人体内部突然发生剧烈的生理变化,有明显的外部表现。狂喜、暴怒、绝望、惊厥等都是典型的激情。引起激情的原因主要有两个方面:强烈的欲望和明显的刺激。例如,遇到重大成功之后的狂喜(范进中举)、惨遭失败后的绝望等。

3.应激

应激是在出乎意料的紧急情况下所出现的高度紧张的情绪状态,它是人们对某种意外的环境刺激做出的适应性反应。在日常生活中,人们遇到某种意外危险或面临某种突然事变时,必须集中自己的智慧和经验,动员自己全部的力量,迅速而及时地做出决定,采取有效的措施应付紧急情况,此时人的身心处于高度紧张状态,即为应激状态。如汽车正常行驶时,突然遭遇故障,司机紧急刹车;飞机在飞行中,突然遭遇紧急故障被迫临时降落。在这些情况下,人们产生的特殊的情绪体验就是应激。当出现应激时,有的个体能够激发个人潜能,积极应对,如急中生智;有的则表现出惊慌失措,完全紊乱。不同的应激反应与个人的适应能力、知识经验息息相关。

(二)情感的分类

根据情感社会内容的不同,可以将其分为道德感、理智感和美感三类。

1.道德感

道德感是根据一定的道德标准去评价人的思想、意图、言语和行为时产生的情感体验。人在社会生活中能够将掌握的社会道德标准转化为自己的道德需要。当人们用自己掌握的道德标准去评价自己或别人的思想、意图、言论、行为时,认为符合道德需要,就会产生肯定性的情感;如果认为不符合道德需要,就会产生否定性的情感。道德感包括对民族与祖国的自豪感和尊严感、对集体的荣誉感、对社会的责任感、对人群的友谊感、人道主义情感和国际主义情感等。

2.理智感

理智感是人在智力活动过程中,对认识活动成就进行评价时产生的情感体验。这类情感往往与人们的认识活动、求知欲、兴趣、世界观、人生观等紧密相关。例如,人们在探索真理时产生求知欲,在了解未知事物时有兴趣和好奇心,在解决疑难问题时出现迟疑、惊讶和焦躁,问题解决后产生强烈的喜悦和快慰,在坚持自己的看法时有强烈的热情,对谬误和迷信的鄙视和憎恨等,这些都属于理智感的范畴。

3.美感

美感是人们根据一定的审美标准评价事物的美与丑时产生的情感体验。审美标准是美感产生的关键,客观事物中凡是符合个人审美标准的,就能引起美感体验。审美时个体的心情是自由的、愉快的、轻松的,所以,美是主客观的对立统一。

问题讨论

> 想一想:你认为以下几种体验分别属于哪种情感?
> 1.对别人的大公无私行为感到满意,产生敬佩之情;对别人的损人利己行为产生愤怒、蔑视的情感。
> 2.自己尽到了社会责任感到心情舒畅,心安理得;未尽到责任感到内疚惭愧,痛苦不安。
> 3.当你考试取得好的成绩时会感到高兴和快乐,考试失败时则失望或沮丧。

三、学前儿童基本的情绪情感

(一)哭

儿童出生后,最明显的情绪表现就是哭。哭代表不愉快的情绪。哭最初是生理性的,以后逐渐带有社会性。新生儿的哭主要是生理性的,幼儿的哭已主要表现为社会性情绪了。新生儿啼哭的原因主要是饿、冷、痛和想睡觉等,也有由其他刺激引起的,如环境变了要哭。新生儿还有一种周期性的哭,许多孩子每天晚上都要哭一阵子,这种哭是新生儿在表达内在的需要,也可以说是他的一种放松。刺激太多也容易引起新生儿啼哭。婴儿啼哭的表情和动作所反映出来的情绪日益分化。随着孩子慢慢长大,啼哭的诱因会有所增加。随着年龄的增长,儿童的啼哭会减少,这一方面是由于婴儿对外界环境和成人的适应能力逐渐增强,周围成人对婴儿的适应性也逐渐改善,从而减少了婴儿的不愉快情绪;另一方面,儿童逐渐学会了用动作和语言来表示自己不愉快的情绪和需求。

(二)笑

笑是愉快情绪的表现,儿童的笑比哭发生得晚。研究发现,聪明孩子对外界事物发笑的年龄比一般儿童要早,发笑的次数也多。

婴儿最初的笑是自发性的,或称内源性的,这是一种生理表现,而不是交往的表情手段。内源性的笑主要发生在婴儿的睡眠中,困倦时也可能出现。这种微笑通常是突然出现的,是低强度的笑,其表现只是卷口角,即嘴周围的肌肉活动,不包括眼周围的肌肉活动。这种早期的笑在3个月后逐渐减少。出生后一个星期左右,新生儿在清醒时,吃饱了或听到柔和的声音时,也会本能地嫣然一笑。这种微笑最初也是生理性的,是反射性微笑。婴儿最初的诱发性微笑也发生于睡眠时间。比如,在婴儿睡着时,温柔地碰碰婴儿的脸颊,或者是抚摸婴儿的肚子,都可能使其出现微笑。新生儿在第三周时开始出现清醒时间的诱发性微笑,如轻轻触摸或吹其皮肤敏感区4~5秒,婴儿即可出现微笑。这些诱发性微笑都是反射性的,而不是社会性微笑。从第五周开始,婴儿对社会性物体和非社会性物体的反应不同,人的出现,包括人脸、人声,最容易引起婴儿的笑,即婴儿开始出现社会性微笑。

婴儿三四个月前诱发的社会性微笑是无差别的,这种微笑往往不分对象,对所有人的笑都是一样的。研究发现,3个月的婴儿甚至对正面人脸,无论其是生气还是笑,都报以微笑。但如果把正面人脸变成侧面人脸,或者把脸的大小改变了,婴儿就会停止微笑。4个月左右,婴儿出现有差别的微笑。婴儿只对亲近的人笑,他们对熟悉的人脸比对不熟悉的人脸笑得更多。有差别的微笑的出现,是婴儿最初的有选择的社会性微笑发生的标志。

(三)恐惧

最开始的恐惧是婴儿出生就有的情绪反应,甚至可以说是本能的反应。最初的恐惧不是由视觉刺激引起的,而是由听觉、肤觉、肌体觉刺激引起的,如刺耳的高声等。

婴儿4个月左右开始出现与知觉发展相联系的恐惧,引起过不愉快经验的刺激会激起恐惧情绪。也是从这个时候开始,视觉对恐惧的产生逐渐起主要作用。

6个月左右时,伴随婴儿对母亲依恋的形成,怕生情绪也逐渐明显、强烈。怕生情绪实际上是对不熟悉的人所表现出来的害怕反应。研究表明,婴儿在母亲膝上时,怕生情绪较弱;离开母亲则怕生情绪较强烈。可见,恐惧与缺乏安全感相联系。人际距离的拉近或疏远,影响儿童安全感的减弱或增强。

2岁左右,随着想象的发展,婴儿出现了预测性恐惧,如怕黑、怕坏人等。这些都是和想象相联系的恐惧情绪,往往是由环境的不良影响造成的。与此同时,由于语言在儿童心理发展中的作用增加,可以通过成人讲解及其肯定、鼓励等来帮助儿童克服这种恐惧。随着年龄的增长,恐惧的对象也会发生变化,如与社会关系有关的恐惧明显增多。

(四)依恋

依恋是婴儿寻求并企图保持与另一个人亲密的身体联系的一种倾向。这个人主要是母亲,也可以是别的抚养者或与婴儿关系密切的人,如家庭其他成员。依恋是一种积极持久的情感联系,对于儿童以后人际关系的形成、信赖感的培养有很大的影响,是其以后诸多社会关系的基础。婴幼儿最愿意同依恋对象在一起,与其在一起时,婴幼儿能得到最大的舒适、安慰和满足。在婴幼儿痛苦、不安时,依恋对象比任何他人都更能抚慰孩子,依恋对象使孩子具有安全感。当在依恋对象身边时,孩子较少害怕;当其害怕时,最容易出现依恋行为,寻找依恋对象。

依恋是婴儿同主要照看者在较长时期的相互作用中逐渐建立的。从出生到3个月时,婴儿对人是不加区别的,婴儿对所有人的反应几乎都一样,喜欢所有的人,喜欢听到所有人的声音,喜欢注视所有人的脸,只要看到人的面孔或听到人的声音都会微笑、手舞足蹈、咿呀作语。

在3~6个月时,婴儿对人的反应有了区别,对母亲和他所熟悉的人及陌生人的反应是不同的,婴儿与母亲的互动更多一些。如婴儿在母亲面前表现出更多的微笑、咿呀学语、偎依、接近,而在其他熟悉的人面前这些反应就要相对少一些,对陌生人的这些反应更少,但依然有这些反应。

6个月到2岁时,婴儿进一步对母亲的存在特别关切,特别愿意和母亲在一起,当母亲离开时,哭喊着不让其离开,别人不能替代母亲使婴儿快活。只要母亲在身边,婴儿就能安心玩,探索周围环境,好像母亲是其安全基地。这时,婴儿出现了明显的对母亲的依恋,形成了专门的对母亲的情感联结。与此同时,婴儿对陌生人的态度变化很大,产生怯生,感到紧张、恐惧甚至哭泣等。

七八个月时,婴儿形成对父亲的依恋。再以后,婴儿与主要抚养者的依恋关系进一步加深,依恋范围进一步扩大。随着儿童进入集体教养机构,他还对老师形成依恋情感。

2岁以后,婴儿能够认识并理解母亲的情感、需要、愿望,知道她爱自己,不会抛弃自己。这时,婴儿把母亲作为一个正常交往的伙伴,并知道交往时要考虑到她的需要和兴趣,据此调整自己的情绪和行为反应,与母亲空间上的邻近就变得不那么重要了。如母亲需要干别的事情,要离开一段距离,婴儿会表现出能理解,而不会大声哭闹。

3岁以后,儿童依恋的对象慢慢转移到同伴和老师的身上,开始寻求老师和同龄人的注意与赞许。

心理学家大多采用一种叫作"陌生情境测验"的方式来评价婴儿对父母,特别是对母亲的依恋。陌生情境测验是仿照婴儿与母亲分离的场景进行的:在一个小型研究专用房间里,有一把椅子供妈妈使用,地板上有玩具供宝宝玩,妈妈和宝宝一起在房间中玩耍,整个过程被录像。在两个关键性时刻,发信号让妈妈出来,让宝宝自己在房间里待3分钟。妈妈第一次走出来,只留下女助手和宝宝在房间里,第二次则只有宝宝自己留在房间里。

　　许多心理学家都期望从幼儿对母亲的离开所产生的反应中获得关键性信息。一位叫作安斯沃斯的心理学家耐心仔细地收集了近30个婴儿的资料,令人惊讶的是,无论婴儿属于哪种类型,在妈妈离开的时间里,他们都哭闹得十分厉害。婴儿之间的区别在于当母亲返回时他们的反应。依据这些不同的反应,安斯沃斯将婴儿分为"安全型"和"不安全型"两类(如表10-1)。

表10-1　婴儿依恋的类型和表现

依恋类型		妈妈返回时的表现
安全型		很高兴,靠近妈妈,伸手,等待妈妈拥抱; 在远处微笑或愉快地用手势打招呼; 妈妈拥抱后,平静地继续玩耍
不安全型	不安全—回避型	转过身去,不看妈妈,拒绝面对妈妈; 先靠近,然后再转向一边闷闷不乐; 入迷地玩地毯上的线头或茫然地拍打玩具
	不安全—矛盾型	仍然号啕大哭; 无力接近妈妈; 推开妈妈的拥抱; 在妈妈身边哭很久,不理会妈妈,也不要求拥抱

第二节 学前儿童情绪情感发展的特点

随着儿童的成长,其情绪情感日益丰富、复杂,主要呈现出社会化、复杂化和可控化的特点。

一、学前儿童情绪情感的社会化

儿童最初出现的情绪是与生理性需要相联系的,随着年龄的增长,情绪逐渐与社会性需要相联系。社会化成为儿童情绪情感发展的一个主要趋势。

有研究表明,儿童产生愤怒的原因有:第一,生理习惯问题,如不愿吃东西、睡觉、洗脸和上厕所等;第二,与权威的矛盾问题,如被惩罚、受到不公正待遇、不许参加某种活动等;第三,与人的关系问题,如不被注意、不被认可、不愿与人分享等。研究结果发现,2岁以下的儿童属于第一种情况的最多,3~4岁的儿童属于第二种情况的占45%,4岁以上的儿童则第三种情况最多。

(一)引起情绪反应的社会性动因不断增加

在3岁前儿童的情绪反应动因中,生理性需要是否满足居于主要地位。婴儿的情绪反应主要是和他的基本生活需要是否得到满足相联系的,如是否吃饱喝足、尿布是否干净等。

在3~4岁时,引起幼儿情绪反应的原因开始发生变化,从主要为是否满足生理性需要向主要为是否满足社会性需要过渡。在中、大班幼儿中,社会性需要的作用越来越大。如幼儿非常希望被人注意、被人重视、关爱,要求与别人交往,当幼儿受到老师和同伴的欢迎时,情绪良好积极,表现活泼可爱。由此可见,与成人和同伴的交往需要及状况是制约幼儿情绪产生的重要社会性动因。

幼儿的情绪情感与社会性交往、社会性需要的满足密切联系,幼儿的情绪情感正日益摆脱同生理性需要的联系,逐渐社会化。社会性交往、人际关系对儿童情绪情感的影响很大,是左右其情绪情感产生的最主要动因。

(二)情绪表现中社会性交往的成分不断增加

在学前儿童的情绪活动中,涉及社会性交往的内容随着年龄的增长而增加。一项研究发现,学前儿童交往中的微笑可以分为三类:第一类,儿童自己玩得高兴时的微笑;第二类,儿童对教师微笑;第三类,儿童对小朋友微笑。这三类中,第一类不是社会性情感的表现,后两类则是社会性的。该研究所得1岁半和3岁儿童三类微笑的次数比较如表 10-2 所示。

表 10-2　1 岁半和 3 岁儿童三类微笑的次数比较

年龄	自己笑		对教师笑		对小朋友笑		总数	
	次数	%	次数	%	次数	%	次数	%
1 岁半	67	55.37	47	38.84	7	5.79	121	100
3 岁	117	15.62	334	44.59	298	39.79	749	100

从表 10-2 中可以看出，从 1 岁半到 3 岁，儿童非社会性交往微笑的比例下降，社会性微笑的比例则不断增长。

(三)情感表达日益社会化

人类的情感表达主要是通过表情来进行的，表情是情绪的外部表现，包括面部表情、肢体语言和言语表情。儿童在成长过程中，逐渐掌握周围人的表情手段，表情日益社会化。

儿童表情社会化的发展包括理解面部表情和运用社会化表情手段的能力。研究表明，近 1 岁的婴儿已经能够笼统地辨别成人的表情，如果我们对小孩露出可怕的表情，他们一般会马上哭起来；如果我们露出笑容，他们也会笑起来。从 2 岁开始，幼儿已经开始能够运用表情手段去影响别人，并学会在不同场合运用不同方式来表达情感。如小孩摔倒时，如果在家人面前，可能一下子就哭出来了，但是如果是在幼儿园，可能因为要表现勇敢，所以强忍住眼泪。由此可知，随着年龄的增长，儿童解释面部表情和运用表情手段的能力都有所增长。一般来说，儿童辨别表情的能力高于制造表情的能力。

二、学前儿童情绪情感的复杂化

从情绪情感所指向的事物来看，其发展趋势是日益复杂化，主要包括情绪的丰富化和深刻化。

(一)丰富化

幼儿阶段的情绪已经非常丰富，和成年人差别不大，引起情绪体验的事物不断增加，从最初指向事物的外部特点到指向事物的内在特点发展，如从最初惧怕疼痛到害怕成人的恐吓等。

情绪的丰富化包括情绪过程越来越分化和情绪所指向的事物越来越多。

1.情绪过程越来越分化

刚出生的婴儿只有少数几种情绪，随着年龄的增长，其情绪不断分化、增加，从简单的哭、笑发展到产生尊敬、同情、羞愧、羡慕等,道德感、理智感和美感也开始出现。

2.情绪所指向的事物越来越多

随着年龄的增长,有些之前没有引起儿童体验的事物也引起了情感体验。例如,2~3岁年幼的儿童,不太在意小朋友是否和他共玩,而对于幼儿园的幼儿来说,小朋友的孤立以及成人的不理睬,特别是误会、不公正对待、批评等,都会使他非常伤心、难过。

(二)深刻化

随着幼儿感知、记忆、思维、想象的发展,幼儿的情感也日益深刻化,主要是指情感指向事物的性质发生变化,从指向事物的表面到指向事物的内在特点。如年幼儿童对父母的依恋主要是由于父母是满足他的基本生活需要的来源,而年长儿童对父母的依恋则已包含对父母的尊重和爱戴等高级内容。

刚出生时,婴儿的情绪多与生理性刺激相联系。到7~8个月时,幼儿的情绪情感开始与记忆相联系。幼儿可能对表示友好的陌生人产生恐惧,因为没有记忆,而3~4个月的幼儿则不会。两三岁之后,幼儿会因为听说黑夜有鬼而产生怕黑的情绪,这与幼儿的想象相联系。5~6岁的幼儿会因为考虑到病菌对身体不好而产生对病菌的害怕,表明这时候的情绪与思维相联系。

三、学前儿童情绪情感的可控化

幼儿情绪情感的发展也越来越受自我意识的支配,幼儿对情绪的把控能力也日益增强,主要有三个方面的表现。

(一)情绪的冲动性逐渐减少

幼小的儿童常常处于激动的情绪状态。在日常生活中,婴幼儿往往由于某种外来刺激的出现而非常兴奋,情绪冲动强烈。儿童的情绪冲动还常常表现在他用过激的动作和行为来表现自己的情绪。"六月的天,娃娃的脸",说的就是儿童情绪的冲动性表现。

随着幼儿脑的发育及语言的发展,情绪的冲动性逐渐减少。幼儿对自己情绪的控制能力越来越好,起初是在成人的要求下,由于服从成人的指示而控制自己的情绪。到幼儿晚期,对情绪的自我调节能力才逐渐发展。成人经常不断的教育和要求,以及幼儿所参加的集体活动和集体生活的要求、各项社会规则的要求,都有利于幼儿逐渐养成控制自己情绪的能力,减少冲动性。

(二)情绪的稳定性逐渐提高

婴幼儿的情绪是非常不稳定的、短暂的。随着年龄的增长,情绪的稳定性逐渐提高,但是,总的来说,幼儿的情绪仍然是不稳定、易变化的。婴幼儿的情绪不稳定与具体的情境有很大的关系,他们的情绪常常被外界情境所支配,某种情绪往往随着某种情境的出现而产生,又随着情境的变化而消失。如小孩因为得不到某样东西而大哭大闹,一旦得到之后很快又会破涕为笑;当妈妈离开时,某3岁幼儿哭着要妈妈,这时,阿姨给他一颗糖,孩子拿着糖高兴地笑了。

此外,孩子的情绪容易受周围人情绪的影响,表现为易感性。如一个孩子因为某件事高兴地拍起桌子来,周围的孩子也会跟着拍,而且也和第一个拍桌子的孩子一样兴高采烈;一个小朋友喊"叔权好""阿姨好",其他小朋友也跟着喊;一个小朋友拉着叔叔的手,表示要和叔叔一起玩,其他小朋友也会围上来,做同样的表示。幼儿晚期的情绪比较稳定,情境性和受感染性逐渐减少,这时期幼儿的情绪较少受一般人感染,但仍然容易受亲近的人,如家长和教师的感染。因此,父母和教师在幼儿面前必须注意控制自己的不良情绪。

(三)情绪情感的外显性逐渐降低

婴儿期和幼儿初期的儿童,不能意识到自己情绪的外部表现,他们的情绪完全表露于外,丝毫不加以控制和掩饰,想哭就哭,想笑就笑。但是随着言语和心理活动有意性的发展,幼儿逐渐能够调节自己的情绪及其外部表现。当幼儿意识到某些情绪表达不合时宜时,会对自己的行为进行适当的调节,如在伙伴面前显得更加勇敢,因为勇敢的小孩更受他人的欢迎。儿童调节情绪外部表现的能力比调节情绪本身的能力发展得早。婴幼儿情绪外显的特点有利于成人及时了解孩子的情绪,给予正确的引导和帮助。随着幼儿情绪情感的外显性逐渐降低,成人应更加细心地观察和了解幼儿内心的情绪体验,但是,控制调节自己的情绪表现以及情绪本身,是社会交往的需要,主要依赖于正确的培养。

第三节 学前儿童积极情绪情感的培养

一、积极情绪情感的作用

积极的情绪情感能促进幼儿的身心发展。专门的研究表明,情绪的体验是由皮下中枢的神经兴奋和在植物性神经系统中所产生的生理过程所决定的。皮下中枢对大脑两半球皮层也产生积极的影响,它是大脑两半球力量的源泉。情绪过程在人的有机体中能引起呼吸器官、消化器官、心脏—血管活动的一系列变化,因此,积极的情绪情感体验不仅对人的健康状况有良好的影响,也有利于暂时神经系统的形成和完善。

积极的情绪情感不但能促进幼儿身体的健康发展,还能促进幼儿智力的发展。心理学家哈洛克曾用实验证明,对学生来说,由于受到表扬而引起喜悦、快乐、得意等积极情绪,可以促进其智力发展。在幼儿园里,幼儿因情绪变化而影响其求知欲、智力的情况更是时有发生。我们对一些参加过音乐、舞蹈、电子琴、小提琴、美术等兴趣班的幼儿进行学习效果调查分析,结果发现,凡在各兴趣班中学习效果好、学习成绩优秀的幼儿均为课堂中受教师表扬、鼓励最多的幼儿。由此可见,积极的情绪情感的确是幼儿发展的催化剂。

积极的情绪情感能促进幼儿个性的发展。幼儿期特别是学前期,幼儿的情绪情感的发展开始进入系统化阶段:情绪情感中社会性交往的成分不断增加,引起情绪反应的社会性动因不断增强,社会性情感不断发展,初步萌发了道德感、美感、理智感等高级情感。学前儿童对情绪情感的调节能力也有所提高。加之幼儿总是受着特定的环境和教育的影响,这些影响经常作为系统化的刺激作用于幼儿,幼儿也就逐渐形成了系统化的、稳定的情绪。因而,积极的情绪情感对幼儿良好个性的发展和良好行为习惯的形成的作用是巨大的。

二、培养积极情绪情感的方法

(一)营造良好的情绪环境

婴幼儿的情绪容易受周围环境气氛和他人的感染,所以,婴幼儿情绪的发展主要依靠周围情绪气氛的熏陶。

1.保持和谐的气氛

现代社会的急剧变化和竞争的环境,使人容易处于紧张和焦虑之中,这对儿童的发展非常不利。因此,在家中要有意识地保持良好的情绪气氛,布置一个有利于情绪放松的环境,避免脏乱、嘈杂,成人之间要互敬互爱,家庭成员之间也要使用礼貌用语,并努力避免激烈的冲突。当幼儿处在一种关心、体贴、信赖、温暖的情绪情感气氛中,并被这种气氛所吸引时,就会表现出争先恐后、想亲自一试的欲望。每年小班新生入园一段时间后,你就会看到这样的场面:"你最喜欢谁?""妈妈。""还喜欢谁?""老师。""怎么喜欢呀?"这时全班的幼儿都会争先恐后地"抢"老师,把自己喜爱的老师团团围住,搂着、抱着、贴着、亲着,尽情地表达他们对老师的喜爱。这情景令人感动,主要是因为满足和激发了幼儿积极的情绪情感体验。

2.建立良好的亲子情和师生情

正确对待幼儿的依恋,对孩子的情绪发展有重要意义。母亲在给孩子喂奶时,就要注意与孩子的感情联系。有的母亲认为孩子小、不懂事,把喂奶过程只当作事务性动作,这不利于孩子的情绪发展。分离焦虑或不能从亲人那里得到爱的满足,可能导致婴幼儿情绪发展的障碍,其不良影响甚至会延伸到日后的发展中。孩子初次入托或上幼儿园的时候,是分离焦虑容易加剧的时期。这时,孩子不但较长时间离开亲人,而且离开了熟悉的环境,哭泣和不安是经常发生的,父母和老师的态度在这时起着重要的作用。

幼儿园的师生情,主要在于教师有意识地培养,幼儿需要得到教师较多的注意、接触和关爱,特别是教师对幼儿的理解和尊重。比如,幼儿园小班的幼儿,很愿意搂着老师,让老师摸摸头、亲一亲。有位老师规定,谁做得好,就让他多骑一次"大马"(骑在老师的腿上),小班幼儿很喜欢争得这种奖励。大班幼儿更多注意老师对自己的态度。

(二)成人的情绪自控

成人的情绪示范对孩子情绪的发展十分重要。成人愉快的情绪对孩子的情绪是良好的示范和感染,因此,成人要善于控制自己的情绪。家长喜怒无常,孩子就会无所适从,情绪也就不稳定。

(三)采取积极的教养态度

1.肯定为主,多鼓励进步

许多父母常常对孩子说"你不行""太笨了""没出息"等,经常处于这些负面影响下,孩子情绪消极,也没有活动热情。有个孩子平时画画并不太好,当他在幼儿园画的画第一次拿到奖品一张小画片回家时,妈妈高兴地说:"太好了!孩子,我知道你能行,你画的大红花多么漂亮!"从此,孩子对美术产生了兴趣,每次画完一张,都拿给妈妈看,妈妈总是说他画得好、有进步,孩子果然越画越好了。3岁的丁丁,不愿意上幼儿园,每次外出总是撒开欢儿疯跑,完全不听妈妈的召唤,在家里更是无法无天,不会用礼貌用语,随便乱扔东西,随意用小车撞人,甚至还撞妈妈,动不动就毫无顾忌地哭闹。或许你会觉得这真是一个让人操心的、不听话的孩子。在育儿师进入丁丁的家庭之后才发现,丁丁的妈妈十分漂亮,仅 26 岁,育儿知识和生活常识十分缺乏,丁丁的一切行为都是由于妈妈的教育不当所致。

2.耐心倾听孩子说话

孩子总是愿意把自己的见闻向亲人诉说。当孩子感受到和老师亲、对老师信任时,也总是愿意向老师诉说。可是成人往往由于自己太忙,没有时间听孩子说话。有时成人认为孩子说的话幼稚可笑,不屑一听。这些都会使孩子感受到压抑,感受到孤独,因而情绪不佳。有时孩子因此出现逆反心理,故意做出错误行为,以引起成人的注意。

3.正确运用暗示和强化

婴幼儿的情绪在很大程度上受成人的暗示。比如,有位家长在外人面前总是对自己的孩子加以肯定,说:"我们小妹摔倒了从来不哭。"她的孩子果真能控制自己的情绪。另一位家长则常常对别人说:"我们的孩子就是爱哭。""他就是胆小。"这种暗示则容易使孩子养成消极情绪。

(四)帮助孩子控制情绪

幼儿不会控制自己的情绪,成人可以用各种方法帮助他们控制情绪。

1.转移法

两三岁的孩子在商店柜台前哭着要买玩具,大人可以用转移注意的方法,说"等一会儿,我给你找一个好玩的",孩子会跟着走了。可是有时此法不奏效,往往是由于大人只是为了哄孩子,回家后就忘记了自己的许诺,以后孩子就不再"受骗"了。4 岁以后的幼儿,当他处于情绪困扰之中时,可以用精神的而非物质的转移方法。例如,孩子哭时,对他说:"看这里这么多的泪水,我们正缺水呢,快来接住吧!"这时爸爸真的拿来一个杯子,孩子就破涕为笑了。有个幼儿总是爱哭,大人对他说:"你眼睛里大概有小哭虫吧,它让你总哭,来,咱们一起捉小虫吧!"孩子的情绪也就转移了。

2.冷却法

孩子情绪十分激动时,可以采取暂时置之不理的办法,孩子自己会慢慢地停止哭喊,这就是所谓的"没有观众看戏,演员也就没劲儿了"。当孩子处于激动状态时,成人切忌激动起来,如对孩子大声喊叫"你再哭,我打你"或"你哭什么,不准哭,赶快闭上嘴"之类。这样做会使孩子的情绪更加激动,无异于火上加油。有位母亲使用了以下方法:一天,孩子上床睡觉前非要吃糖不可,妈妈说没有糖了,孩子便用高八度的嗓门哭起来。妈妈冷静地打开录音机,录下孩子的尖叫声,然后放出来。孩子听见声音,停止哭闹,问:"谁哭呢?"妈妈说:"是个不懂事的孩子,他大哭大闹,吵得别人睡不好觉。

他有出息吗?"孩子答:"没出息。"妈妈说:"你愿意和他一样吗?"孩子回答:"不愿意。"妈妈又说:"那你就不要大嚷了,睡觉时吃糖,牙齿要痛的。等明天买了糖,给你吃,好不好?"孩子安静地答应了。

3.消退法

对孩子的消极情绪可以采用条件反射消退法。比如,有个孩子上床睡觉要妈妈陪伴,否则就哭闹。妈妈只好每晚陪伴,有时长达一个小时。后来父母商量好,采用消退法,对他的哭闹不予理睬,孩子第一天晚上哭了整整50分钟,哭累了也就睡着了。第二天晚上只哭了15分钟。以后哭闹的时间逐渐减少,最后不哭也能安然入睡了。

(五)教会孩子调节自己的情绪表现

儿童表现情绪的方式更多是在生活中学会的,因此,在生活中,有必要教给孩子有意识地调节情绪及其表现方式的技术。比如,儿童在自己的要求不能满足时,会大发脾气、跺脚,甚至地上打滚,这是不正确的情绪表现方式。在成人的教育下,儿童逐渐懂得,发脾气并不能达到满足要求的目的,他会放弃这种表现方式。可以教给孩子一些调节自己情绪的技术。

1.反思法

让孩子想一想自己的情绪表现是否合适。比如,在自己的要求不能得到满足时,想一想自己的要求是否合理;和小朋友发生争执时,想一想是否错怪了对方。

2.自我说服法

孩子初入园由于要找妈妈而伤心地哭泣时,可以教他自己大声说:"好孩子不哭。"孩子起先是边说边抽泣,以后渐渐地不哭了。孩子和小朋友打架,很生气时,可以要求他讲述打架发生的过程,孩子会越讲越平静。

3.想象法

遇到困难或挫折而伤心时,想象自己是大姐姐、大哥哥、男子汉或某个英雄人物等。随着儿童年龄的增长,在正确的引导和培养下,孩子能学会恰当地调节自己情绪情感的表现方式。

📖 扩展阅读

案例分析

一、案例

兰兰是个5岁的女孩,她在家里十分讨爸爸妈妈欢心。她会经常对爸爸说:"我很想念你哟!你能不能早些回来呀?"早晚她都会亲吻爸爸;她会把在幼儿园发生的事对妈妈讲,哪怕是一些很细微的事;她会为下班的爸爸放好鞋子,会拿着与妈妈一同去买回来的大包小包的物品上楼梯;她会和爸爸妈妈玩在幼儿园玩过的游戏,表演节目给爸爸妈妈看,自觉地练琴和照老师吩咐的去做练习。当父母带兰兰外出时,兰兰却和在家里截然不同,任父母怎样哄她,她都不爱说话,也不愿意向叔叔阿姨问好。因而,妈妈下了一个结论:兰兰很害羞。虽然兰兰在家里也经常提起叔叔阿姨,但在和叔叔阿姨一起用餐时,她却是一脸不高兴的样子。妈妈去打听兰兰在幼儿园的情况,老师说,兰兰每天都是第一个到幼儿园,很乐意当老师的小助手,为小朋友做这做那,也喜欢画画、弹钢琴、跳舞,几乎是班里数一数二的能干孩子,老师经常让她表现自己,让她锻炼胆量。可是,她见了叔叔阿姨不主动打招呼,在外面进餐时总没有好表现。

二、点评

从兰兰的种种表现来看,她并不是害羞,而是在耍脾气,希望爸爸妈妈、叔叔阿姨更关注自己。从幼儿心理发展的角度分析,兰兰是一个自我意识发展比普通孩子快的孩子,她观察细致、情感细腻、好胜心也很强,特别在乎别人关注她、哄她开心。甚至可以说,她较懂事,会分析成人的各种表现。从儿童智力发展和情商发展的角度来看,兰兰的智力发展较好。兰兰的父母认为她只是害羞,无疑为她的不良表现找到了理由。其实,兰兰的情商发展水平是远远低于智商发展的。

三、心理辅导要点

分析对兰兰的教养方式,不难发现,兰兰的父母存在重智商、轻情商的偏差,对孩子的发展情况认识不足,把耍脾气误看作害羞;分析兰兰成长的家庭环境,那是个四口之家,奶奶、妈妈都对兰兰过分关注,都想尽种种办法照顾她、逗她。要对兰兰进行辅导,关键在于父母应该做到以下几点。

1. 学习有关幼儿情商发展的知识,认识情商的发展对孩子成长的意义,正视孩子情商发展不良的事实。

2. 不再给孩子以"害羞、胆小"的理由,认为孩子只是耍脾气,应该让她正视自己内心的感受,学会正确地表达自己的情绪情感,而不是逃避,采取"发脾气"的形式。要让孩子意识到,变相地表达情感,没有人能猜到,也不利于交往和成长。

3. 相信孩子能照顾自己,不要给她过多的关注,以致让她感到太受束缚,而是适当地对她进行冷处理,然后巧妙地引导她达成父母对她的期望。

4. 在日常相处的时候,用评价别的孩子的方法,引导她懂得,能控制自己情绪的孩子是更让人喜欢的,激发她在外人面前展现自我的愿望。

5. 与老师配合。当发现她在控制住自己的情绪,乐于表达自己的快乐,有适合于各种场合的情绪反应时,就让老师单独鼓励她、暗示她继续做好。

总之,父母应该对孩子经常在同一种情况下耍脾气引起足够的重视。

资料来源:赵冬梅.案例解析幼儿情绪情感培养[J].教育导刊(下期),2009(10).

第四节　学前儿童情绪情感的研究

目前,学前儿童情绪情感的研究比较多的是实验研究和评估测量。

儿童情绪情感的波动伴随着一系列的行为变化,包括生理、表情和体验三种成分,因此,对儿童情绪情感的测量研究主要从三个方面进行(秦金亮,王恬,2013):对生理反应的测量包括循环系统、呼吸变化、皮肤电反应、声音应激分析、神经内分泌等方面;表情主要根据 Ekman 的 FACS 和 Izard 的 MAX 进行分析,根据区分面部运动的综合系统——面部活动编码系统和儿童面部表情变化编码系统,判定其属于何种表情;体验则是通过儿童报告其直接感受的经验或要求儿童完成命名、匹配或表现情绪性表情,从而评定儿童对自己或其他人情绪的解释。

一、儿童生气情绪的发展研究

实验目的:从面部表情入手考察 4~9 个月婴儿的生气情绪发展。

实验工具:视听觉刺激(五颜六色的小玩偶和无意义的音节)、婴儿椅、录像设备、面部活动编码系统。

实验结果:4 个月的婴儿已经表露出生气的面部表情;4~9 个月的婴儿越来越多地表现出生气的情绪。

二、儿童情绪理解能力的发展研究

实验目的:系统评估儿童的情绪理解能力。

实验工具:情绪理解测验(TEC)。

实验结果:儿童表情识别能力的发展主要集中于 2~4 岁,4 岁以上的儿童已经能够正确识别伤心、生气和害怕等消极情绪和高兴等积极情绪,而一般情绪的表情要 5 岁以上才能完全正确识别。

三、失望情境下儿童情绪表现规则的研究

实验目的:失望情境下学龄前男性儿童和女性儿童表达控制能力与破坏行为间的关系。

实验工具:问卷和失望情境。

实验结果:在社会场景下,儿童较少表露出不悦情绪,但独处时表现出较多的生气、厌恶等消极情绪。在社会场景下,高风险男孩展露出更多和更长时间的负性情绪。

第五节　学前儿童情绪情感的测量与评估

一、学前儿童情绪情感的测量项目与评估标准

学前儿童情绪情感的测量项目与评估标准见表10-3。

表 10-3　学前儿童情绪情感的测量项目与评估标准

测量项目	一级	二级	三级
情绪的表达	能用多种正确的方式向周围人们表达自己的情绪和情感	逐步学会运用多种方式表达自己的情绪和情感	较多运用表情和动作的方式表达自己的情感
情绪的控制	对情绪和情感会加以合理地控制，会把握情绪和情感的表达分寸，能顾及他人、顾及后果	逐步学会控制自己的情绪和情感，情感和情感不太稳定，有时表达情感能顾及他人的感受	控制自己情绪和情感的能力较差，情感和情感很不稳定，表达情感时不能顾及他人的感受
高级情感	有一定的责任感和集体荣誉感，萌发爱自己的国家和家乡的情感；爱探究周围的世界，总爱问"为什么"；有初步的感受美和表现美的情趣	有初步的道德感，能评价自己和他人的行为；对周围的世界充满好奇，总爱问"是什么"；喜欢美的事物或现象	道德感主要依赖于别人的评价，能初步判断个别行为的好坏；有一定的好奇心；表现美的能力较差

二、学前儿童情绪情感的测评方法

(一) 观察法

通过观察幼儿的要求无法得到满足、遇到挫折或者受到表扬时的情绪表现来测量其情绪情感的发展水平。

(二) 调查法

通过向家长进行访谈调查或者问卷调查来了解幼儿情绪情感的发展水平。

(三) 测验法

通过创设各种情境来测量幼儿情绪情感的发展水平。

本章小结

1.情绪和情感是个人的感受和体验,是个体对于外界事物的一种态度反应。

2.按照情绪发生的强度和持续时间的长短,可以将其划分为心境、激情和应激三种状态。根据情感社会内容的不同,可以将其划分为道德感、理智感和美感三类。

3.学前儿童的情绪情感日益表现出复杂化、社会化和可控化的特点。

4.培养积极的情绪情感主要从营造良好氛围、家长示范、采取积极的教养态度等方面着手。

5.对儿童情绪情感的研究主要采用实验法和测评法。

课后巩固

一、填空题

1.情绪与情感的差异主要从_____、_____、_____三个方面体现出来。

2.情绪可以分为三种状态,具体包括心境、_____和_____。

3.心境是一种微弱、_____而_____的情绪状态。

4.儿童出生以后,最明显的情绪表现是_____。

5.人类的情感表达主要是通过表情来进行的,表情包括_____、_____和_____。

二、选择题

1.不属于儿童情绪情感调节方法的是(　　)。

  A.反思法　　　B.自我说服法　　　C.自然后果法　　　D.想象法

2.不属于学前儿童情绪情感发展特点的是(　　)。

  A.复杂化　　　B.社会化　　　C.单一化　　　D.可控化

3.刚出生时,婴儿对人的表情是没有太大差别的,在(　　)之后开始出现明显的差别。

  A.3~6个月　　B.6~8个月　　C.8~10个月　　D.10~12个月

4.不属于学前儿童情绪情感发展的可控化特点的是(　　)。

  A.外显性降低　　B.目标性增强　　C.稳定性增加　　D.冲动性减少

三、简答题

1.培养学前儿童积极情绪情感的方法主要有哪些?
2.学前儿童情绪情感发展的特点有哪些?

四、实践作业

选取两名幼儿,观察其在遇到挫折时的具体表现并进行记录,了解二者在情感的表达、控制方面存在的差异,对其情绪情感的发展水平进行测评。

第十一章 学前儿童社会性的发展

案例导读

玩娃娃家的时候,假扮妈妈的西西总是一刻不停地抱着娃娃不放。这时,假扮阿姨的小鱼也想和西西一起照顾娃娃,也想抱抱娃娃,可西西却十分粗暴地一把夺过娃娃,还推了小鱼一把。

问题聚焦

西西为什么出现这种行为?孩子出现这种行为能够判定其道德品质出现了问题吗?

学习目标

1. 知道亲子关系、同伴关系的概念。
2. 理解学前儿童的亲子交往、同伴交往及社会性行为发展的特点。
3. 了解学前儿童亲社会行为、攻击性行为的发生和发展。
4. 掌握培养幼儿良好的社会性行为的方法。
5. 了解学前儿童社会关系发展的研究方法和测量评估。

第一节　学前儿童的社会性概述

一、社会性的内涵

当一个人独处的时候,是谈不上社会的,但身边只要再有一个人,社会就构成了。一个家庭,就是一个小社会;一个单位,也是一个小社会。凡是有人群的地方,就有各种各样的社会,人的生存一天也离不开社会。人每天都在各种小的、中型的、大的社会群体中,充当着各种角色,表现着自己的社会性。你跟别人打交道的方式,你对别人的态度,你怎样受别人的影响,你怎样影响别人……所有这一切,都是一个人社会性的表现以及表现自己社会性的方式。

二、社会性的内容

关于社会性的内容,心理学家、教育学家、社会学家、人类学家都在关注,但关注的角度有所不同。心理学家重视个体在社会性发展和演变中的那些心理规律,试图发现人的遗传因素、情绪、气质等怎样在其中发挥功能,以及个体之间、不同性别之间的差异。教育学家重视教育对儿童社会化过程的影响与作用,试图寻找有效的措施和训练、组织方法,因此,他们非常重视心理学家所发现的那些个体社会化的规律。社会学家重视的是人类生活、学习、工作、娱乐的所有基本单元,即各种人的群体,如家庭、工作单位、非正式群体、临时群体,而不是个体;他们最感兴趣的是所有这些群体怎样对人的社会化产生影响和发挥作用,这些群体怎样演变;他们还关注社会大环境、大背景,如政治、经济、法律、传播媒介等怎样迂回入人的社会化过程以及群体的演变中。

关于社会性的具体内容,东西方学者均有不同的论述。西方有些学者认为,人的社会性主要包括人的社会知觉和社会行为方式。通过社会知觉,人们觉察他人的想法,向他人表达行为的动机和目的;通过对社会行为的学习,人们掌握约定俗成的举止方式、道德观念,从而能够适应自己所生存的社会。我国有些学者则认为,社会性的内容包括运用语言的交际能力,友好相处的能力,自律的能力,表现与理解的能力,良好的生活、卫生、学习习惯等。总之,尽管对社会性的描述不同,但其实质内容都是一致的,即学习如何与别人友好相处并适应环境的能力。

三、影响儿童社会性发展的因素

儿童的社会化是儿童在一定的社会环境中,通过与环境的相互作用,不断地由一个自然人发展为一个社会人的过程。儿童从一个生物个体到一个社会成员的转化,是由多种因素促成的。

(一)环境因素

1.自然环境对儿童社会性的影响

俗话说"一方水土养一方人",人的性格、习惯以及地域风俗等,与当地的气候、地理等自然环境有着密切的联系。研究表明,生活在热带的人和生活在寒带的人具有不同的性格特征:北方气候干燥寒冷、地域辽阔、天空高远、植被贫乏,在这种环境中生活的人大多粗犷、豪爽;南方气候温暖湿润、江河纵横、山清水秀、植被丰富,人们的性情多温柔、委婉。儿童从出生即生活在一定的自然环境中,时时受到大自然的熏陶和影响,在社会性的发展过程中,也就很自然地受到自然环境的影响,形成自己特殊的社会性特征。

2.社会环境对儿童社会性的影响

影响儿童社会性发展的主要因素是社会环境,主要包括家庭环境、幼儿园环境、社区环境和大众传媒等因素。学前儿童基本上都在家中生活,在家长的抚育下长大,因此,家庭环境对儿童的影响最为关键。弗洛姆曾说:"家庭是社会的精神媒介,通过使自己适应家庭,儿童获得了后来在社会生活中适应其所必须履行的职责的性格。"家庭物质条件、家庭结构、家长的教育观念和教养方式以及亲子关系等都会直接影响儿童社会能力的形成和发展。

(二)儿童自身的因素

1.儿童的气质对社会性的影响

不同气质的儿童在社会交往方面表现出了一定的差异。例如,在亲子交往方面,容易抚育的儿童由于生活有规律、适应环境、哭闹少、易于教养等而容易给父母带来愉悦的情绪,父母也会给予婴儿更多的关爱,因而亲子关系良好,儿童的情绪和行为也更加积极;抚育困难的儿童由于经常哭闹、情绪不稳定、反抗行为较多、不易教养等给父母带来不愉快的机会较多,容易使父母给予更多的禁止和警告,父母甚至会打骂孩子或者放弃管教,因而亲子之间的冲突也较多。可以说,气质影响儿童的行为表现,进而影响亲子关系和父母的教养方式,父母的教养方式又影响儿童自身社会性的发展。

在幼儿园,多血质的儿童更喜欢参加各种活动,在人际交往上也多采取积极主动的态度,人际交往范围广,但交往对象易变,人际关系维持时间较短。胆汁质的儿童主动交往多,但脾气急躁,容易出现攻击性行为和交往冲突。黏液质的儿童沉静、稳重,不善于主动与人交往,但交往中较少与同伴发生冲突,人际关系较好。抑郁质的儿童性情孤僻、胆小怯懦,人际交往不易主动,而且交往范围小,不易出现攻击性行为。

2.儿童的认知水平对社会性的影响

一切外界影响,只有在儿童注意并认识了其意义之后,才有可能转化为自己的观念和行为。儿童的认知水平对于其了解社会知识与社会现象、遵守社会规则、产生相应的社会行为等有着直接的影响。例如,教师对幼儿"与小朋友友好相处"的要求,只有在儿童理解了与小朋友友好相处的意义,并且知道了如何与小朋友友好相处的基础上,才能够逐渐克服自我中心,做到与小朋友友好相处。否则,儿童可能因为对这项要求不理解、不清楚而出现言行不一致的情况。守纪律、有责任心等社会行为也都是儿童接受与领会外部的社会要求,并逐渐转变为自己的内部要求的结果。

3.儿童参与的积极性对社会性的影响

环境对儿童的影响,必须在儿童与环境的相互作用中才能发挥出来。儿童只有与环境相互作用,主动适应环境,参与各种活动,才能接受来自环境的影响。如果不参与或参与较少,对环境回应少或没有回应,旁观行为较多,态度比较被动,则可能会使得环境的影响难以进入儿童的主观世界,难以发挥影响作用。

研究表明,积极参与各种活动的儿童在形成概念、解决问题、社会交往能力、个性品质等方面都有良好的发展。在相同的条件下,主动参与的程度是影响个体心理发展出现性质与水平差异的重要原因。

第二节 学前儿童的亲子交往

俗话说:"父母是孩子的第一任教师。"儿童在出生以后,最初接触到的社会环境就是家庭环境,最初的社会交往就是亲子交往。亲子关系是家庭中最基本、最重要的一种关系,也是儿童的社会关系中出现最早和持续最久的关系。亲子情感是学前儿童与父母相互情感交流的特殊反映形式,是子女对家庭能否满足自己生理、心理需要所产生的内心体验。建立良好的亲子关系,使父母能正确地对待学前儿童的需要,适度地满足他们的生理和心理需要,这对学前儿童的健康成长将产生良好的促进作用。

一、亲子交往的内涵

(一)亲子交往的概念

亲子交往是指儿童与其主要抚养人(主要是父母)之间的交往,是儿童与主要抚养人之间进行的语言的和非语言的信息传递和理解反馈的过程。亲子关系是儿童早期生活中最主要的社会关系,亲子交往是帮助儿童从自然人走向社会人的重要途径。

儿童从出生开始,就与周围世界发生着各种各样的关联,就开始了社会性发展的进程。在交往的过程中,掌握社会规范,形成社会技能,学习社会角色,获得社会性需要、态度和价值观,发展社会行为,并以自己独特的方式来适应、影响周围的社会环境,从而完成从自然人向社会人转变的社会化过程。这其中,亲子交往、同伴交往、师幼交往都是学前儿童社会化的重要途径。

(二)亲子交往对学前儿童社会性发展的重要影响

亲子交往对学前儿童社会性发展的重要影响主要体现在认知能力、情绪情感、社会性行为、道德品质和行为等方面。

第一,早期的亲子交往为儿童提供了丰富的刺激,为儿童认识周围世界、发展认知能力创造了条件。婴幼儿因其整体发育发展水平的局限,对成人表现出极大的依赖性,他们只有在父母的细心呵护与帮助下才能满足基本的生理需要,同时实现与外界环境的相互作用。在与父母频繁的接触中,婴幼儿学习大量的日常生活知识,认识各种日常用品的名称、功能、使用方法,学会不同种类玩具的操作、玩法;同时,在父母的引导和帮助下,婴幼儿注意观察身边的人、事、物,锻炼注意力和感知力,并奠定其好奇心和求知欲的最初基础。有关研究指出,缺乏早期亲子交往经验的儿童,智力、语言能力和探索欲等方面均比亲子交往经验丰富的同龄儿童差。

第二,父母对婴幼儿情绪情感的稳定和健康发展起着极为重要的作用。关于依恋的研究结果表明,当父母在场时,儿童往往更加安静、坦然、踏实,更具有完成任务的坚持性;就连父母的声音或者录像,也对儿童具有"安慰剂"的功效,能使他们更加轻松地应对外界陌生环境,从紧张、焦虑、恐惧的状态中解脱出来,恢复平静。此外,父母对孩子平时所表现出的关怀、支持和鼓励,非常有助于儿童积极、愉快的情绪情感的获得与发展,有利于儿童形成对他人的关爱、善良、同情、体贴,并对儿童自信心和自尊感的形成具有积极的影响。许多成人在追忆童年经历时都能深刻体会到这一点。

第三,父母与儿童的交往对学前儿童社会性行为和交往的发展、道德品质和行为的形成更具有直接的影响。在亲子交往中,父母代表着一定的社会阶层或观念、文化,必然不自觉地向儿童传授着多方面的社会知识、道德准则、行为习惯和交往技能;同时,也为儿童提供了练习有关社交行为和技能的最佳场所,并在其中给以大量的帮助、指导、纠正或者强化。儿童的许多社会性行为,如分享、谦让、轮流、协商、帮助、友爱、尊敬长辈、关心他人等,就是在与父母的交往中,在父母的指导和要求下逐渐习得并发展。早期的亲子交往经验对儿童的同伴交往、师幼交往等也有相当明显的影响,甚至会影响儿童成年后的人际交往方式和态度。

亲子交往不良,必然会影响儿童认知能力的发展,影响儿童情绪情感的发展,影响儿童个性和社会品质的发展。目前,社会上出现的各种青少年犯罪,大多数都是儿童在早期生活中缺乏正常的亲子交往造成的。

二、亲子交往的作用机制

婴幼儿与父母的交往对其各方面的心理发展均有重要的影响,这些影响是通过父母示范、行为强化和直接指导等途径实现的。

(一)父母示范

日常生活中,父母的许多行为方式、态度、言语、价值观,都起着示范、榜样作用,被孩子观察和模仿。这些模仿有些是有意识的,但是大多是在无意识之中进行的。父母在儿童面前所表现出的一些行为和态度、言语,都可能成为儿童模仿的对象。婴幼儿经常会表现出一些父母意想不到的行为,如像父亲一样说粗话骂人、穿妈妈的高跟鞋、涂妈妈的口红等。因此,作为父母,要时刻注意自己的言行举止,为儿童的心理、行为发展发挥良好的示范作用。

(二)行为强化

行为强化是指父母在与子女的交往过程中,通过对儿童行为的不同反应来巩固或者改变他们的行为方式或态度习惯。父母改变儿童行为的方法主要有以下几种。

1.权力控制

权力控制主要是以惩罚相威胁,使儿童改变违反规则的行为。权力控制往往在短期内有明显的效果,但缺乏长期效果,而且不利于儿童将外界规则内化,同时还有可能对孩子的自尊心和自我控制能力的发展有消极影响。

2.撤除关爱

撤除关爱是通过惩罚达到的一种行为强化,它是指当儿童行为不当时,父母以不赞成的语言,如"如果你再这样做,我就不喜欢你了",或者采取冷淡、不予理睬的态度,指出儿童的错误,间接地给以惩罚。这种方法被父母广泛使用,有比较明显的及时效果,往往能使儿童马上服从,但它不利于规则内化,而且可能导致儿童安全感缺失、焦虑等,造成情感、行为上的无能。

3.引导法

引导法是指父母通过多种形式引导儿童集中注意有关行为标准,使他们理解行为准则的含义和社会价值,从而主动地按照这些行为要求去与他人交往。这种方法如果与奖励和惩罚相结合,会使儿童自觉注意到有关准则,并将准则内化为自己的行为。

父母巩固儿童行为的方式主要是表扬和奖励,即父母通过积极、肯定的评价,或者微笑、爱抚的情感表达,或者物质奖励,对儿童的良好行为做出积极强化,使其良好行为得以维持。这种方法若与引导法相结合,可以进一步促使儿童认真对待引导的事物。但是,表扬和奖励的强度不可过大、使用不宜过频,否则儿童专注于表扬的外在动机形成,而不利于内在动机的形成。

(三)直接指导

直接指导是父母与儿童交往中影响儿童的常用的、较有效的一种方式。根据一定社会的道德规范、价值取向和自身的知识经验,父母从儿童小的时候开始就对其灌输有关社会、人际交往、行为规范等多方面的知识,并直接要求、训练儿童的行为,同时告诉儿童交往的积极方式以及解决问题的办法等。通过直接指导,儿童能更快地了解社会,明确社会行为及评价标准,并初步形成解决问题的能力。

三、教养方式对儿童发展的影响

亲子关系中父母对孩子的教养方式通常被分成四种类型:权威型、专断型、放纵型和忽视型。不同类型的教养方式对幼儿的影响是不同的。研究证明,权威型的亲子关系最有益于幼儿个性的良好发展。

(一)权威型

权威型父母对孩子是慈祥的、诚恳的,善于与孩子交流,支持孩子的正当要求,尊重孩子的需要,积极支持子女的爱好、兴趣;同时对孩子有一定的控制,常对孩子提出明确又合理的要求,将控制、引导性的训练与积极鼓励儿童的自主性和独立性相结合。在这样的家庭中,父母与子女的关系融洽,孩子的独立性、主动性、自我控制、信心、探索性等方面发展较好。

(二)专断型

专断型父母给孩子的温暖、培养、慈爱、同情较少,对孩子过多地干预和禁止,对子女态度粗暴,甚至不通情达理,不尊重孩子的需要,对孩子的合理要求不予满足,不支持子女的爱好、兴趣,更不允许孩子对父母的决定和规定有不同的意见。这类家庭培养的孩子,或是变得驯服,缺乏生机,创造性受到压抑,无主动性,情绪不安,甚至带有神经质,不喜欢与同伴交往,忧虑,退缩,怀疑;或是变得自我中心和胆大妄为,在家长面前和背后言行不一。

(三)放纵型

放纵型父母对孩子的态度一般是关怀过度,百依百顺,宠爱娇惯;或是消极的,不关心,不信任,缺乏交谈,忽视他们的要求;或只看到他们的错误和缺点,对子女否定过多;或任其自然发展。这类家庭培养的孩子,往往好吃懒做,生活不能自理,胆小怯懦,蛮横胡闹,自私自利,没有礼貌,清高孤傲,自命不凡,害怕困难,意志薄弱,缺乏独立性等。

(四)忽视型

忽视型父母对孩子缺少必需的行为要求和控制,缺乏对孩子爱的情感和积极的反应,亲子交往很少,互动更少。在这类教养方式下成长的儿童,往往具有较强的冲动性和攻击性,很少换位思考,对人缺乏热情,对事情缺乏兴趣和热情。相对于前面三种教养方式下成长的儿童,这类儿童在成长过程中更容易出现不良的行为品质。

四、亲子交往的影响因素

亲子交往作为互动的过程,亲子间的相互作用并不是孤立存在的,它受到来自亲子双方及周围环境的诸多因素的制约。

首先,父母的性格、爱好、教育观念及对儿童发展的期望,对其教养行为有直接的影响。脾气暴躁的人容易成为专断型的父母,对孩子的发展抱有极高期望的父母往往采用高控制的教养方式;相反,脾气温和、性格平稳的父母比较容易接受孩子的行为和态度。父母的教育观念也会对孩子产生影响,如那些认为"棍棒底下出孝子"的父母,很少考虑孩子行为的原因,忽视孩子的愿望和要求,并采用严厉的惩罚措施来纠正儿童的"不良行为表现"。

其次,父母的受教育水平、社会经济地位、宗教信仰以及父母之间的关系状况等,通过父母一方间接地影响着亲子交往的状况。父母的受教育水平越高,科学育儿观念越强,亲子交往关系就相对密切。国外一些研究表明,从事知识性、层次性较高工作的母亲,在亲子交往中多采用引导、说理和鼓励的抚养方式,亲子关系比较融洽,儿童发展也比较顺利。相反,母亲没有工作,家庭经济紧张,母亲在与儿童交往中容易缺乏耐心,多采用简单化的或者训斥拒绝的教养态度,影响亲子关系和儿童发展。

再次,儿童自身的性情和性别等的特点及发育水平是影响亲子交往的另一个重要因素。托马斯、切斯与比奇根据研究,把婴儿的性情分为四种不同的、父母容易识别的类型:容易相处型、难以相处型、慢热型和混合型。很多研究表明,婴儿的性情影响父母与婴儿之间的交往关系,反之亦然。如母亲与婴儿之间紧张的交往模式对那些难以相处型婴儿来说,会使他们表现出连续不断、极端的哭叫行为,这些婴儿的母亲表现出更少的自信、更多的焦虑、更多的失败与抑郁、更容易发怒。

最后,儿童的性别也影响亲子交往。一般父亲更愿意与儿子进行交流,母亲更愿意与女儿交流。在性别的一致性方面,父母会针对男孩和女孩进行不同的积极强化。例如,父母对女儿的照料更细致,对男孩的照料更粗放。

此外,亲子交往还受到家庭以外的其他许多因素的影响,如邻里、社区的风气、舆论、民族的传统、风俗习惯,以及托儿所、幼儿园的要求和教养方式等。

了解了上述影响,更有助于我们理解父母对儿童的教养行为,理解父母与儿童的相互交往,并有效地提出调整建议,协调儿童发展与父母教养之间的关系,尽可能地为儿童保持或者改变、创造一种良好、积极的亲子关系。

五、父亲对儿童发展的影响

由于父母之间在性格、体力、能力等方面的差异,父亲与儿童交往的内容和方式具有其独特之处:一方面,父亲与儿童在一起时多进行游戏活动,而不像母亲那样用大量时间照料孩子的生活;另一方面,父子间的交往多是身体运动。观察发现,父子一起进行的游戏活动往往比母子游戏活动具有更大的刺激性,运动量更大,且更具有新异性。正是由于父亲与儿童交往的独特特征,使父亲成为儿童发展中的一个重要人物,对儿童认知、情感、社会性等方面的发展都具有独特的作用。

百度拾遗

爸爸和1岁以内宝宝玩的几种游戏

一、0~3个月年龄段

发育特征:孩子在出生的头几个月,无法长时间集中注意力,他对不移动的物体会很快就失去兴趣。

1.和孩子说话,唱歌给他听

幼儿通常比较喜欢音调较高的女性声音,特别是自己母亲的声音。女性对孩子的说话方式会变化,加入一些持续的渐强与渐弱以及夸张的声音;但是,父亲的说话方式音调较低,尾音也比较少变化,孩子往往觉得父亲的声音比母亲的声音"安静"。

爸爸可以和孩子进行一段特殊的散步兼歌唱时间。比如,爸爸抱着孩子,让他的头靠着自己的下颚;等孩子再大一些,则让孩子靠着自己的肩膀。然后,两人一起散步10~15分钟,爸爸可以一边走一边唱歌给孩子听。对孩子感兴趣的曲子,可以重复唱给他听,爸爸还可以自创一些歌曲。

2.与孩子一起洗澡

准备一缸水温适中的泡泡浴,和孩子共浴。让孩子躺在爸爸的胸前,身体一半泡在水里,一半露出水面,爸爸可以搓搓孩子的身体,把水泼在他的四肢和身体上,他还可以学会玩水,享受水带给他的舒适。

二、3~6个月年龄段

发育特征:孩子在3个月大后,会开始喜欢玩自己的手,这个阶段是幼儿伸展自己、碰触他人的阶段。

3.拉扯游戏

孩子3个月大后,和他玩游戏就容易多了,因为从这时起,孩子会做的动作多了,而且这些动作更有目的性,好像在动作中加了更多的思考。在出生后头3个月内,婴儿的肌肉比较紧张,手脚会朝自己的身体弯曲;3个月后,他开始喜欢玩自己的手,喜欢玩爸爸的胡须、头发和眼镜,也会不停地碰触你的脸部、鼻子和耳朵。

可以利用一个手环或类似手环的圆环,和孩子玩拉扯的游戏。孩子的月龄越大,抓手环的力道就会越大,这时候就得增加取回手环的困难度。3个月大的孩子还喜欢滚动型的游戏。5个月大后,孩子就会喜欢在柔软的椅垫、山形物体或圆桶形物体上滚来滚去。

4.积木游戏

幼儿5~6个月大时,会发展出伸手和抓东西的技巧,这时便可以开始让他玩积木。试试下面的方法,来增加孩子玩积木时集中注意力的时间:第一,把孩子放在一张紧挨着桌面的高椅上,在他伸手可及的范围铺上一条毛巾或桌布;第二,毛巾或桌布上面放3块长宽高皆一寸的正方形积木,可以选用黑白相间或色彩对比强烈的积木;第三,爸爸站在桌子的一端,请太太或家人站在桌子的另一端,将毛巾或桌布来回拉动,在孩子面前慢慢地移动积木。幼儿会觉得这些移动的物体很有趣,他会伸出胖胖的小手来抓取这些移动的积木。他直接命中目标的概率,会令你大吃一惊呢!

三、6～9个月年龄段

发育特征：在这个阶段，孩子会发展出一个主要技巧——爬行（所谓"七坐八爬"）。这个技巧能让亲子间进行更多有趣的游戏。孩子大约6～7个月大时，已经发展出一项非常重要的技巧——在不需要支撑物的情况下单独坐着，而且能自己玩一段比较长的时间。把孩子放在地板上，他通常可以坐5～10分钟，自己玩一些颇需集中注意力的游戏。

5. 爬到爸爸的身上

孩子6～9个月大时，开始学会爬。爸爸可以躺在地板上，把孩子放在身体的一侧，然后在另一侧摇动一个吸引他的玩具，鼓励孩子从你的身体上爬过去拿玩具。他很快就会觉得在爸爸身体上爬来爬去很有趣。等到8～9个月大时，孩子就会爬到一半时停下来坐在爸爸的肚皮上。你可以用肚皮把孩子弹上弹下，让他高兴得咯咯笑。

6. 和孩子一起爬行

趴在地板上，把孩子放在旁边，和他一起爬行。在这种情况下，孩子的爬行动作往往最快速、最平衡。这样，不仅能让孩子发展出移位技巧，同时也是一种解决问题的练习，是另一种智慧的表现。假如孩子想要一个远在几米外的玩具，他必须学会灵活使用身体的各个部位，才能拿到玩具。

四、9～12个月年龄段

发育特征：这个阶段的婴儿会主动找你玩，在你走进家门时，他会朝你爬过来，抓着你的裤脚努力站起来。孩子这时已经能够移动自如，也能做更多的动作。大部分孩子从9个月开始，就不会那么黏妈妈，他们越来越喜欢和爸爸在一起，这种倾向也会激起爸爸对孩子的兴趣。

7. 和孩子玩玩具的游戏

在孩子的初期发展阶段，他不会记得视线之外的事物，所以，假如你把玩具藏在手里，孩子会觉得玩具不见了。到了9～12个月大时，孩子会发展出"物体恒在"的智能，也就是说即使东西现在不在视线之内，他也会记得看过的东西。这时，你就可以和孩子玩"藏玩具"的游戏了：第一，在孩子面前把一件他喜欢的玩具藏在一只手里；第二，把双手都放在背后；第三，再把双手伸到前面来，玩具仍藏在同一只手里。先和孩子玩一些简单的游戏，然后再慢慢增加游戏的复杂度（例如，让孩子看到你将玩具藏在棉被中，再让孩子去找），这可让你了解孩子心智发展的程度以及现在的能力。

8.玩球

婴儿很喜欢捡球与丢球的动作。选择一个手掌大小、轻一点的小塑胶球,如乒乓球。乒乓球从硬质地板弹回是会发出声响的,而且它弹动的速度很快。先对孩子讲解游戏规则:第一,如说"把球捡起来,丢给爸爸";第二,开始下"捡球"的命令;第三,等孩子拿到球后,再告诉他"把球丢给爸爸"。这个阶段的孩子还无法同时理解两个指令,你得分段说。

9.玩配合动作的游戏

婴儿喜欢模仿并回应伴随动作的有趣词句,如"拍手"游戏后,当你在不动双手的情况下说出"拍手",孩子通常会知道字眼的暗示,开始拍手,你就好像触动了早已储存在他脑海中的记忆模式。然后,你就得加入这个游戏来强化他的动作。

第三节 学前儿童的同伴交往

同伴关系是指年龄相同或相近的儿童之间的一种共同活动并相互协作的关系,或者主要指同龄人间或心理发展水平相当的个体间在交往过程中建立和发展起来的一种人际关系。

儿童在与同伴的交往过程中可以形成两种关系,分别称之为同伴群体关系(同伴接纳)和友谊关系。前者表明儿童在同伴群体中彼此喜欢或接纳的程度;后者是指儿童与朋友之间的相互的、一对一的关系。学前儿童尚不能形成稳定的、相互的、一对一的友谊关系,因此,本节谈的同伴关系主要是指前者。

一、学前儿童同伴交往的意义

学前儿童的两大人际关系分别是亲子关系和同伴关系。随着年龄的增长,儿童与成人的交往持续减少,而与其他儿童的交往则持续增加。同时,日益增多的同伴交往对儿童的社会化进程及发展具有独特、重要的意义。

(一)同伴交往有利于儿童学习社交技能和策略

1.同伴交往有助于促进学前儿童社交技能及策略的获得

表 11-1 学前儿童在亲子交往与同伴交往中的不同表现

	亲子交往	同伴交往
交往发起、维持的主体	成人	儿童
信号的发出、行为反应	成人可以进行猜测	必须更富有表现性
对方的反馈	明确,具有指导性	模糊,缺乏指导性
对对方反馈的反应	不太关注对方的态度和反应	特别关注对方的态度和反应

从表 11-1 中可以看出,儿童的同伴交往不仅需要自己去引发和维持,而且他从同伴那儿得到的反应远比从父母那儿得到的反应要模糊、缺乏指导性,因此,儿童必须提高自己的社交技能,使其信号和行为反应更富有表现性,以使交往活动得以顺利进行。由此可见,同伴交往系统比亲子交往系统更能促进儿童社交技能的提高。此外,与亲子交往相比,在同伴交往中,儿童更会遇到各种不同的交往场合和情景,要求儿童能根

据这些场合与情景性质的不同来确定自己的行为、反应,发展多种社交技能和策略,以适应这种变化。

2.同伴交往的反馈有助于儿童的社会性行为向积极、友好的方向发展

与亲子交往相比,同伴交往中同伴的反馈更真实、自然和及时。儿童积极、友好的行为,如分享、微笑等,能马上引发另一个儿童的积极反应,得到肯定性的反馈;而消极、不友好的行为则正好相反,如抢夺、抓人等会马上引发其他儿童的反感,或引起相应的行为。儿童正是在与同伴的交往中通过不断地调整、修正自己的行为方式,掌握、巩固较为适宜的交往方式。以下的例子很好地说明了这一点。

案例链接

> 小刚(4岁6个月,男)伸手去抢小华(4岁7个月,女)手里的小刀,小华不想给,说:"我还没用呢!"(小刚没有征得同伴的允许,就去抢玩具,结果遭到拒绝。)
>
> 小刚没有得到玩具,马上将身体侧过来,脸冲着小华,将声音放低,语速放慢,温柔地对小华说:"给我用一下小刀。"小华仍旧不理。(小刚遭到拒绝后,调整了交往的方式,但口气中缺乏协商之意,同伴仍旧不理。)
>
> 小刚这时走过去问小华借小刀,声音很低:"请你给我用一下小刀,行吗?"小华点头答应了,小刚拿到了玩具。(小刚两次被拒绝之后,选择了较为适宜的策略,用请求、商量的口吻实现了自己的目的。)

(二)同伴交往有利于发展儿童的积极情感

韦斯提出的社会需求理论假设:个体在与他人不同的关系中寻求特殊的社会支持,不同类型的关系提供了不同的社会支持功能,满足不同的社会需求。

儿童与儿童之间良好的交往关系,能和良好的亲子关系一样,使儿童产生安全感和归属感,成为儿童的一种情感依赖,对学前儿童具有重要的情感支持作用。如在陌生的实验室中,一些4岁的儿童与其同伴在一起,而另一些则独自一人。结果发现,前者比后者更容易安静地、积极主动地探索周围环境、玩玩具或做操作练习。在日常生活中,我们也可以观察到,学前儿童在与同伴交往时经常表现出更多的、更明显的愉快、兴奋和无拘无束的交谈,而且能更放松、更自主地投入各种活动中。同伴关系良好的幼儿往往感到很愉快,反之,则会产生消极的情感体验。

(三)同伴交往有利于促进儿童认知能力的发展

不同的孩子具有各自不同的生活经验和认知基础,他们在共同的活动中也会做出各不相同的具体表现(同样的玩具,也可能玩出不一样的花样),这种由不同个体组成的集体能够对儿童产生教育性的影响。虽然儿童很少得到自己小伙伴的"教导",但是他们是通过观察"更有能力"的小伙伴的所作所为进行学习的。因此,同伴交往为儿童提供了分享知识经验,相互模仿、学习的重要机会。

同伴交往也为儿童提供了大量的同伴交流、直接教导、协商讨论的机会。儿童常在一起探索物体的多种用途或问题的多种解决方式,这些都非常有助于儿童扩展知识,丰富认知,发展自己的思考、操作和解决问题的能力。

(四)同伴交往有助于儿童自我概念和人格的发展

詹姆斯在关于成人的自我的论著中,特别强调了社会关系的重要性。他相信,我们具有被我们自己所关注、被我们自己的同类所赞赏的本能倾向。当自己没有受到太多他人的关注时,可能会对自己的价值产生疑问。我们是"通过他人的眼睛看自己",在社会互动中,人们获得了自己怎样被他人所知觉的信息,这种信息是用以形成自我的基础。儿童也是一样的,儿童通过与同伴的比较进行自我认知。同伴的行为和活动就像一面"镜子",为儿童提供自我评价的参照,使儿童能够通过对照更好地认识自己,对自身的能力做出判断。

良好的同伴关系可以促进儿童人格的健康发展,甚至在儿童处于不利的发展状况下,可以抵消不良环境对其发展的影响。对离群索居的猴子进行的研究表明,伙伴间的接触可以抵消亲子关系中对儿童的某些不利方面。研究发现,尽管幼猴被剥夺了受母猴照料的机会,但只要它们在"幼年"同其他的幼猴有充分接触和玩耍的机会,它们的发育就是正常的。安娜·弗洛伊德和唐提供的著名报告也证实了这一点:在二战期间,有6个儿童的父母都被纳粹分子杀害,他们被关在集中营内长到3岁(他们在集中营内生活了近两年的时间,直至解放)。这期间他们很少得到成人的照顾,他们几乎是彼此相互照顾着长大的,相互之间形成了深厚的、持久的依恋情感。他们在成长的过程中没有一个人有缺陷或是精神病患者,长大后均成为正常的、有用的社会成员。

早期的同伴关系不良将导致儿童短期或长期的社会适应困难。此外,儿童在早期的同伴交往中获得的经验对塑造其个性、价值观及人生态度都有独特的、重要的影响。

二、学前儿童同伴交往的发生和发展

(一)学前儿童同伴交往的发生

婴儿很早就能够对同伴的出现和行为做出反应。大约2个月时,婴儿能注视同伴;3~4个月时,婴儿能够相互触摸和观望;6个月时,他们能彼此微笑和发出"咿呀"的声音。6个月以前的婴儿的这些反应并不具有真正的社会性质,因为这时的婴儿可能把同伴当作物体或活的玩具(如抓对方的头发、鼻子),不能主动追寻或期待从另一个婴儿那里得到相应的社会反应。这时的行为往往是单向的,缺乏互动性。直到出生后的下半年,真正具有社会性的相互作用才开始出现。

(二)学前儿童同伴交往的发展

学前儿童间的同伴交往最初只是集中在玩具或物体上,而不是儿童本身。如儿童A拿了一个玩具给儿童B,儿童B只是用手触摸或抓过这个玩具,而并不用眼睛看着对方,这个过程就结束了。婴儿在出生的头一年中出现了几种重要的社会性行为和技能:第一,有意地指向同伴,向同伴微笑、皱眉以及使用手势;第二,能够仔细地观察同伴,这标志着婴儿对社会性交往有着明显的兴趣;第三,经常以相同的方式对游戏伙伴的行为做出反应。

出生后的第二年,随着身体运动能力和言语能力的发展,儿童的社会性交往变得越来越复杂,交往的回合也越来越多。Ross(1982)的研究表明,学步儿(1~2岁)的游戏中包含了大量的、模式化的社会性交往,如眼神上的相互交流、指向他人的行为以及轮流行为的出现等。学步儿游戏最显著的特征就是儿童相互模仿对方的动作。这种相互模仿不仅意味着某个孩子对同伴感兴趣,愿意模仿同伴的行为,而且意味着这个孩子知道他的同伴对他也是有兴趣的(即知道被模仿)。这种相互模仿的行为数量在出生后的第二年快速增加,为今后出现包含假装的合作性交往提供了基础。

2岁以后,儿童与同伴交往的最主要形式是游戏。最初他们交往的目的主要是为了获取玩具或寻求帮助,随着年龄的增长,幼儿交往的目的越来越倾向于同伴本身,即他们是为了引起同伴的注意,或者为使同伴与自己合作、交流而发出交往的信号。

三、学前儿童同伴交往的类型

(一)受欢迎型

受欢迎型幼儿喜欢与人交往,在交往中积极主动,且常常表现出友好、积极的交往行为,因而受到大多数同伴的接纳、喜爱,在同伴中享有较高的地位,具有较强的影响力。从同伴提名分上看,他们的正提名分很高而负提名分很低。

(二)被拒绝型

被拒绝型幼儿和受欢迎型幼儿一样,喜欢交往,在交往中活跃、主动,但常常采取不友好的交往方式,如强行加入其他小朋友的活动、抢夺玩具、大声叫喊、推打小朋友等,攻击性行为较多,友好行为较少,因而常常被多数幼儿所排斥、拒绝,在同伴中地位低,关系紧张。从同伴提名分上看,他们一般正提名分很低而负提名分很高。

(三)被忽视型

与前两类幼儿不同的是,被忽视型幼儿不喜欢交往,他们常常独处或一个人活动,在交往中表现得退缩或畏缩,他们既很少对同伴做出友好、合作的行为,也很少表现出不友好、侵犯性行为,因此,既没有多少同伴主动喜欢他们,也没有多少同伴主动排斥他们,他们在同伴心目中似乎是不存在的,被大多数同伴所忽视和冷落。这类幼儿的正、负提名分都很低。

(四)一般型

一般型幼儿在同伴交往中行为表现一般,既不是特别主动、友好,也不是特别不主动或不友好;同伴有的喜欢他们,有的不喜欢他们;他们既非为同伴所特别喜爱、接纳,也非特别忽视、拒绝,因而在同伴心目中的地位一般。从提名分上看,这类幼儿的正、负提名分都处于居中的水平。

上述四种同伴交往类型,在幼儿群体中的分布是各不相同的。其中,受欢迎型幼儿约占13.33%,被拒绝型幼儿约占14.31%,被忽视型幼儿约占19.41%,一般型幼儿约占52.94%。

从发展的角度看,在4~6岁范围内,随着幼儿年龄的增长,受欢迎型幼儿的人数呈增多趋势,而被拒绝型幼儿、被忽视型幼儿呈减少趋势。

在性别维度上,以上四种类型的分布也是很有意思的。在受欢迎型幼儿中,女孩明显多于男孩;在被拒绝型幼儿中,男孩显著地多于女孩;而在被忽视型幼儿中,女孩多于男孩,但男孩也有一定的比例。

四、学前儿童同伴交往的影响因素

(一)儿童自身因素

儿童自身的身心特征一方面制约着同伴对他的态度和接纳程度,另一方面也决定着他在交往中的行为方式。首先,性别、长相、年龄等生理因素,以及姓名,影响着儿童被同伴选择和接纳的程度;其次,儿童的气质、情感、能力、性格等个性、情感特征,影响着他们对同伴的态度和交往中的行为特征,由此影响着同伴对他们的反应和其在同伴中的关系类型;最后,幼儿的社交技能与策略对同伴交往也有重要影响。对儿童同伴交往关系影响最大的是其在交往中的积极主动性、交往行为及交往技能。研究发现,受欢迎型儿童掌握的策略多,有效性、友好性、主动性均强。

表11-2 受欢迎型儿童、被拒绝型儿童和被忽视型儿童的典型行为特征

受欢迎型儿童	被拒绝型儿童	被忽视型儿童
积极快乐的性情	许多破坏行为	害羞
外表吸引人	好争论和反社会的	攻击性行为少, 对他人的攻击表现退缩
有许多双向交往	极度活跃	反社会行为少

续表

受欢迎型儿童	被拒绝型儿童	被忽视型儿童
高水平的合作游戏	说话过多	不敢自我表现
愿意分享	反复试图接近社会	许多单独活动
能坚持交往	合作游戏少，不愿分享	逃避双向交往，花较多时间和群体在一起
被看作好领导	许多单独活动	跟随活动
缺乏攻击性	不适当的行为	无明显行为

(二)外部环境因素

1.早期亲子交往经验的影响

儿童在与父母的交往过程中不但实际练习着社交方式，而且发现自己的行为可以引起父母的反应，由此可以获得一种最初的"自我肯定"的概念。这种概念是儿童将来自信心和自尊感的基础，也是其同伴交往积极、健康发展的先决条件之一。不少心理学研究指出，婴儿最初的同伴交往行为，几乎都是来自更早些时候与父母的交往。比如，婴儿第一次对成人微笑和发声之后的两个月，在同伴交往中才开始出现相同的行为。

2.父母角色的影响

家庭是学前儿童社会化的主要场所，父母如果在家庭教育中为儿童提供良好的榜样和示范，会促成儿童良好同伴关系的建立。第一，父母可以参与孩子的一些娱乐活动。第二，父母可以通过提供建议和指导影响孩子的社会交往。父母如果对孩子使用的语言是积极而且礼貌的（如"请""能不能"之类的语言，而不是"不要""不，你不能……"之类的语言），那么，孩子表现出的攻击性行为就少得多，而且更容易获取影响同伴行为的能力。第三，父母自身的不同风格对儿童社会化的影响。亲子游戏中身体接触的亲密程度对儿童早期的同龄关系有着重要的影响。父母与孩子之间的协作以及经常进行积极的情感交流能培养儿童良好的社会交往技能和同龄关系；而父母对儿童的高度控制、教养方式前后不一致以及消极的情感会导致儿童出现攻击性行为、交往障碍以及孤独感。

3.电视媒体的影响

较长时间看电视，使得儿童的活动范围变小，与周围客体交互作用的机会减少。越来越多的研究表明，青少年的反社会行为与观看暴力电视节目有关。一项特殊的研究发现，学龄前儿童在收看电视节目两年后表现出了阅读能力和创造思维能力的衰退，而其性别意识以及游戏中语言和身体上的攻击现象则有所上升。1999年，美国儿科学会通过一项指导性意见，认为2岁以下的孩子不应该看电视，而任何孩子的房间都不应该放有电视机。该学会公共教育委员会成员里希博士认为："也许这条意见的措辞还应该再强烈一些，最好让孩子最大限度地自由活动，最大限度地互相游戏以及最大限度地和父母面对面交流。"

4.活动材料的影响

活动材料，特别是玩具，是学前儿童同伴交往的一个不可忽视的影响因素，尤其是婴儿期到幼儿初期，儿童之间的交往大多围绕玩具而发生。玩具对儿童同伴交往的影响还体现在玩具的不同数量和特征能引起儿童之间不同的交往行为上。在没有玩具或有少量小玩具的条件下，儿童之间经常发生争抢、攻击等消极的交往行为；而在有大玩具，如滑梯、攀登架、中型积木等的条件下，儿童之间倾向于发生轮流、分享、合作等积极、友好的交往行为。

活动性质对同伴交往的影响主要体现在：在自由游戏情境下，不同社交类型的幼儿表现出交往行为上的巨大差异，而在有一定任务的情境下，如在表演游戏或集体活动中，即使是不受同伴欢迎的儿童，也能与同伴进行一定的配合、协作，因为活动情境本身已规定了同伴间的合作关系，并对其行为进行了许多制约。

第四节 学前儿童的社会性行为

一、社会性行为概述

(一)社会性行为的概念

社会性行为是人们在交往活动中对他人或某一事件表现出的态度、言语和行为反应。它在交往中产生,并指向交往的另一方。根据其动机和目的不同,社会性行为可以分为亲社会行为和反社会行为两大类。

(二)亲社会行为的概念

亲社会行为也称积极的社会行为,或亲善行为,它是指人们在社会交往中所表现出来的谦让、帮助、合作和共享等有利于他人和社会的行为。亲社会行为是人与人之间形成和维持良好关系的重要基础,是一种积极的社会行为,它受到人类社会的肯定和鼓励。亲社会行为是一种极其高尚的道德行为,是个体社会化过程中较为常见的一种社会行为,也是个体社会化发展的一个重要指标。

亲社会行为的内容从传统的研究来看,主要包括分享、合作、助人、安慰、谦让等。还有学者从社会性角度将亲社会行为的内容概括为某些习俗性行为,如微笑、问好、和颜悦色等礼貌行为;包容行为,如团结他人、邀请他人参加群体活动等关系的纳入行为;公正性行为,如主持正义、见义勇为、朋友遇到麻烦时挺身而出等支持性行为;控制性行为,如控制别人打架、骂人等攻击性或不文明的行为。

(三)反社会行为的概念

反社会行为也叫消极的社会行为,是指可能对他人或群体造成损害的行为和倾向。其中最具有代表性、最突出的是攻击性行为,也称侵犯性行为,如推人、打人、抓人、骂人、咬人、破坏他人物品等行为。这些行为不利于形成良好的人际关系,往往造成人与人之间的矛盾和冲突,其极端后果是犯罪、战争,甚至是伤亡,因此被人类社会所反对和抵制。

二、亲社会行为的发生和发展

儿童在很小的时候就通过多种方式表现出亲社会行为,尤其是同情、帮助、分享、谦让等利他行为。亲社会行为对个体一生的发展意义重大。

观察发现,1岁以前,儿童已经能够对别人微笑或发声,这种积极性反应表达了最初的友好倾向。当这些儿童看到别人处于困境,如摔伤、哭泣时,他们会加以关注,并出现皱眉、伤心的表情。到1岁左右,儿童还会对处于困境中的人做出积极的抚慰动作,如轻拍或抚摸等。在婴儿与成人共同游戏的过程中,他们会用自己的手指点某些物品,并尽量使成人跟随手指注意到被指物品,这种指点动作反映了儿童最初的分享行为。

在人生的第二年,儿童越来越明显地表现出同情、分享和助人的利他行为。他们常常把自己的玩具拿给别人看,或者送给别人玩,有时候还拿着自己的玩具加入别人的活动中。尽管这个年龄阶段的孩子很难弄清楚别人遭受困境的原因,但他们却明显地表现出对处于困境中的人的关注,如有时候慢慢走近哭泣的同伴,轻轻地拍他;有时候把自己的玩具借给另一位丢失玩具的小朋友玩。

2岁以后,随着生活范围的扩大和交往经验的增多,儿童的亲社会行为进一步发展。他们逐渐能够根据一些不太明显的细微变化来识别他人的情绪体验,推断他人的处境,并做出相应的抚慰和帮助行为。如小红的妈妈生病了,早上不能亲自送她上幼儿园。爷爷送小红来幼儿园后,小红担心妈妈的病情,一直闷闷不乐,也不像以前一样积极参与小朋友的游戏。一些孩子能发现小红的变化,并关切地询问:"你怎么了?""你为什么不高兴?"当得知其妈妈生病时,能劝慰她:"别着急,你妈妈会很快好起来的。""大夫会给她治好病的。"有的幼儿还会把自己最喜欢的玩具、食物等让给小红,或者邀请小红参加他们的游戏。

近年来,一些关于利他行为发展的研究表明,亲社会行为并非一定随着儿童年龄的增加而增多,有些行为不仅不增多,还可能出现减少的趋势。比如,分享,在4~16岁之间没有发现连续增多的变化趋势。再如,面对一个摔倒在地的小朋友,较小的幼儿比较大的幼儿更多地表现出同情的行为反应。可见,同情及其他利他行为并非随着年龄的增长而增多,需要借助于教育,儿童不可能离开教育而自发成长为符合社会要求的、品德高尚的社会成员。

三、攻击性行为的发生和发展

攻击性行为是指对他人或事物采取有意侵犯、争夺或破坏的行为,它表现为言语的攻击以及对他人身体、权利的侵犯。攻击性行为是儿童社会性发展过程中出现的一种比较普遍的社会行为,它与亲社会行为相反。无论是破坏玩具还是少年帮派之间的打架斗殴,都属于攻击性行为。儿童的攻击性行为主要表现为以下几个方面。

第一,无端起哄。儿童在课堂或集体活动中,因某件小事莫名其妙地高声尖叫,无理起哄,引起骚乱,影响秩序,致使活动不能顺利进行下去。

第二,侵犯破坏。在与同龄儿童玩耍或游戏活动中,故意侵犯别人,排挤别人,抢夺玩具或毁坏物品等。

第三,秽语伤人。稍不如意或不顺心,就动口骂人,恶言秽语。

第四,打架斗殴。因某件琐事或口角之事,聚集小团伙,挑衅打斗。

第五,挫折报复。因某人某事而受到批评或惩罚,记恨在心,暗中找茬,伺机报复。

根据攻击性行为的目的和起因不同,可将其分为两类:工具性攻击行为和敌意性攻击行为。所谓工具性攻击行为,指儿童为了获得某件物品而做出的抢夺、推搡等动作。这类攻击性行为本身指向于一个主要的目标或一件物品的获取。敌意性攻击行为则是以人为指向的,其根本目的是打击、伤害他人,如嘲笑、讽刺、殴打、挖苦等。根据攻击的形式和功能不同,攻击分为身体攻击和言语攻击。身体攻击包括击打、踢、咬等。言语攻击包括起绰号、侮辱、威胁等。

(一)攻击性行为的发生和发展

儿童在1岁左右开始出现工具性攻击行为。到2岁左右,儿童之间表现出一些明显的冲突,如推、拉、踢、咬、扔东西等,其中绝大多数冲突是为了争夺物品,如玩具、食物,甚至座位等而发生的。

到幼儿期,儿童的攻击性行为在频率、表现形式和性质上都发生了很大的变化。从频率来看,4岁之前,攻击性行为的数量逐渐增多,到4岁时攻击性行为最多,但这之后数量就逐渐减少,尤其是儿童身上常见的无缘无故发脾气、扔东西、抓人、推人的行为逐渐减少。从攻击性行为的表现形式来看,多数幼儿常采用身体动作的方式,如推、拉、踢等,尤其是年龄越小的幼儿,身体动作攻击性行为越多;年龄增大,身体动作攻击性行为减少。随着语言的发展,从中班开始,幼儿的言语攻击逐渐增加。比如,在游戏中发生矛盾冲突时,幼儿常冲对方大叫"讨厌你""讨厌鬼"等。从攻击的性质来看,幼儿期虽然仍以工具性攻击为主,如儿童常常为了玩具、活动材料和活动空间而争吵、打架,但他们慢慢也表现出敌意性攻击,如有时故意向自己不喜欢的成人或小朋友说难听的话,或有意骂人或打人,或破坏对方的玩具以示报复。幼儿常常说这种故意气人的话:"你有什么了不起的,我才不和你玩呢!""你的玩具有什么好玩的,破玩意儿!"

心理学的研究表明,在因斗殴犯罪的青少年中,其攻击性行为可追溯到幼儿期,即这些青少年在幼儿期就表现出多而强的攻击性行为。因而,重视儿童特别是早期幼儿攻击性行为表现的次数和强度,及早采取积极有效的防治和调整措施,是每个家长和教育者不容忽视的问题。

(二)学前儿童攻击性行为发展的特点

学前儿童攻击性行为发展的特点主要表现在以下几个方面:第一,幼儿攻击性行为频繁,主要表现为为了玩具和其他物品而争吵、打架;第二,幼儿期儿童更多地依靠身体上的动作进行攻击,而不是言语攻击;第三,幼儿期儿童的攻击从工具性攻击向敌意性攻击转化,小班儿童的工具性攻击多于敌意性攻击,而大班儿童的敌意性攻击显著多于工具性攻击;第四,学前儿童的攻击性行为有非常明显的性别差异,男孩的攻击性行为明显多于女孩,男孩很容易在受到攻击之后采取报复行为,女孩在受到攻击时更多地表现出哭泣、退让、向老师报告等行为,而较少采取报复行为。

四、社会性行为的影响因素

学前儿童的社会性行为受诸多因素的影响,具体包括生物因素、环境因素和认知因素。

(一)生物因素

首先是激素的作用。目前,一些研究证明,攻击性行为倾向于与雄性激素的水平有关。不仅人类如此,在关于动物的研究中也发现,雄性动物在受到威胁或被激怒时,比雌性动物更容易发生攻击性行为反应。这可以在一定程度上解释男女儿童在攻击性行为上的性别差异。

其次,人类的亲社会行为有一定的遗传基础。在漫长的生物进化过程中,人类为了维持自身的生存和发展,逐渐形成了一些亲社会的行为反应模式和行为倾向,如微笑、乐群性等,这些逐渐成为亲社会行为的遗传基础。

再次,影响社会性行为的另一种重要因素是气质。气质在个性的三个主要特征中,相对而言是与生物因素即高级神经活动类型关系最密切的因素。儿童的气质类型从出生之日起便与周围环境相互作用,这决定了父母和他人对儿童采取的抚养方式,也决定着儿童在交往中采用的具体行为方式。研究发现,爱哭爱闹、难以照看的"困难型"儿童往往在幼儿期表现出较高的焦虑和敌对倾向,日后容易发展成攻击性较强的"小霸王"。

(二)环境因素

环境因素主要包括家庭(父母)、同伴、社会文化传统及大众传播媒介。

关于父母、同伴对学前儿童社会性行为的重要影响,前面已经做了比较详细的讲述,这两个方面的因素主要通过与儿童的交往而作用于儿童的社会性行为,或对之进行巩固,或对之进行改变,此处不再赘述。

社会文化传统对儿童社会性行为的影响主要体现在:不同国家和地区对攻击性行为的态度有程度上的差别,如有的文化极端反对和抵制攻击性行为,有的文化则对攻击性行为比较宽容。对攻击性行为比较宽容的社会,其社会成员的攻击性行为通常较多。

大众传播媒介主要通过电影、报纸、杂志等对儿童的社会性行为产生影响。现在,大众传播媒介,特别是电影、电视、电子游戏中的武打、绑架、凶杀等事件,教给了儿童很多发动攻击性行为的技巧和方法。

(三)认知因素

认知因素对学前儿童社会性行为的发展有很大的影响。影响学前儿童社会性行为的认知因素主要包括儿童对社会性行为的认识和对情境信息的识别等。

幼儿的攻击性行为多与其认知水平较低有着直接的关系。如果一个儿童对别人行为的判断是敌意的,他的行为就会表现出攻击性;如果他将别人的行为更多地判断为善意的,他的攻击性行为就不会发生。如当幼儿认识到"打人给别人带来痛苦和伤心,是不应该的行为"之后,其攻击性行为就会受到抑制;当幼儿认识到"小朋友之间要互相帮助"时,就会在面临分享和帮助时,毫不犹豫地提供分享和帮助。

对情境信号的识别主要是指对交往事件的理解和对他人情绪感受的识别。幼儿常常因为误解别人的行为而出现攻击性行为。如别人玩皮球时因一时疏忽而将球砸到他身上,儿童会认为砸他的小朋友是有意攻击自己,于是采取报复行为,引起两人的冲突。

此外,交往中儿童的情绪状态与心境、周围环境与气氛等对社会性行为也有一定的影响。

五、社会性行为的培养与训练

(一)移情训练

移情是对他人情绪情感的识别和接受。在移情反应中,儿童不仅觉察出他人的情绪,而且能设身处地地为他人着想,产生与他人相同的心情,因此,它与社会性行为的发展密切相关。通过移情,儿童可以体验他人的情感,感受他人的需要,想象某一行为可能给他人带来的后果,从而更有效地促发友爱行为和抑制可能对人造成伤害的攻击性行为。促进学前儿童移情能力发展的策略主要有以下几点。

第一,学会识别他人的情绪。首先,给幼儿提供丰富的表情;其次,让幼儿对着镜子观察自己的表情;再次,提供各种表情图谱,让幼儿能正确看图识表情。

第二,正确表达自己的情绪,是幼儿移情能力发展的重要环节。这可以通过四种方法来训练:表情表演、表情模仿、说出自己的感受、鼓励幼儿表达自己的情感。

第三,引导换位思考及联想是幼儿移情能力发展的关键。首先,让幼儿进行角色扮演,在游戏中体会他人的感受。如让一个攻击性强的儿童扮演一个经常遭受他人攻击的角色,他会更加容易理解攻击性行为对他人造成的伤害和被攻击时的心理感受,进而在现实生活中能更加自觉地抑制自己的攻击性行为。其次,引导家长重视与幼的沟通。幼儿的情绪识别能力有限，家长在与幼儿的沟通中可以引导其充分地认识亲社会行为和攻击性行为的利与弊。再次，榜样的力量。观察模仿是学前儿童行为获得的主要途径，因此，培养儿童的社会性行为，最好是给儿童提供模仿学习的榜样。

(二)交往技能和行为训练

交往技能是指解决交往中所遇问题的策略和技巧。许多儿童之所以在交往中表现出不恰当的行为，往往是因为缺乏相应的技能。

交往技能的训练，首先是使儿童学会正确识别交往中出现的问题的原因和特点，如我想玩别人的玩具但是别人为什么不给我玩，别人为什么不欢迎我加入他们的游戏等。虽然对较小的幼儿训练这种技能有点复杂，但对较大的幼儿来说，教会他们根据交往的具体情境和问题的具体情况来选择合适的反应方式是完全可能和必要的。技能训练应该使儿童认识到，解决某个问题可以采用很多方式，但每种方式的效果不一样，我们要选择最合适的方式。比如，当一个小朋友来抢你手中的玩具时，你可以用武力推开他，可以大声嚷嚷"真讨厌"，可以找老师帮助解决，也可以胆怯地将玩具乖乖地让给他，还可以友好却认真地对他说"你别抢，咱们可以一起玩"。当然，最好的解决方式是最后一种。

学前儿童的自制力差，有的孩子虽然能够说出最好的做法是什么样的，但是在实际交往中却做不到。为此，交往技能训练必须与加强儿童的行为训练相结合，使儿童在练习中巩固那些有利于交往顺利进行的亲社会行为，以便在需要的时候能够供之使用。行为练习最好在日常生活的真实情境中大量地、反复地进行，如两个孩子吃一块饼干、四个孩子骑两辆自行车等。

(三)善用精神奖励

奖励对行为的巩固作用和惩罚对行为的减缓作用是众所周知的。恰当运用精神奖励能有效地促进学前儿童亲社会行为的发展，并在一定程度上抑制儿童的攻击性行为。

所谓精神奖励，是指通过欣赏、肯定、鼓励、表扬等方式，强化和巩固儿童的亲社会行为。努力使儿童形成这样一种观念，即集体中每个人都应该想到别人，关心、爱护、帮助别人，与别人分享、合作，谁做到了谁就受欢迎，就是大家认可的榜样。如果父母和老师在激励儿童亲社会行为的同时，对儿童的攻击性行为表现出厌恶和不理睬，并持明确的否定态度，那么，攻击性行为发生的概率就会下降。

精神奖励不宜过于频繁地使用，而且绝不宜将儿童的注意力集中在"红花""五角星"上，而应辅以讲道理、说原因等教导，使儿童更欣赏亲社会行为，对之持有更积极、愉快的态度，这样效果会更好一些。

第五节　学前儿童社会性行为的研究

一、帕顿的"游戏观察"研究同伴关系

学前期幼儿社会交往的经典研究是帕顿（1932）对 40 个孩子所进行的游戏观察研究。她提出了 6 种类型的社会性参与活动，代表着幼儿发展的不同水平。按照幼儿的发展水平，这 6 种类型依次为无所事事、旁观、独自游戏、平行游戏、协同游戏和合作游戏。帕顿的研究数据表明，2～5 岁时，协同游戏、合作游戏的数量在上升而独自游戏、旁观和无所事事的行为在下降。

二、"同伴提名法"研究同伴关系

同伴提名法是一种社会测量法。社会测量法是由美国社会学家、心理学家莫雷诺提出的，它有许多种不同的形式，同伴提名法是其中最基本、最主要的一种。同伴提名法的基本实施方法是：让被试根据对某种心理品质或行为特征的描述，从同伴团体中找出最符合这些描述特征的人来。比如，研究者以"喜欢"或"不喜欢"为标准，让幼儿说出班上他最喜欢或最不喜欢的 3 个小朋友，然后对研究结果进行一定的技术处理，并做出解释。同伴提名法的基本原理是：儿童同伴之间的相互选择，反映着他们之间心理上的联系。肯定的选择意味着接纳，否定的选择意味着排斥。一个人在积极标准（如喜欢）上被同伴提名的次数越多，说明他被同伴接纳的程度越高；反之，一个人在消极标准（如不喜欢）上被同伴提名的次数越多，说明他被同伴排斥的程度越高。也就是说，同伴之间在一定标准上所进行的肯定性或否定性选择，实际上反映着同伴之间的人际关系状况。这样，通过分析同伴的选择结果，就可以定量地测量儿童同伴间的关系。

第一，根据研究目的确定选用什么性质的标准。提名标准有两种，即肯定的、正向的标准（如"你最喜欢……""你最愿意……"）和否定的、负向的标准（如"你最不喜欢……""你最不愿意……"）。幼儿的正提名分与负提名分之间只有中等程度的负相关，而非高度负相关，这说明，正提名分和负提名分分别反映了幼儿同伴交往的不同侧面，代表着不同的信息。另外，我们将幼儿的正提名分和负提名分分别与其实际行为相对应进行分析发现，它们分别与不同性质的行为表现有特定的相关。从这些分析可知，在应用同伴提名法时，选用的提名标准不同，所得到的信息是不同的。究竟选用哪种还是

二者同时使用,需视研究目的而定。一般来说,如果要根据提名结果将幼儿分为不同的社交类型,如受欢迎型、被拒绝型、被忽视型等,那么,应当同时使用正、负两种提名标准。在使用否定标准时,应注意消除幼儿的疑虑和不安,以保证幼儿放心回答。

第二,根据幼儿心理发展的水平确定标准的具体内容。一般来说,对于年幼儿童,标准要具体、可操作性强,切忌笼统而抽象,如"你最喜欢谁""你最喜欢与谁一起玩"就比"你觉得谁最好"具体一些。当然,标准的表述还必须使用儿童语言,使之易于理解。

第三,确定的提名标准必须保证幼儿能选择出自己的愿望。提名标准要有利于幼儿的自由选择,选择是幼儿自己真实心理倾向的反映,而不是对他人愿望、心理倾向的估计。比如,"你最喜欢哪三个小朋友"的标准可以反映出幼儿自己的心理倾向,但"你们班上谁是好孩子"的标准则可能较难准确地反映出孩子自己的心理倾向,因为幼儿此时可能按老师的喜好,而非自己的喜好来选择同伴。

第四,提名标准的数目要恰当。对于年龄较大的被试,每次提名可以同时使用1~3个标准并做出恰当的判断,而让幼儿提名时,一次最好只使用一个标准。

采用现场提名法,即把幼儿被试叫至集体活动现场的某处,如班上的一个角落,在这个位置幼儿既能看到其他同伴,又不至于被其他同伴所干扰,然后向幼儿被试提出问题,让其先仔细看一遍所有在活动中的同伴后提名。我们在研究幼儿同伴关系时,主要就是采用这种方法。研究结果表明,此方法不仅可以消除幼儿记忆这一影响因素,提高研究结果的可靠性,而且与照片提名法相比,它可以有效地克服后者存在的缺点,因而具有经济、迅速、简单、真实等明显的优点。

在实际运用同伴提名法时,为保证客观性,要注意事先与幼儿熟悉,以消除幼儿的陌生感、紧张感与好奇心;提问时的语气、语调、音高、音量、表情要自然,以免幼儿觉得不安全,以确保其能如实、放心地回答;同时,要保证幼儿理解指导语,用简单、明了、幼儿易懂的语言向他们说明,并使其知道如何作答;可告诉幼儿怎么想就怎么说,以消除幼儿的疑惑与不安;特别是位置的选择至关重要,一定要避开其他同伴、老师活动的地方,以避免影响或干扰幼儿正在进行的提名活动。

综上所述,用同伴提名法研究幼儿同伴交往时,必须考虑幼儿心理发展的水平、特征,并据此对同伴提名法的设计、实施等进行一些改进。研究结果证明,改进的幼儿同伴提名法具有较高的信度和效度,用其研究幼儿同伴交往,特别是用于划分幼儿同伴社交类型是科学、可行和恰当的。

三、班杜拉的儿童攻击性实验研究

实验目的:验证人的学习活动主要是观察他人在特定情境中的行为;替代强化可以增强或者消退行为。

实验工具：充气不倒翁，摄像机。

实验程序：实验者随机选择3～6岁的儿童，并将他们分成3组，先让他们观看一个成年男子（榜样人物）对一个像成人那样大小的充气娃娃做出种种攻击性行为，如大声吼叫和拳打脚踢。然后，让一组儿童看到这个"榜样人物"受到另一个成年人的表扬和奖励（果汁与糖果）；让另一组儿童看到这个"榜样人物"受到另一个成年人的责打（打一耳光）和训斥（斥之为暴徒）；第三组为控制组，只看到"榜样人物"的攻击性行为。接下来把这些儿童一个个单独领到另一个房间里。房间里放着各种玩具，其中包括洋娃娃。在10分钟里，观察并记录他们的行为。

实验结果：结果表明，看到"榜样人物"的攻击性行为受到惩罚的一组儿童，同控制组儿童相比，在玩洋娃娃时，其攻击性行为显著减少。反之，看到"榜样人物"的攻击性行为受到奖励的一组儿童，在自由玩洋娃娃时，其模仿攻击性行为的现象相当严重。班杜拉用"替代强化"来解释这一现象：观察者因看到别人（榜样）的行为受到奖励，间接地引起其相应行为的增强；观察者看到别人的行为受到惩罚，则会产生替代性惩罚作用，抑制相应的行为。

第六节　学前儿童社会性行为发展的测量与评估

一、学前儿童同伴行为的观察与评估

(一)学前儿童冲突行为的观察与评估

对学前儿童冲突行为的观察与评估,可以在学前儿童与别的小朋友一起玩时,观察其同伴交往中的冲突行为。重点观察儿童在与同伴一起活动的过程中发生冲突的次数、儿童的行为及最终解决策略(如表示11-3)。

表 11-3　学前儿童同伴交往中的冲突事件观察记录表

事件序列	发生时间、人物	事件起因	儿童行为	解决策略
事件 1				
事件 2				
事件 3				

(二)学前儿童亲社会行为的观察与评估

对学前儿童亲社会行为的观察与评估,可以在学前儿童与别的小朋友一起玩耍时,观察其助人行为和友好行为。重点观察儿童在同伴发生困难时的帮助行为,以及和同伴一起玩耍时的友好行为(如表示11-4)。

表 11-4　学前儿童同伴交往中的友好行为观察记录表

事件序列	发生时间、人物	事件起因	儿童行为
事件 1			
事件 2			
事件 3			

二、学前儿童同伴关系的测量与评估

(一)观察法

教师可以在幼儿的游戏活动和日常交往中进行观察,如幼儿在游戏中处于什么样的地位,同伴是否常常追随他、听从他的话,他和同伴的纠纷多与少及如何解决;又如在日常生活中,其他幼儿是否愿意与该幼儿相处,有困难是否找他帮忙,或是否愿意帮助他。

教师也可以抽取某些能明显体现某幼儿与同伴关系的事件加以观察记录,如连续几次被邀请参与游戏,观察并记录该幼儿被邀请的事件(见表11-5)

表11-5 幼儿同伴关系的观察记录表

幼儿姓名	活动(一)		活动(二)		活动(三)		活动(四)	
	次数	人次	次数	人次	次数	人次	次数	人次

(二)测验法

实验目的:测查幼儿在班级中的同伴关系。

实验内容:挑选你最喜欢的小朋友和最不喜欢的小朋友。

实验步骤:第一,要求幼儿从全班小朋友中分别挑选出不超过三个最喜欢的和最不喜欢的小朋友,并说明理由。指导语:"请你悄悄告诉老师,你最喜欢班上的哪三个小朋友?最不喜欢哪三个?为什么呢?"第二,教师整理每个幼儿被正选择(最喜欢的)和被负选择(最不喜欢的)的次数及理由,做出评判。

评分标准:被正选择人次占50%以上,同伴关系好;被负选择人次占50%以上,同伴关系差;其他,同伴关系中等。

百度拾遗

幼儿社交退缩性行为

有这样一些儿童,他们健康聪明,学习成绩也不错,但是在人多的场合总是静坐一旁,很难快速融入新环境,这种情形称为社会交往退缩性行为,简称社交退缩性行为。学前儿童的社交退缩性行为不但阻碍儿童正常的人际交往,而且会导致更广泛的行为障碍,甚至会产生更严重的心理疾病。如何采用有效的方法进行引导呢?

第一,形成快乐情绪和合理宣泄不良情绪。除了满足基本的生理需求之外,皮肤的接触,别人的认同,朋友的赞赏,都可以鼓励学前儿童乐观、快乐地生活。

第二,增加学前儿童与外界交往的机会。增加学前儿童的交流机会有助于克服其胆小、怯生等退缩性行为。例如,多带孩子到亲朋好友家拜访;鼓励孩子参加各种集体活动;多让孩子与小朋友交往、玩耍;鼓励孩子在集体活动中大胆表达自己的观点和看法。

第三,加强行为训练。有社交退缩性行为的学前儿童大多是因为没有掌握相应的交往模式,很少交往成功,因而产生社交退缩性行为。可以从行为训练入手,提高儿童的交往能力,克服其社交退缩性行为。交往模式掌握的过程包括语言指导、榜样示范、行为演练和积极强化等环节。

第四,培养良好的家庭氛围。父母应把孩子当成一个独立的个体,尊重他们的意见,允许孩子表达、表现自己,给予孩子充分交流的机会。在家庭生活中,孩子既得到尊重,又得到保护;正当的需求可以得到满足,不适当的行为会得到抑制和纠正,父母做到宽严有度。

第五,培养学前儿童的自信心和成功感。成功感是自信心的重要组成部分,成功的积极体验会激发儿童尝试的欲望。由于学前儿童的知识、经验和能力是有限的,有的事情他们经过努力能做到,有些经过努力暂时也做不到,这时不要勉强儿童,要适当给予帮助。

社交退缩性行为在学前时期已经相当稳定,所以预防和纠正应该越早越好。干预不仅要聚焦于训练社交技能,而且要调节情绪,需要多种渠道共同配合,是一个循序渐进的过程。认识到学前儿童社交退缩性行为的表现、形成原因及纠正方法,更有利于促进学前儿童身心的健康发展。

本章小结

1. 亲子交往和同伴交往是儿童社会性发展的两大途径。

2. 父母的教养方式有权威型、专断型、放纵型和忽视型。

3. 同伴交往的类型包括受欢迎型、被拒绝型、被忽视型和一般型。同伴关系对学前儿童社会性的发展、积极情感的发展、社会适应以及心理健康的发展、认知能力的发展、自我意识的发展都具有重要的影响。同伴交往的影响因素有早期亲子交往的经验、父母的角色、电视媒体、活动材料、儿童自身的性格及行为特征等。

4. 学前儿童的社会性行为主要有亲社会行为和反社会行为两大类。

5. 儿童社会性行为常用的培养与训练方法有移情训练、交往技能和行为训练、善用精神奖励。

6. 儿童社会性行为的研究主要包括帕顿的"游戏观察"研究同伴关系、"同伴提名法"研究同伴关系,以及班杜拉的儿童攻击性实验研究。

课后巩固

一、填空题

1.儿童的攻击性行为依据目的、起因可以划分为两类：一类是_____，另一类是_____。
2.父母的教养方式分为_____、_____、_____、_____四种，其中_____是最理想的教养方式。
3.幼儿同伴交往的类型包括_____、_____、_____、_____四种。

二、判断题

1.从发展的角度看,在4~6岁范围内,随着幼儿年龄的增长,受欢迎型幼儿的人数呈增多趋势,而被拒绝型幼儿、被忽视型幼儿呈减少趋势。（　　）
2.在儿童交往中,受欢迎的儿童往往具有外向、友好的人格特征,在活动中没有明显的攻击性行为。（　　）
3.儿童的攻击性行为有工具性侵犯和敌意性侵犯两种。（　　）
4.在社会化过程中,同伴的行为是影响儿童社会性行为的重要因素。（　　）
5.儿童在攻击性行为表现上具有明显的年龄差异。（　　）
6.研究表明,2~4岁的儿童,其攻击形式发展的总趋势为身体性攻击逐渐增多,言语性攻击慢慢减少。（　　）

三、选择题

1.(　　)岁以后,儿童与同伴交往的最主要形式是游戏。
　　A.1岁　　　　B.2岁　　　　C.3岁　　　　D.4岁
2.有些幼儿看多了电视上打打杀杀的镜头,很容易增加其以后的攻击性行为。在此,影响幼儿攻击性行为的因素主要是(　　)。
　　A.挫折　　　B.榜样　　　C.强化　　　D.惩罚
3.学前儿童的攻击性行为有非常明显的(　　)差异。
　　A.性别　　　B.年龄　　　C.兴趣　　　D.其他

四、论述题

1.亲子交往对学前儿童的心理发展有什么重要意义?

2.同伴交往对学前儿童的心理发展有何重要影响?

3.幼儿同伴交往主要有哪几种类型？影响幼儿同伴交往的因素主要有哪些？

4.如何培养幼儿良好的社会性行为？

五、实践演练

东东在幼儿园喜欢一个人画画、玩拼图游戏，很少与其他孩子一起玩。阳阳也是一个孤僻的孩子，大部分时间总是心事重重地在一边观看同伴玩游戏却止步不前。请到幼儿园实地调查，研究被忽视型儿童的社会交往状况，分析他们的性格、家庭教育等方面的原因。

第十二章　学前儿童个性的发展

案例导读

涛涛在我眼里是个什么都要慢半拍的"低能儿",他对事物的反应能力有时可以用"太差了"来形容,经常瞪着大眼睛,呆呆地想事情,我叫他的名字三四次,他都没有反应。有时小朋友都去洗手了,他还愣在座位上不知在想什么,等小朋友一个个都洗好了手,他却突然蹦到我面前,高喊:"老师,我还没洗手呢!"我不喜欢涛涛,说实在的,他挺烦人的。然而,有件事却改变了我对他的看法。一天上常识课时,我无意中提了这么一个问题:"哈哈镜里的人为什么会变高?"这个问题对于6岁的孩子来说,是有难度的,班上别的小朋友都只有瞎猜。不料涛涛却认真地说起来:"老师,镜子不平呀!"我很吃惊,怀疑他曾经听说过其中的道理,便问:"你怎么知道的?""我是想出来的。"涛涛回答说。我望着涛涛的小脸,突然有些惭愧……

问题聚焦

每位幼儿都是独特的,他们都有自己独特的个性,这些独特性会通过儿童的气质、性格、能力、自我意识、需要等方面表现出来。涛涛的气质类型是典型的黏液质,这种气质的特点是善于思考、反应缓慢、稳重冷静。气质本身没有好坏之分,每一种气质类型都有消极面,也都有积极面。涛涛的老师因为对幼儿的个性没有科学的认识,仅凭个人对个性的喜好而否定孩子,是不可取的。教师应科学认识幼儿的个性,善于发现幼儿的优势,促进幼儿的全面发展;同时,还要注意个别差异,公平对待每个孩子。本章将对学前儿童的个性进行全面的介绍。

学习目标

1. 掌握个性的内涵、结构、特征,能分析影响个性形成的因素。
2. 掌握学前儿童的气质类型及表现,并能在教育中对不同气质类型的学生进行正确引导。
3. 掌握学前儿童自我意识的特点,能促进学前儿童完善自我意识。
4. 掌握学前儿童气质和自我意识的测量与评估方法。

第一节 个性的一般概述

在日常的人际交往中,我们会发现,有的人行为举止、音容笑貌令人难以忘怀;而有的人则很难给别人留下什么印象。有的人虽只见过一面,却给别人留下长久的回忆;而有的人尽管长期与别人相处,却从未在人们的心目中掀起波澜。出现这种现象的原因就是个性在起作用。一般来说,鲜明的、独特的个性容易给人以深刻的印象,而平淡的个性则很难给人留下什么印象。

一、个性的内涵

个性也叫人格,是从英文"Personality"翻译过来的,亦可译为人格。个性最初源于拉丁语"Persona",原意是指古希腊戏剧中演员所戴的面具。所谓面具,就是演戏时因剧情需要所戴的或化妆的脸谱,用来表现剧中人物的身份和性格。就如我国京剧中有大花脸、小花脸等各种脸谱一样,用来表现各种性格和角色。心理学沿用"面具"的含义,转意为"个性"。

由于个性结构较为复杂,因此,许多心理学者从自己研究的角度提出了个性的定义。美国心理学家奥尔波特曾综述过50多种不同的个性定义。美国心理学家吴伟士认为:"人格是个体行为的全部品质。"美国人格心理学家卡特尔认为:"人格是一种倾向,可借以预测一个人在给定的环境中的所作所为,它是与个体的外显与内隐行为联系在一起的。"苏联心理学家彼得罗夫斯基认为:"在心理学中,个性就是指个体在对象活动和交往活动中获得的,并表明在个体中表现社会关系水平和性质的系统的社会品质。"我国心理专家郝滨认为:"个性可界定为个体思想、情绪、价值观、信念、感知、行为与态度之总称,它确定了我们如何审视自己以及周围的环境。它是不断进化和改变的,是人从降生开始,生活中所经历的一切的总和。"

就目前的观点来看,个性主要有下面5种定义:第一,列举个人特征的定义,认为个性是个人品格的各个方面,如智慧、气质、技能和德行;第二,强调个性总体性的定义,认为个性可以解释为"一个特殊个体所作所为的总和";第三,强调对社会适应、保持平衡的定义,认为个性是"个体与环境发生关系时身心属性的紧急综合";第四,强调个人独特性的定义,认为个性是"个人所以有别于他人的行为";第五,对个人行为系列的整个机能的定义,认为个性是"决定人的独特行为和思想的个人内部的身心系统的动力组织"。

综合上述观点,我们认为,个性是个人在自然素质的基础上,在一定的社会生活条件下形成的具有一定倾向性的、比较稳定的、独特的各方面心理特征的总和,它体现了一个人独特的精神风貌。现实生活中的每一个人都不是作为人的概念而抽象存在的,而是作为一个个有自己的思想情趣和行为风格的活生生的人具体存在的。人与人之间总是有着这样或那样的差别,完全相同的两个人是不存在的。每一个具体的人,由于他从先天遗传所获得的素质和生理条件的不同,以及他在后天环境中所具有的物质生活条件的不同,就会在他所进行的心理活动中表现出种种显著不同的个人倾向和特点。这些稳定而不同于他人的特点模式,使人的行为带有一定的倾向性,它表现了一个人由表及里的、包括身心在内的真实特性,这就是个性。

扩展阅读

个性决定命运

有位美国记者采访晚年的投资银行一代宗师摩根,问:"决定你成功的条件是什么?"老摩根毫不掩饰地说:"个性。"记者又问:"资本和资金何者更为重要?"老摩根一语中的地答道:"资本比资金重要,但最重要的还是性格。"

1998年5月,华盛顿大学350名学生有幸请来世界巨富沃沦·巴菲特和比尔·盖茨做演讲,当学生们问到"你们怎么变得比上帝还富有"这一有趣的问题时,巴菲特说:"这个问题非常简单,原因不在智商。为什么聪明人会做一些阻碍自己发挥全部工效的事情呢?原因在于习惯、性格和脾气。"盖茨表示赞同。

无论是在工作中还是在生活中,都是个性决定命运,个性好比是水泥柱子中的钢筋铁骨,而知识和学问则是浇筑的混凝土。个性决定着一个人的交际关系、婚姻选择、生活状态、职业取向以及创业成败等,从而基本上决定着一个人的命运。因此,成功与失败无一不与性格有着密切的关联,性格决定着人的一生是悲剧、平庸,还是建功立业、身世显赫。

二、个性的结构与特性

"人心不同,各如其面",这句话体现出个性的本质内涵是差异性,但也体现出个性的复杂性。要更完整、理性、深入地理解个性这一心理品质,就必须了解个性的结构与特性。

(一)个性的结构

从系统论的观点看,个性是一个多层次、多维度的复杂整体结构,是由各个密切联系的成分所构成的多层次、多水平的统一体,其主要成分包括个性心理倾向性和个性心理特征。

1.个性心理倾向性

个性心理倾向性是指人对社会环境的态度和行为的积极特征,包括需要、动机、兴趣、理想、信念、世界观等。个性决定着人对现实的态度,决定着人对认识活动对象的趋向和选择。个性心理倾向性是个性系统的动力机构,它较少受生理、遗传等先天因素的影响,主要是在后天的培养和社会化过程中形成的。它对个性的变化和发展起着推动与定向的作用,是整个个性结构的核心。对于幼儿来说,个性心理倾向性主要是需要、动机和兴趣。

个性心理倾向性中的各个成分并非孤立存在的,而是互相联系、互相影响和互相制约的。其中,需要是个性心理倾向性乃至整个个性积极性的源泉,只有在需要的推动下,个性才能形成和发展。动机、兴趣和信念等都是需要的表现形式,而世界观居于最高指导地位,它指引和制约着人的思想倾向和整个心理面貌,它是人的言行的总动力和总动机。由此可见,个性心理倾向性是以人的需要为基础,以世界观为指导的动力系统。在儿童期,支配心理活动与行动的主要是兴趣;在青少年期,理想上升到主导地位;到青年晚期和成年期,人生观和世界观支配着人的心理与行动,成为主导的心理倾向。

2.个性心理特征

个性心理特征是指一个人身上经常地、稳定地表现出来的心理特点,是人的多种心理特点的一种独特结合。这种稳定的心理特征是个性心理倾向性稳固化和概括化的结果。个性心理特征主要包括能力、气质和性格。对于幼儿来说,个性发展的主要内容就是个性心理特征开始形成。

个性心理特征的每种特性都和其他特性处于不可分割的、有规律的联系之中。能力、气质、性格各有特点,但又相互关联。例如,性格可以改变气质类型,气质又可以使性格带有特殊色彩并影响其形成和发展的速度。

一个人的个性心理倾向性是在实践活动中逐渐形成并发展起来的,它反映了一个人与客观环境之间的相互关系,以及一个人特殊的生活环境和经历。当一个人的个性心理倾向性成为一种稳定而概括的倾向时,就成为自己对他人、对自我、对某事的一贯态度与行为方式,从而构成一个人具有独特特点的性格特征。因此,个性心理特征与个性心理倾向性是相互联系、相互影响的。

(二)个性的特征

并非人的所有行为都是个性的表现。要了解一个人的个性行为,就有必要了解作为个性的一些基本特征。

1.整体性

个性是一个统一的整体结构,是由各个密切联系的成分所构成的多层次、多维度的统一体。在这个整体中,各个成分相互影响、相互依存,使每个维度行为的各方面都体现出统一的特征,这就是个性的整体性含义。因此,从一个人行为的一个方面往往可以看出他的个性,这就是个性整体性的具体表现。

个性的各种心理成分和特质,在一个现实的个人身上并不是孤立存在的,正常人的行动并不是某一特定成分(如能力或情感)运作的结果,而是各个成分密切联系、协调一致所进行的活动。心理的完整性是心理健康的表征。精神分裂症是一种常见的精神病,如果一个人得了精神分裂症,他就丧失了心理的完整性和一致性。患者的感觉、记忆、思维和心理机能虽没有丧失,但已不能统一协调成一个整体。由此可见,正常人的心理是多样性的统一,是一个有机的整体。

2.独特性

个性的独特性是指人与人之间的心理和行为是各不相同的。由于个性组合结构的多样性,每个人的个性都有自己的特点。比如,同是沉默寡言,有的人冷眼看世界,不是知音不与谈;有的人胸无点墨,故作高深。

强调个性的独特性,并不排除个性的共同性。虽然每个人的个性是不同于他人的,但对于同一民族、同一性别、同一年龄的人来说,个性往往存在着一定的共性。一个国家、一个民族的人,心理都有一些比较普遍的特点,如中国人的性格或多或少地都带有儒家思想的烙印。同一年龄的人身上更是存在一些典型特点,如幼儿期的儿童有一些明显的共同特征:好动、好奇心强等。从这个意义上说,个性是独特性与共同性的统一。

扩展阅读

不同国家人的性格

德国人的性格

1.思维缜密。考虑问题周到,有计划性,对细节都认真推敲后才同意签约,可能会提出严格的惩罚性条款。

2.十分讲究效率。他们信奉的座右铭是"马上解决"而不是"研究研究"。

3.十分自信、自负。如果跟德国人谈项目,务必要使他们相信项目质量能达到他们的标准。

4.守信用,严谨。对待个人关系非常严肃,在世界贸易中有着良好的信誉。

美国人的性格

1.爽直干脆,不兜圈子。多数美国人性格外向;东方人的耐性、涵养,美国人可能认为是客套、耍花招。

2.自信心强,比较自傲。喜欢指责别人,很少对别人宽容、理解,喜欢以自我为中心。

3.追求实利。以获取经济效益为最终目标,表现为非常重视合同的严肃性。

4.注重效率。生活节奏比较快,不喜欢进行"毫无意义"的谈判;与人约会,早到或迟到都是不礼貌的。

5.重视合同,重视法律。最关心合同、法律,关系再好,甚至是父子关系,在经济利益上也是绝对分明的。

日本人的性格

1.集体决策。日本人的价值取向和精神观念多数是集体主义的。

2.讲礼貌,爱面子。如果不适应日本人的礼仪,就不可能获得他们的信任与好感;重视人的身份、地位、资历;对任何事情都不愿意说"不";十分注意送礼方面的问题,赠送礼品是日本社会最常见的现象,应根据对方职位的高低来确定礼品价值的大小,否则会出现尴尬。

3.准备充分,考虑周到。洽谈时很有耐心,耐心是他们手中的利剑,多次成功地击败那些急于求成的欧美人。

4.注重在洽谈中建立和谐的人际关系。招商引资要想在日本社会取得成功,关键是看能否成功地与日本人结交。

韩国人的性格

1.重视洽谈前的咨询和调研。不了解清楚,他们是不会和你洽谈的。

2.注重良好的气氛。洽谈地点一般选择有名望的酒店,初始阶段会全力创造友好的气氛。

3.注重技巧。韩国人逻辑性强,做事喜欢条理化,惯会使用声东击西、先苦后甜、疲劳战等策略。

3.稳定性

个性的稳定性是指个体的个性特征经常地、一贯地表现在心理和行为之中。例如,一个人经常地、一贯地表现得冷静、理智、处事有分寸,我们才能说这个人具有"自制"的性格特征。至于他偶尔表现出的冒失、轻率,则不是他的性格特征。由于个性的稳定性,我们可以从一个人儿童时期的个性特征推测其成人的人格特征。俗话说"江山易改,禀性难移",即形象地说明了个性的稳定性。

个性虽然是相对稳定的,但并不是一成不变的,因为现实生活是非常复杂的,现实生活的多样性和多变性带来了个性的可变性。对于一个处于成长发育期的孩子来说,即使是已经形成了的一些比较稳定的个性特点,在一定的外界条件作用下,也会产生不同程度的改变。所以说,个性是稳定性和可变性的统一。

4.社会性

个性从其形成和表现形式上看,受社会历史的制约,人的需要、理想、信念、价值观、性格都是受社会影响而形成的,使个性带有明显的社会性。例如,在一定的社会中,同一民族、同一阶级的人们在某些共同的生活条件下生活,逐渐掌握了这个社会的风俗习惯和道德观念,就会形成某些共同的人格特点。

个性虽然具有社会性,但个性的形成也离不开生物因素。个体的遗传和生物特性是个性形成的自然基础,影响着个性发展的道路和方式,也决定着个性特点形成的难易程度。例如,一个神经活动类型属于强而不平衡型的人,就比较容易形成勇敢、刚毅的人格特点,而要形成细致、体贴的人格特点就比较困难。相反,一个神经活动类型属于弱型的人,就比较容易形成细致、体贴的人格特点,而要形成勇敢、刚毅的人格特点就比较困难。所以,个性是先天自然素质和社会环境相互选择、相互渗透的积淀物。

三、个性的形成

学前儿童的个性对其一生的发展都有很直接的影响。研究学前儿童的个性发展,必须了解学前儿童个性形成的阶段和影响因素,以便为科学地帮助学前儿童养成良好的个性提供依据,为儿童的健康成长奠定良好的基础。

(一)学前儿童个性形成的阶段

学前期是个性开始形成的时期,在这个时期,儿童的性格、能力等个性心理特征和自我意识已经初步发展起来,表现出明显的、稳定的倾向性,形成个人的独特性。学前儿童的个性形成主要经历了以下几个阶段。

1.先天气质差异阶段(出生至1岁前)

孩子从刚刚出生开始就显示出个人特点的差异,如有的婴儿情绪急躁冲动,有的婴儿情绪平稳安静,这种差异主要是与生理关系密切的气质类型的差异,是由每个人先天的高级神经活动类型的差异导致的。这种先天气质类型的差异作为个别差异而存在,影响着父母对孩子的抚养方式,并在与父母的日常交往中越来越明显地成为个人特点。

2.个性特征的萌芽阶段(1~3岁)

此阶段孩子的各种心理过程包括想象、思维等逐渐齐全,发展迅速。1岁左右,儿童的自我意识开始萌芽,开始区别了自己和外部世界。3岁左右,在气质类型差异的基础上,通过环境的作用,如在与父母和周围人的交往中,孩子之间出现较明显的个性特征的差异。

3.个性初步形成阶段(3~6岁)

幼儿期,儿童的心理水平逐渐向高级发展,特别是随着儿童心理活动和行为的有意性的发展,孩子个性的完整性、稳定性、独特性及倾向性等各方面都得到了迅速发展,标志着儿童个性初步形成。

幼儿期只是儿童个性形成的开始,或是个性初具雏形的时期,直到成熟年龄(18岁左右),个性才基本定型。个性在定型以后,还可能发生变化。这个阶段的个性是未来个性形成的基础,一般来说,个性容易按照最初的倾向发展下去,如婴幼儿期个性比较温顺的人,将来更容易形成与人和睦相处、守纪律的个性。所以,教育者必须重视幼儿期孩子良好个性的养成。

(二)影响学前儿童个性的因素

影响个性形成和发展的因素是很多的,但从先天与后天、主观与客观诸方面分析,不外乎遗传素质、社会生活环境、教育和个体的主观努力几个方面。

1.遗传素质为个性的形成和发展提供了生理前提

遗传素质是指个体的那些与生俱来的解剖生理特点,如个体的身体构造、形态以及感觉器官、运动器官和神经系统,特别是大脑的结构和机能特点。遗传素质在个性的形成与发展中的作用主要有:第一,它为个性的形成和发展提供了物质的生理基础。一个人不具有相应的物质生理基础,有关的个性特点就不能形成。一般来说,天生的盲人很难成为画家,生来聋哑的人很难成为歌唱家。第二,它为个性的形成和发展提供了可能性。在一定的条件下,凡是生理发育正常的人都可以成为具有某种才能、某种品德行为的人。当然,人与人的遗传素质存在一定的差异性。例如,人的高级神经活动类型的特点是各不相同的,这些差异正是他们个性不同的物质生理基础。遗传素质不能决定一个人的个性,而只是个性形成的潜在可能性,并没有规定个性的现实性。要想使这种可能转变为现实,还要在实践活动的过程中凭借社会环境的作用才能实现。所以,在个性形成的问题上,否认遗传素质作用的理论是不对的,但过分夸大遗传素质的作用,主张"遗传决定论"也是错误的。

2.社会生活条件是个性形成和发展的决定因素

遗传素质仅仅为个性的形成提供了必要的前提和可能性,而这种可能是否能转变为现实,主要取决于后天的社会生活条件和教育的作用。在个性的形成和发展中,社会生活条件的作用有两层含义:从广义上说,整个社会生活环境对个性的形成与发展起着决定性的作用,所以,任何个性都打着社会的烙印,任何个性的发展都受着社会的制约;从狭义上说,局部的社会生活环境,包括家庭、周围环境和人际关系等,对个性的形成与发展起着重要的影响作用。俗话说:"近朱者赤,近墨者黑。"家庭是社会生活的基本单位,社会生活条件首先通过家庭去影响儿童的个性,家庭成员特别是父母是儿童最早的老师,他们的教育观点、教育态度和教育方法等对儿童有着潜移默化的作用。儿童在家庭中的地位也会在他的个性中打上深刻的烙印。

扩展阅读

美国合格父母的十条标准

1. 孩子在场，父母不吵架。
2. 不拿自己的孩子和别人的孩子相比。
3. 父母之间互相谅解。
4. 任何时候都不对孩子撒谎。
5. 与孩子之间保持亲密无间的关系。
6. 孩子的朋友来做客要表示欢迎。
7. 孩子提出的问题尽量答复。
8. 在外人面前不讲孩子的过错。
9. 观察和表扬孩子的优点，不过分强调孩子的缺点。
10. 对孩子的爱要稳定，不动不动就发脾气。

3. 教育在人的个性形成和发展中起主导作用

社会生活条件对人的个性的影响是自发的和多向的，这些影响有时是一致的，有时是相向的，这就可能产生合力或分力，甚至阻力，所以，社会生活条件对个性形成和发展的决定作用还得由教育把握其方向。学校教育虽然也是环境条件，但它与一般环境条件不同，它是由一定的教育者，按照一定的教育目的，采用一定的教育内容，并采取一定的教育方法，对受教育者施加的系统的影响。它是有目的、有计划、有组织的自觉环境影响，能对人的个性发展产生全面、系统和深刻的影响。尤其是教育能排除和控制环境中的一些不良因素的影响，给人以更多正面的引导，从而使人的个性朝着健康的方向发展。所以，教育在人的个性的形成与发展中起主导作用。例如，一个人的发音器官再好，如果没有音乐教师的培养，不学习声乐技巧，就不可能成为优秀的歌手。

总之，个性的形成和发展是多因素错综复杂影响的结果。其中，遗传素质是生理前提，社会生活条件是决定因素，教育起主导作用。个性正是在遗传素质的前提下，在主体参加社会实践活动的过程中被塑造出来的，教师的作用在于协调、引导、促进和规范各因素对学生个性形成和发展的影响。

第二节 学前儿童气质的发展

新生儿刚出生时就表现出与生俱来的差异,如有的新生儿比较活跃多动且哭声响亮,而有的婴儿则比较安详宁静、哭声细小,这是气质差异的表现。气质是指一个人所特有的、主要由生物性决定的、相对稳定的心理活动的动力特征。它使人的整个心理活动具有独特的色彩,与其他个性心理特征相比,气质和人的解剖生理特点具有最直接的联系,具有较突出的生物性。同时,气质与其他个性心理特征相比,具有更大的稳定性。

一、气质的生理基础

人的气质差异是与生俱来的,学者们认为人的气质差异和人的生物属性有关,可以从人的生物属性去揭示气质差异的奥秘。下面我们将介绍两种典型的学说以阐述气质的生理基础。

(一)体液说

希波克拉底是古希腊著名的医生,他认为体液即是人体性质的物质基础。他还认为,人体中有四种性质不同的液体,它们来自不同的器官。其中,黏液生于脑,是水根,有冷的性质;黄胆汁生于肝,是气根,有热的性质;黑胆汁生于胃,是土根,有渐温的性质;血液出于心脏,是火根,有干燥的性质。人的体质不同,是由于四种体液的不同比例所致。

这几种体液在人体内的比例不同,就导致人们有不同的行为习惯和思维形式,进而形成了不同的气质。希波克拉底把气质分为四种类型,多血质的人血液占优势,胆汁质的人黄胆汁占优势,黏液质的人黏液占优势,抑郁质的人黑胆汁占优势。这四种气质在生活中都带有自己典型的特征。

胆质汁的人直率,热情,精力旺盛,为人直爽坦诚,工作主动,行为果断,爱指挥人,心境变化剧烈,情绪明显外露。但自制力较差,情绪易冲动,容易感情用事,行为具有攻击性,属于"好斗型"。

多血质的人活泼,好动,敏感,反应迅速,善于交际,情感易外露,对一切吸引他的事物都会做出兴致勃勃的反应,在群体中比较受欢迎,语言富有感染力,表情生动,反应灵敏。但情绪不稳定,喜怒易变,常有不守信用的行为表现,注意力容易转移,对事物的热情维持时间不长,往往不求甚解。

黏液质的人安静,稳重,反应迟缓,沉默寡言,善于忍耐,不尚空谈,富有理性,情感不易外露,自制力强,行动缓慢沉着,善于完成需要意志力和长时间注意的工作,情绪比较稳定,冷静踏实。但有时情感过于冷淡,行动拘谨,不善于随机应变,缺乏创新精神,灵活性差。

抑郁质的人好静，行为迟缓，多愁善感，感情细腻，沉稳冷静，情绪体验深刻，富于想象，工作认真，不轻易许诺，且情绪不易外露，善于察觉别人不易觉察到的细小事物。但不善与人交往，在处理事情上优柔寡断，主动性较差，交际面窄，孤独感强烈。

(二)高级神经活动类型学说

巴甫洛夫从高级神经活动的方式和类型的角度来解释气质的生理基础。巴甫洛夫认为，神经活动的基本过程是兴奋和抑制。高级神经的基本活动有三种特性，即神经活动过程的强度、神经活动过程的平衡性、神经活动过程的灵活性。神经活动过程的强度是指神经细胞和整个神经系统工作的性能，也就是受强烈刺激和持久工作的能力。神经活动过程的平衡性是指兴奋和抑制两种神经活动过程间的相对关系。神经活动过程的灵活性是指兴奋过程与抑制过程相互转化的速度。

根据神经过程的这些特性，巴甫洛夫确定了四种高级神经活动类型。

第一，强、不平衡型。其特点是兴奋与抑制过程都强，但兴奋过程略强于抑制过程，是易兴奋、奔放不羁的类型，又称兴奋型或不可遏制型。

第二，强、平衡、灵活型。其特点是兴奋与抑制过程都较强，并容易转化，反应敏捷，表现活泼，能适应变化的外界环境，又称活泼型。

第三，强、平衡、不灵活型。其特点是兴奋与抑制过程都较强，但两者转化较困难，是一种安静、沉着、反应较为迟缓的类型，也称安静型。

第四，弱型。其特点是兴奋与抑制过程都弱。过强的刺激容易引起疲劳，甚至引起神经衰弱、神经官能症，并以胆小畏缩、反应速度缓慢为特征，又称抑制型。

巴甫洛夫把他确定的高级神经活动类型同气质类型相对照，发现它们之间完全符合。巴甫洛夫还认为，这四种不同的神经活动类型是人与动物共同具有的一般特性，这种一般特性构成了人的气质的生理基础。由此可见，气质是神经活动类型在人的活动、行为中的表现。高级神经活动类型与传统的希波克拉底划分的四种气质类型的相互关系如表12-1所示。

表 12-1 高级神经活动类型与气质类型对照表

神经系统的特性和类型				气质	
强度	平衡性	灵活性	组合类型	气质类型	主要心理特征
强	不平衡（兴奋占优势）		兴奋型	胆汁质	容易兴奋，难以抑制，不易约束
强	平衡	灵活	活泼型	多血质	反应敏捷，活泼好动，情绪外显
强	平衡	不灵活	安静型	黏液质	安静沉稳，反应迟缓，情感含蓄
弱	不平衡（抑制占优势）		抑制型	抑郁质	对事敏感，体验深刻，孤僻畏缩

由于气质与神经系统的先天或遗传特征有关,因此,通常认为气质类型是相对稳定的,不容易改变。环境可能会掩蔽气质的特性,但并没有改变气质。气质类型没有好坏之分,不同气质类型的儿童都能以自己特有的动力特征成为社会的有用之才。

扩展阅读

血型与气质的研究

最先提出气质血型学说的是日本学者古川竹二。他依据自己的日常观察和调查研究于1927年提出了"人因血型不同而具有各自不同的气质,同一血型具有共同的气质"的论断。古川竹二根据血型将人的气质划分为A型、B型、O型和AB型四种,其中A型的人保守、多疑、焦虑、富感情、缺乏果断性、容易灰心丧气等;B型的人外向积极、善交际、感觉灵敏、轻诺言、好管闲事等;O型的人胆大、好胜、喜欢指挥别人、自信、意志坚强、积极进取等;AB型的人兼有A型和B型的特征。古川竹二的学说一提出就在社会上引起了极大的轰动,但在心理学界并没有引起足够的重视。

二战以后,日本的血型与气质关系的研究得到了进一步的发展,代表人物有能见正比古和铃木芳正等。能见正比古认为血型的真正含义是指人体的体质和气质的类型,并指出体质和气质是相关的,因为气质也是从体内产生的。不过,由于观察问题的角度不同,天赋的素质有时可称为体质,有时可称为气质。铃木芳正在前人研究的基础上,综合了心理学、生理学及生物化学的知识,编制了智力测验、人格测验、职业测验、精神健康测验和男女性度测验等五项测验,对数千人进行了施测,并将测验结果与他们的血型进行比较。但也有研究者(米光华,1983)认为,他们的研究并非严谨的科学研究,虽然他们也编制过一些问卷,但在资料处理和结果解释上存在很多问题。

近些年来,日本学者对血型和气质的关系进行了很多实证性研究,这与以往将其简单地视为"非科学的迷信"而加以简单地否定不同,而是采用了科学的方法进行了研究。

除了日本学者对血型与性格进行研究外,西方以及我国学者对血型与气质之间是否存在联系也进行了大量的研究。

二、学前儿童气质的表现

在个性所有的心理成分中,年龄越小的儿童,气质表现越明显,气质极大程度上影响着学前儿童的个性表现。因此,学者们根据学前儿童的气质表现,力求对学前儿童的气质进行分类,以便有效地把握学前儿童的气质特点。下面将介绍其中有代表性的几种分类。

(一)托马斯的气质三类型学说

托马斯等人在对婴儿做了大量追踪研究的基础上,提出气质包含活动水平、生理活动的节律性等九个维度(见表12-2),他又根据这九个维度将婴儿的气质划分为易养型、难养型和启动缓慢型三类。

表12-2 气质的主要维度

名称	表现
活动水平	在睡眠、饮食、玩耍、穿衣等方面身体活动的数量
节律性	机体的功能性,表现在睡眠、饮食、排便等方面
适应性	以社会要求的方式调整最初反应的难易性
趋避性	对新刺激、食物、地点、人、玩具或玩法的最初反应
反应阈	产生一个反应需要的外部刺激量
反应强度	反应的能量内容,不考虑反应质量
情绪本质	高兴或不高兴行为的数量
注意分散度	外部刺激(声音、玩具)干扰正在进行活动的有效性
坚持度	在有或没有外部障碍的条件下,某种具体活动的保持时间

易养型的婴儿生理节律有规律,比较活跃,容易适应环境,如容易接近陌生人,容易接受新的食物,容易接受安慰等;情绪比较积极、稳定、友好、愉快,喜悦的情绪占主导;求知欲强,在活动中比较专注,不易分心;爱游戏,容易得到成人的关爱。这类气质的婴儿占研究样本的40%。

难养型的婴儿生理节律混乱,睡眠、饮食及排便等机能缺乏规律性;情绪不稳定,易烦躁,爱吵闹,不容易接受成人的安慰,对新环境不容易适应,表现为易退缩和易激动;主导情绪消极、紧张,焦虑强烈;注意力维持时间较短,容易分心;难以与成人合作,与成人关系不密切。在研究样本中这类婴儿占10%。

启动缓慢型的婴儿不活跃,情绪比较消极,表现较为安静和退缩,对环境刺激的反应比较温和、低调,对新环境的适应比较慢,通过抚爱和教育能逐步适应新环境。这类婴儿占15%。

除了以上三类气质外,还有35%的婴儿属于混合型气质。

属于难养型气质的婴儿,如果家长照料态度不当,容易发生心理问题,形成不安全依恋。进入学校后,大多数这类气质的儿童会发生更多的适应问题。而且,这类儿童在幼儿期和童年期表现出焦虑、退缩,或有较多的侵犯性行为。

对具有启动缓慢型气质的婴儿,只要给予足够的关爱和耐心,通常不会发生心理问题。但如果家长对他们缺乏应有的敏感和关心,如漠视、粗暴等,他们也容易形成不安全依恋。而且进入学校后,与同龄人相比,显得有些适应困难,如表现出焦虑、不安等。

(二)巴斯的活动特性说

20世纪70年代,美国心理学家巴斯发表了《气质理论和人格发展》等著作,根据人们参加各种类型活动的倾向性不同,提出"气质的活动特性说",被称为"巴斯的气质理论"。他把人的气质划分为四种类型。

1.活动性

活动性的婴儿总是忙于探索外部世界和做一些大肌肉动作,乐于并经常从事一些运动型游戏。其中,有一些活动性儿童会显得有些霸道,经常与人争吵;而另一些活动性儿童则常从事一些有益且有刺激性、启发性,但不带有攻击性的活动。活动性儿童比其他儿童更易引起与他人的冲突而导致成人对其采取限制、干预或强制行为。这类儿童总是抢先接受新的任务,精力充沛,不知疲倦,儿童期在教室里闲坐不住,成年时表现出强烈的事业心。

2.社交性

社交性的儿童乐于社交,渴望与他人建立亲密、友好的关系,不愿独处,在社会交往中反应积极,在追求家庭成员或不相关人员的接纳上同样积极。但是,他们这种强烈的社交要求常会受到挫折和伤害,有时甚至被当作神经过敏而遭到拒绝。巴斯认为,这类儿童在婴儿期要求父母在身旁,对他爱抚,孤单时会大哭大闹;儿童期容易接受教育,容易受周围环境的影响;成年时与他人建立融洽的关系,和睦相处。

3.情绪性

情绪性的儿童的觉醒程度和反应强度都大,常通过行为或生理心理变化表现出悲伤、恐惧或愤怒的反应。与其他儿童相比,这类儿童可能对更细微的厌恶刺激做出反应,并且不易被安抚下来。他们的恐惧水平和愤怒水平之间存在负相关。其中,有部分情绪性儿童的主导情绪可能是恐惧,并伴随一般的唤醒水平和悲伤水平;另一部分儿童的主导情绪可能是愤怒,同时伴随较少恐惧和悲伤。巴斯认为,情绪性气质类型的人在婴儿期经常哭闹;儿童期容易激动;成年时经常喜怒无常,难以合作相处。

4.冲动性

冲动性的儿童的突出表现是在各种场合和活动中极易冲动,情绪行为缺乏控制,行为反应的产生、转换和消失都很快。这类儿童的活动、情绪都不稳定,多变化,冲动性强。巴斯认为,冲动性气质类型的人在婴儿期表现急躁,如等不及成人喂饭、换尿布等;儿童期注意力容易分散,经常坐立不安;成年时行动带有冲动性。

巴斯气质理论的缺陷在于没有揭示出活动特性的生理基础。在气质中，人的反应活动的特性处于醒目的位置。用活动特性来区分人的气质，这是近年来西方心理学中出现的一种新动向。

(三)卡根的抑制—非抑制说

美国发展心理学家卡根受巴甫洛夫高级神经活动学说的启发，以行为抑制性—非抑制性为研究儿童气质的指标，提出了儿童气质研究的新思路。卡根把儿童分为行为抑制性和行为非抑制性两类。

卡根这样描述行为抑制性和非抑制性的儿童：在面对不熟悉的人、物或情境的最初几分钟内，意识要对闯入的信息进行理解。这时个体处在"对不熟悉事物的不确定"心理状态，个体以不同的方式对不确定做出反应。面对陌生情境的最初10～15分钟内，有的儿童非常敏感，中断他们正在进行的活动，退回到熟人身边，或离开不熟悉事件发生的地点。如果这类敏感、退缩、胆怯是稳定的行为特征，那么这类儿童称为行为抑制性儿童。另一类儿童在面对不熟悉的事物或人时，他们正在进行的活动没有明显改变，甚至可能会主动接近不熟悉的事件。如果这类不怕生、善交往、主动接近陌生环境的行为稳定地发生，那么这类儿童则属于行为非抑制性儿童。

行为抑制性儿童的主导特征是拘束克制、谨慎小心、温和谦让、行为抑制，经常具有高度情绪性和低度社交性。行为非抑制性儿童活泼愉快、无拘无束、精力旺盛、冲动性强。在日常生活中，父母常把行为抑制性儿童称为胆小的孩子，把行为非抑制性儿童称为胆大的孩子。如果不熟悉的事件是一种新事物或环境的改变，行为抑制性儿童就被称为敏感的孩子，行为非抑制性儿童则被称为适应的孩子。如果不熟悉的是一群人或一个人，行为抑制性儿童被称为害羞的孩子，行为非抑制性儿童则被称为好交往的孩子。卡根发现，4个月的婴儿中有20%对新异刺激容易表现出不安，有40%对新异刺激表现坦然，还有30%要再大一些才表现出稳定的气质类型。

卡根在对儿童行为抑制性的纵向研究中发现，非抑制性行为的保持好于抑制性行为的保持。在儿童出生的21～31个月期间，由行为抑制性向行为非抑制性的转变比相反方向转变的人数要多。

综上所述，对于儿童气质的表现，不同的学者有不同的划分。需要指出的是，气质类型本身并不会造成今后的行为障碍。当儿童的气质与外界环境协调一致时，即当儿童处于调节良好的状态时，儿童将得到正常的发展。而当儿童的气质与环境不能协调时，就容易出现行为问题。如果一个婴儿具有难养型气质，而他的母亲并没有认识到他的气质特点，反而运用不良的教养方式(如不敏感，甚至拒绝)，那么，母亲期望与婴儿行为之间就会产生不协调，母亲与婴儿的关系难以达到融洽，儿童在这种环境中生活,心理发展受到挫折,最终会出现行为问题。

气质行为连续性的影响是一个宏观层面上的问题,即在总体上,有 20%～25% 的婴儿由于气质类型的极端性,使行为表现出明显的连续性。但对于每一个具体的儿童来说,其行为前后是否连续,关键要看他所处的环境因素,他所面临的家长和教师的教养态度和方式,以及他对环境因素所做出的反应。如果脱离这一点,单纯从婴儿的早期特征去预测其将来的性格特征,就会有很大的风险。

第三节 学前儿童自我意识的发展

自我意识也称自我,是人对自己身心状态及对自己同客观世界的关系的意识。自我意识是学前儿童社会化的重要组成部分,学前儿童社会化的目标就是形成完整的自我。自我意识包括三种形式,即自我认识(狭义的自我意识)、自我评价和自我调节。

一、学前儿童自我意识的发生

心理学指出,人并不是生来就有自我意识的,儿童的心理只有发展到一定的阶段才能形成自我意识。一般认为,0～2岁是儿童自我意识的发生时期。我们将儿童自我意识的发生分为三个阶段。

(一)不能意识到自己存在的阶段(0～5个月)

初生的婴儿是没有自我意识的,不能意识到自己身体的存在,不知道自己身体的各个部分是属于自己的。精神分析学家玛格利特·玛勒把新生儿比作"蛋壳中的小鸡",他们不能把自己同外界环境区分开来,还不具备本体性,所以经常会发生把自己的小手或小脚当玩具来玩耍的情况。

因为没有自我意识,这个阶段的婴儿不会表现出"自私"的行为,显得非常大方。这个阶段的婴儿会抱着自己的手或脚啃,啃疼了会哇哇大哭,他们不明白自己和外界的区别、自己和他人的不同。

(二)自我意识萌芽的阶段(5个月～15个月)

1.意识到自己身体各个部分的阶段(5～9个月)

随着认识能力的发展和成人的教育,婴儿的动作开始转向外部环境,他们开始喜欢摇摇棒、捏发声的玩具,但这时婴儿还把自己的身体当作与其他东西一样的玩具来玩耍,他们嘬手指,用自己的小手搬弄小脚,同时伴随着呀呀声,啃吮小脚。婴儿开始认识到手和脚是自己身体的一部分,能够自己用手去抓东西,同时对自己的名字有反应。他们显示出对镜像的兴趣,注视它,接近它,微笑并咿呀作语,但对自己的镜像和其他婴儿的镜像的反应没有区别。

2.对自己行动认识的阶段(9～12个月)

从9个月开始,儿童开始意识到自己的动作和主观感觉的关系,通过偶然性的动作逐渐意识到自己的动作和动作产生的结果的关系。婴儿如果不小心把手里的玩具掉到地上,当成人捡起来时,他们就会有意把玩具反复扔到地上。在反复的过程中,他们逐渐区分自己的动作和动作的对象(玩具)间的关系,开始把自己的动作和动作的对象加以区别,这是自我意识的最初级形态。1岁左右,婴儿的自主意识开始发展,他们会要求自己做事情,如自己拿勺子吃饭,自己喝水,拒绝成人的帮忙,出现最初的独立性(表现为爱说"我要自己来")。

3.学会使用自己名字的阶段(12~15个月)

婴儿12个月左右开始渐渐认识身体的各个部分,但不能区分自己身体和别人身体的器官,学会使用自己的名字,这是自我意识发展中的巨大飞跃,表明他们能把自己和别人相区别。如问他这个苹果是谁的,他会答:"宝宝的。"问他谁想吃苹果,他会答:"宝宝吃。"但是,这时儿童只是把名字理解为自己的信号,因此,在遇到叫同名的别的孩子的时候,他就感到有些困惑了。在镜子前,孩子会把镜子当作游戏伙伴,亲吻它,和它贴脸。在13个月左右的时候,婴儿开始区分自己和别人,能通过照片来指认自己,也能在自己和其他婴儿的合影中准确地找出自己。

(三)自我意识形成的阶段(15~24个月)

两岁以后的儿童,渐渐能够懂得"我""你""他"这些人称代词,在生活中掌握了物主代词"我的"和人称代词"我",由此实现了自我意识发展的又一次飞跃,标志着他们真正的自我意识的形成。他们也能意识到自己身体内部的状态,如"我肚子疼"等。

此时,也出现了最初的自我概念,开始出现给我、我要、我会、我自己来等意向。两三岁的儿童往往开始表示自己的主张,当成人提出一些要求时,儿童并不听从,经常说"我不……",行为上表现出爱做事、闹独立等特点。

📖 知识园地

> **心理小实验**
>
> 1.有位心理学家在做动物实验时曾遇到这样一件有趣的事情:给小猴子一些木块,让它用木块换糖吃,换到后来,木块用完了,它就用自己的尾巴来换糖,使这位心理学家捧腹大笑。为什么看起来挺聪明的小猴子会做出如此可笑的动作,而再笨的孩子也不会用自己的手或脚去换糖?这是为什么呢?原因在于:猴子不能把自己同周围的事物区别开来。而人则不同,人能够认识自己以及自己同周围世界的关系,人有自我意识。有无自我意识是动物和人在心理上的分界线。
>
> 2.点红测验。1972年,北卡罗来纳州大学的心理学家做了这样的实验:婴儿熟睡时,往婴儿的鼻子上抹上胭脂,婴儿醒来后,让他照镜子,结果发现,有些15个月大的婴儿会看着镜子,摸自己那抹了胭脂的鼻子,但绝大部分婴儿要在21个月以后才会出现这种行为。由此,心理学家得出结论:婴儿的自我意识大约在1岁8个月时形成。

二、学前儿童自我意识的发展

在教育的影响下,幼儿的自我意识有了进一步的发展。韩进之等人的研究表明,幼儿自我意识各因素(自我评价、自我体验、自我控制)发展的总趋势是随着年龄的增长而增长(见图12-1)。

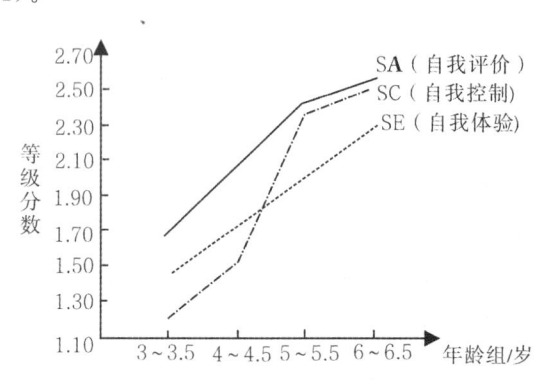

图 12-1　学前儿童自我意识各因素的发展趋势图

(一)学前儿童自我认识的发展

自我认识是主观自我对客观自我的认识与评价。自我认识是自己对自己身心特征的认识,自我评价是在这个基础上对自己做出的某种判断。正确的自我评价对个人的心理活动及其行为表现有较大影响。

7岁之前,儿童对自己的描绘仅限于身体特征、年龄、性别和喜爱的活动等,还不会描述内部心理特征。一项研究(Keller,Ford & Meachum,1978)让3~5岁的幼儿用"我是个……"和"我是个……的男孩(或女孩)"的句型,说出关于自己的10项特征。约50%的儿童描述了自己的日常活动,而对心理特征的描述几乎没有。早期儿童的认知能力处于具体形象思维阶段,他们很容易把自我、身体与心理混淆起来。塞尔曼等人也认为,幼儿的概念是"物理概念",儿童对内在的心理体验和外在的物理体验不加区分。

自我评价的能力在3岁的儿童身上还不明显,自我评价开始发生转折的年龄是3.5~4岁,此年龄段自我评价能力的发展速度较4~5岁时要快,绝大多数5岁的儿童已能进行自我评价。这与苏联的研究结论——自我评价产生于学前期——是一致的。幼儿自我评价的特点是:从轻信成人的评价到自己独立评价;从对外部行为的评价到对内心品质的评价;从比较笼统的评价到比较细致的评价;从带有极大主观情绪的自我评价到初步客观的评价;开始按照道德行为的准则进行评价。

3岁的儿童在回答自己是好孩子的原因时说:"妈妈说我是好孩子。"然后,儿童开始根据某一个方面的行为对自己进行评价,进而能从多方面进行自我评价。4岁的儿童从个别方面或局部评价自己,说自己是好孩子的原因是"我不打人"或"我帮老师收积木"。4岁组72%的儿童开始能够运用一定的道德行为规则来评价自己和他人行为的好坏。到了5～6岁时,几乎所有的儿童都能运用一定的道德行为规则来评价自己和他人的行为。

总的来说,幼儿的自我评价能力还很差,成人对幼儿的评价在幼儿的个性发展中起着重要作用。因此,成人必须善于对儿童做出适当的评价,对儿童的行为做过高或过低的评价对儿童都是有害的。

(二)学前儿童自我体验的发展

自我体验是由主体对自身的认识而引发的内心情感体验,是主观的我对客观的我所持有的一种态度,如自信、自卑、自尊、自满、内疚、羞耻等都属于自我体验。

我国学前儿童自我情绪的体验有一个不断深化的发展过程。他们社会情感的自我体验逐渐丰富,并有一定的顺序,表现为从与生理需要密切联系的愉快向社会性体验诸如自尊、羞愧发展。3岁组儿童的愉快自我体验占23%左右,有羞愧感的儿童只占3%左右;6岁组97%的儿童都具有愉快感和羞愧感。学前儿童的自我体验容易受成人的暗示,尤其是3岁组儿童,只有在成人的暗示下才会有羞愧感。如当成人问3岁的儿童:"如果在游戏中违反规则又被老师发现,你觉得难为情吗?"有27%的3岁儿童给予肯定回答,但如果改用"你觉得怎样"的笼统提问,只有3%的3岁儿童有自我体验。5～6岁组儿童的暗示性差异不大。

在幼儿自我情绪体验中最值得重视的是自尊。自尊是自我意识中具有评价意义的情感成分,是与自尊需要相联系的、对自我的态度体验,也是心理健康的重要指标之一(Jahoda,1958)。自尊需要得到满足,将会使人感到自信,体验到自我价值,从而产生积极的自我肯定。研究表明,高自尊与以后对生活的满意和幸福感相关(Crandall,1973),而低自尊则与压抑、焦虑、学校生活和社会关系不适应相联系(Damon,1983)。

儿童在3岁左右产生自尊的萌芽,如犯了错误感到羞愧,怕别人讥笑,不愿被人当众训斥等。随着身体、智力、社会技能和自我评价能力的发展,儿童的自尊也得到发展。在韩进之等人的研究中,不同年龄的儿童体验到自尊的比例分别为:3～3.5岁,10%;4～4.5岁,63.33%;5～5.5岁,83.33%;6～6.5岁,93.33%。自尊稳定于学龄初期。自尊与儿童的能力和对自身能力的认识有关,受到父母的育儿风格和对儿童有重要意义的他人评价的影响。高自尊的孩子,其父母一般也更温暖和支持,为他们树立了生活的典范,在有关他们的决定中听取他们的意见。民主型的教养方式有助于儿童形成高自尊。相反,对儿童越溺爱,教育方式越不一致,则越容易使儿童形成低自尊。

(三)学前儿童自我控制的发展

自我控制是自己对自身行为与思想言语的控制,具体表现为两个方面:一是发动作用;二是制止作用,也就是支配某一行为,抑制与该行为无关或有碍于该行为进行的行为。

自我控制能力在 3~4 岁的儿童身上还不明显。从缺乏自我控制能力到有自我控制能力的转折年龄是 4~5 岁。绝大多数 5~6 岁的儿童都有一定的自我控制能力。总的来说,幼儿的自控能力还是较弱的。科普认为,在儿童早期,儿童自我控制和自我调节的能力要经历五个重要的发展阶段(如表 12-3)。

表 12-3 儿童自我调节的早期形式

发展形式	特征	出现的年龄	中介变量
控制与系统组织	唤醒状态,早期活动的激活调节	从母亲怀孕晚期到儿童 3 个月	神经生理的成熟,父母间的交往,儿童的生活常规
依从	对成人警告性信号的反应	9~12 个月时出现	对社会行为的偏向,母子交往的质量
冲动控制	自我的发生,行为与言语间的平衡	2 岁时出现	成熟因素(如言语的发生),照看者对儿童需要与情感的敏感性,降低压力的措施的采用
自我控制	社会品质的内化,动作抑制	2 岁时儿童对成人的要求进行反应,3~4 岁时利用外部言语进行自我调节,6 岁时转换为内部言语的调节	社会互动与交流,言语的发展及其指导作用
自我调节	采用偶然性规则来引导行为而不顾及环境的压力	3 岁时出现	认知过程,社会背景因素

自我控制对于人成功地适应社会相当重要,它是人完成各种任务、协调与他人关系的必要条件。由于幼儿的皮质兴奋机制相对抑制机制仍占很大优势,所以,幼儿更多地表现出冲动性,自我控制能力较低。

第四节 学前儿童个性的研究

本节的学前儿童个性研究包括两个维度:一是从学科的研究角度,介绍学者们有关学前儿童个性研究的进展,以进一步揭示学前儿童个性的奥秘;二是从了解儿童个性的角度,介绍学前儿童气质与自我意识的测量与评估方法,以帮助教育者更好地了解学前儿童的个性。

在学前儿童个性的众多心理现象中,气质和自我意识是学前儿童表现最突出,也是最重要的个性品质。下面将对学者们有关学前儿童气质与环境、气质与行为预测、气质与自我意识的形成和发展的研究进行介绍。

一、学前儿童气质与环境的相关研究

虽然气质是生物性因素,但它的发展受环境的影响十分明显。同时,神经系统活动特征随神经系统成熟过程有重组的现象。研究表明,儿童的行为具有受环境影响而改变的可能性。

(一)气质与文化背景的研究

儿童的气质行为具有文化差异。卡根的一项比较研究发现,华裔儿童在婴儿期和向儿童期过渡的期间,行为抑制性比白人儿童强烈。在实验中,华裔儿童的言语和笑都比白人儿童少。在与母亲分离时,华裔儿童哭得更厉害。在陌生情境中,华裔儿童接近母亲的时间比白人儿童长。华裔母亲认为自己孩子的最明显特征是胆小和害怕,而白人母亲更倾向于认为健谈、幽默感、主动表达情感是自己孩子的明显特征。在加工不熟悉的视觉、听觉信息时,华裔儿童的心率比白人儿童更稳定。

另一项研究(Chen,et al.,1998)发现,中国家长认为行为抑制是儿童个性的积极方面,而加拿大家长并不这么认为。中国儿童行为抑制的百分比远远高于加拿大儿童。研究者认为,文化信念能支持或改变儿童的原始气质成分。总的说来,儿童的气质成分在文化和环境的影响下可能会有所变化。

(二)气质与家庭环境的研究

相关的研究表明,双亲是支配型的儿童表现得较顺从、腼腆、被动、缺乏自信心。如果母亲过于严厉,孩子就会表现得幼稚、依赖、被动、胆怯。在现实生活中,大多数儿童对新异事件的抑制或探索反应一般都发生在与抚养者(通常是母亲)相互作用的背景中。当儿童处于新环境中,或面对陌生人时,母亲常会利用各种社会化策略去影响儿童的行为,鼓励孩子探索新环境,对陌生人做出积极的反应,这是儿童社会化的一个重要目标。同时,研究表明,母亲的心理问题与儿童的行为抑制有关。易于焦虑和抑郁的母亲,其子女的行为抑制比例明显高于母亲正常组的儿童。

研究发现,正常儿童的母亲认为孩子的社会技能主要来自他们自身的社会经验,其次是观察学习。她们相信孩子能通过自我调整习得社会能力,因而她们很少使用支配式教育。如果孩子表现出社会退缩,这些母亲往往把行为归因于孩子暂时的内部状态,如态度或疲劳,因而用更积极、更关心、更有信心的态度矫正孩子的退缩行为。而退缩型儿童的母亲习惯于采用支配性方法教给孩子社会技能,把孩子的行为归因于儿童的天性,对孩子的退缩行为表现出生气、失望、难堪、内疚,对孩子的问题行为缺乏容忍和自控的能力。

在影响儿童气质的因素中,父亲也起着重要的作用。孩子的种种性别角色行为与父亲的教育是分不开的。此外,父亲与孩子成就动机的发展有密切关系。有成就者一般与父亲的关系较密切,成就较低者一般与父亲的关系较疏远。孩子在校的学习成绩、社会能力也与父子关系有关。父子关系比较冷淡的孩子,在数学和阅读理解方面的成绩较低,在人际关系中有不安全感,自尊心较低,常表现为焦虑不安,不容易与他人友好相处。在婴儿期与父亲建立一种积极的亲密关系,对儿童的身心健康和人格发展有很大的促进作用。从这个意义上讲,父亲在儿童教育中的角色是不可替代的。

父母对儿童气质特征程度的知觉和父母的自我理想是否一致,会影响父母与儿童的相互作用。社会文化的差异也影响着气质,最终影响儿童的行为特点。

二、学前儿童气质与行为预测的相关研究

儿童的气质类型早期形成后,对儿童的情绪类型和行为特征具有重要的影响。儿童的行为带有个人的气质特征,因此,儿童的气质对个体行为具有一定的预测作用。

(一)气质与认知的研究

我们已经知道,对于心理现象来说,气质本身是中性的。气质决定着儿童各种正常行为的表达方式,无所谓好与坏。每一类气质对于环境因素来说都有易接受性和易损伤性两面,表现为某一类气质对于某一心理过程来说较占优势,但对另一心理过程来说并不占优势。我国心理学家林崇德(1996)的研究表明,不同气质类型的人具有不同的记忆优势。高级神经活动类型属弱型的人对数量多、难度大的实际材料记忆的效果好,高级神经活动类型属强型的人对无意义音节记忆的效果较好。在动作记忆方面,对于不太复杂的任务,高级神经活动类型属弱型的人比强型的人记忆的效果好;而对于复杂的任务,高级神经活动类型属强型的人比弱型的人记忆的效果好。

心理学家们从不同的维度研究气质,以便对儿童以后的行为特点进行预测。有人依据托马斯的气质三类型划分,发现从总体上讲,难养型气质的儿童和启动缓慢型气质的儿童比易养型气质的儿童的学业成绩差一些。影响学业成绩的气质消极特征主要是注意力高度分散,及高活动性、趋向性弱、适应性差。这些消极特征明显的小学生在小学低年级的阅读和数学两项标准化测验中所得的等级和分类较低,两者呈正相关。一些气质可能比另一些气质更符合课堂教学的要求,如专注、持久、适应性强的儿童可能比缺乏这些特征的儿童在课堂上表现更好。那些注意力持续时间短、容易分心的儿童可能难以完成学习任务,因为对新学习环境的适应时间过长可能会引发其他适应困难,导致学业困难。

(二)气质与社会行为的研究

也有学者(J.Kagan, et al.,1984;N.Fox,1996)从行为连续性的角度研究基于气质的行为预测。连续性分同型连续性和异型连续性两类。同型连续性指相同行为或相同属性表现在时间上的连续。如根据某个婴儿对新异刺激的害怕反应,预测儿童晚期这个儿童身上会出现的对新异刺激害怕反应的模型。异型连续性指的是基因等潜在特性的连续,而不管表现的变化。异型连续性强调的是具有共同潜在基础的早期行为与后期行为是否符合儿童相应的年龄阶段,而不强调早期和晚期的某些具体行为的相同或相似。

卡根认为,在婴儿身上更容易找到异型连续性,而在成人生活中更容易找到同型连续性。因为在生命的第一年,婴儿在运动、认知、语言等领域经历了大幅度的发展,不仅体现为量的增加,更体现为质的变化,每一个方面都表达着他们的气质倾向,因而异型连续性是主要形式。根据这样的观点,研究者选择了三组婴儿:第一组婴儿具有高神经运动反应和高负性情绪反应;第二组婴儿具有高神经运动反应和高积极情绪反应;第三组婴儿对新异刺激无明显反应,作为对照组。研究者发现,在生命的头4年中,儿童的行为与4个月时的气质具有连续性。具体地说,在第一组44个高负性情绪反应的4个月婴儿中,有12个在随后的4年里被认定为有连续的社会退缩;而在31个高积极情绪反应的婴儿中,仅有1人被认定为有连续的社会退缩。在第三组中,作为对照的39个婴儿,有4人表现出社会退缩。在第二组32个高积极情绪反应的婴儿中,有15人在前4年中被认定为连续地充满活力;而在高负性情绪反应组中的23名儿童中,只有4人符合连续地充满活力的标准。那些具有高神经运动反应、高积极情绪反应的4个月婴儿,在14、24、48个月时在对新异刺激的探究、不怕新异刺激和善交际的表现上具有连续性。值得注意的是,第二组的连续性尤为明显,其原因可能是这一组代表着更"纯"的气质。

卡根还发现,4个月的婴儿若是爱哭,爱闹脾气,见到鲜艳的、晃动的玩具或嗅到酒精棉球会做出很强的肌肉运动反应的(如四肢挥踢、背部后挺),进入幼儿园后较容易变为胆怯退缩的孩子。4个月大烦躁不安的婴儿,如果对上述刺激没有明显的肢体反应,则不会变为压抑的孩子。4个月大且有显著肢体反应,但不是易躁怒,而是比较爱笑、咿呀发声的婴儿,较易发展成胆大的孩子。早期肌肉运动反应与日后性情胆怯有关,根源在于抑制性的婴儿脑部杏仁核的激活阈限低。在大脑皮层成熟之前,杏仁核控制肌肉运动反应和爱哭的特性,在大脑皮层成熟并接管肌肉运动反应的控制机能后,杏仁核易激活,表现为易胆怯,因此,气质导致的行为连续性是有生理基础的。

三、学前儿童自我意识形成和发展的研究

(一)自我意识形成的研究

对自我意识形成的研究,大都以婴儿在镜子前面是否产生自我指向行为,或者自我指向行为是否增加作为指标,来对婴儿自我意识的形成进行观察和实验。迪克逊观察了5名4~12个月婴儿的镜像反应。观察时,将镜子放在婴儿床角的一端,记录婴儿的微笑、声音和触摸等活动。他还进行了婴儿对自己镜像、母亲镜像和另一个儿童镜像反应的比较。根据研究结果,迪克逊将婴儿的自我认知分为四个阶段:"妈妈"阶段、"同伴"阶段、"伴随行动"阶段、"主体自我"阶段。迪克逊认为,在前两个阶段,婴儿完全没有显示出任何主体我的迹象。在第三阶段,婴儿对自己镜像的重复动作尚处于模仿行为和主体我反应之间,或许可认为是主体我的萌芽时期。第四阶段即1岁后,婴儿学会按要求指出自己的鼻子或他人的眼睛,表明已有了初步的主体我。

阿姆斯特丹在观察方法上取得了重大突破,从而在鉴定婴儿自我觉知上得到了确认的标准。阿姆斯特丹借用了盖洛普研究黑猩猩的自我再认的红点子方法,在婴儿鼻尖上涂一个红点子,并假定:如果婴儿表现出意识到自己鼻尖上的红点子的自我指向行为,就表明婴儿具有了自我认知的能力。结果发现,只有到15~24个月时,婴儿才显示出稳定的对自我特征的认识,他们对着镜子去触摸自己的鼻子和观看自己的身体。阿姆斯特丹认为,这就是婴儿出现了有意识的自我认知的标志。刘易斯等人在试图解释婴儿自我认知是如何获得的这一问题时,重复使用了阿姆斯特丹的红点子技术。刘易斯认为,只有到了12~24个月时,婴儿才完全能按自身的"特征"线索达到自我觉知水平,显示出主体自我与客体自我的合一。

(二)自我意识影响因素的研究

影响自我意识发展的因素是复杂的、多方面的。该类研究主要集中在以下三个方面:年龄、性别以及家庭社会经济地位。许多研究结果均表明,年龄是影响儿童自我意

识的主要因素之一。自我意识不是一成不变的，而是在个体的一生中不断发展变化的。Piers 和 Harris 的研究发现，六年级学生在自我意识量表中的得分大大低于三年级和五年级。Marsh 和 Shavelson、Hater 做出假设，认为自我意识最不稳定的时期应在青少年时期的中段。

在性别差异方面，Wylier 认为，没有切实可靠的证据能够说明性别对自我意识产生影响。Piers 和 Harris 的研究表明，性别不同对自我概念几乎没有什么实质性的影响。

对于家庭社会经济地位的差异的研究，Taliuliag 和 Gama 在低收入家庭的学生中发现成绩优秀的学生自我意识得分较高。Davish 和 Greenberg 发现，下层社会中成绩优良的学生对自我的评估有三个方面，即个人能力、学业能力以及社会能力，他们一般比成绩落后的学生给自己打分要高。韩进之认为，我国儿童自我意识水平的城乡差距并不大，无显著差异。

第五节　学前儿童个性的测量与评估

教育者必须了解儿童的个性，才能对儿童实施恰当的影响。下面将介绍学前儿童气质与自我意识的测量与评估方法，以帮助教育者更好地了解学前儿童的个性，提高教育的有效性。

一、NYLS 3~7岁儿童气质测试

美国儿童心理学家及精神病学家托马斯等人领导的研究小组通过著名的纽约纵向研究(New York Longitudinal Study，简称NYLS)，提出儿童的气质包括9个维度，即活动水平、节律性、趋避性、适应性、反应强度、情绪本质、坚持度、注意分散度、反应阈，并根据其中5个维度(节律性、趋避性、适应性、反应强度、情绪本质)将儿童分为难养型、启动缓慢型、易养型，其余为中间型。1977年，NYLS小组设计了家长评定的3~7岁儿童气质问卷(Parent Temperament Questionnaire，简称PTQ)，选定符合9个气质维度且能清楚、独立地代表儿童日常生活一般表现的72个条目。该问卷为其他儿童气质测查量表的发展奠定了基础，目前仍是测查3~7岁儿童气质的常用工具。

(一)问题

问卷的问题包括9个维度，72个条目，每个维度有8个条目。每个条目均在"从不"到"总是"7个等级上对儿童的日常行为表现进行评定。

1. 洗澡时，把水泼得到处都是，玩得很活泼。
2. 和其他小孩子玩在一起时，显得很高兴。
3. 嗅觉灵敏，对一点点不好闻的味道很快地就感觉到。
4. 对陌生的大人会感到害羞。
5. 做一件事时，例如，画图、拼图、做模型等，不论花多少时间，一定做完才肯罢休。
6. 每天定时大便。
7. 以前不喜欢吃的东西，现在愿意吃。
8. 对食物的喜好反应很明显，喜欢的很喜欢，不喜欢的很不喜欢。
9. 心情不好时，可以很容易地用笑话逗他开心。
10. 遇到陌生的小朋友时，会感到害羞。
11. 不在乎很大的声音，例如，其他人都抱怨电视机或飞机的声音太大时，他好像

不在乎。

12.如果不准宝宝穿他自己选择的衣服,他很快就能接受妈妈要他穿的衣服。

13.每天定时吃点心。

14.当宝宝谈到一些当天所发生的事情时,就显得兴高采烈。

15.到别人家里,只要去过两三次后,就会很自在。

16.做事做得不顺利时,会把东西摔在地上,大哭大闹。

17.逛街时,他很容易接受大人用别的东西取代他想要的玩具或糖果。

18.不论在室内或室外活动,宝宝常用跑的而少用走的。

19.喜欢和大人上街买东西(例如,上市场、百货公司或超级市场等)。

20.每天上床后,差不多一定时间内就会睡着。

21.喜欢尝试吃新的食物。

22.当妈妈很忙,无法陪他时,他会走开去做别的事,而不会一直缠着妈妈。

23.很快地注意到各种不同的颜色(例如,会指出哪些颜色不好看等)。

24.在游乐场玩时,很活跃,定不下来,会不断地跑,爬上爬下,或扭动身体。

25.如果他拒绝某些事,例如,理发、梳头、洗头等,经过几个月后,他仍会表示抗拒。

26.当他在玩一样喜欢的玩具时,对突然的声音或身旁他人的活动不太注意,顶多只是抬头看一眼而已。

27.玩得正高兴而被带开时,他只是轻微地抗议,哼几声就算了。

28.经常提醒父母答应他的事(例如,什么时候带他去哪里玩等)。

29.和别的小孩一起玩,会不友善地和他们争论。

30.到公园或别人家玩时,会去找陌生的小朋友玩。

31.晚上的睡眠时数不一定,时多时少。

32.对食物的冷热不在乎。

33.对陌生的大人,如果感到害羞的话,很快地(约半小时之内)就能克服。

34.会安静地坐着听人家唱歌,或听人家读书,或听人家说故事,人家唱歌、读书、说故事时,他会安静地坐着。

35.当父母责骂他时,他只有轻微的反应,例如,只是小声地哭或抱怨,而不会大哭大叫。

36.生气时,很难转移他的注意力。

37.学习一项新的体能活动时(例如,溜冰、骑脚踏车、跳绳子等),他肯花很多的时间练习。

38.每天肚子饿的时间不一定。

39.对光线明暗的改变相当敏感。

40.和父母在外过夜时,在别人的床上不易入睡,甚至持续几个晚上还是那样。

41.盼望去上托儿所、幼儿园或小学。

42.和家人去旅行时,很快地就能适应新环境。

43.和家人一起上街买东西时,如果父母不给他买他要的东西(例如,糖果、玩具或衣服等),便会大哭大闹。

44.烦恼时,很难抚慰他。

45.天气不好,必须留在家里时,会到处跑来跑去,对安静的活动不感兴趣。

46.对来访的陌生人,会立刻友善地打招呼或接近他。

47.每天食量不定,有时吃得多,有时吃很少。

48.玩一样玩具或游戏,碰到困难时,很快地就会换别的活动。

49.不在乎室内、室外的温度差异。

50.如果他喜欢的玩具坏了或游戏被中断了,他会显得不高兴。

51.在新环境中(例如,托儿所、幼儿园或小学等),两三天后仍无法适应。

52.虽然不喜欢某些事,例如,剪指甲、梳头等,但是一边看电视或一边逗他时,他可以接受这些事。

53.能够安静地坐下来看完整个儿童影片、球赛、电视长片等。

54.不喜欢穿某件衣服时,会大吵大闹。

55.周末、假日的早上,他仍像平常一样按时起床。

56.当事情进行得不顺利时,他会向父母抱怨别的小朋友(说其他小孩的不是)。

57.对衣服太紧、会刺人或不舒服相当敏感,且会抱怨。

58.他的生气或懊恼很快就会过去。

59.日常活动有所改变(例如,因故不能去上学或每天固定的活动改变等)时,很容易就能适应。

60.到户外(公园或游乐场)活动时,他会静静地自己玩。

61.玩具被抢时,只是稍微抱怨而已。

62.第一次到妈妈不在的新环境中(例如,学校、幼儿园、音乐班等)时,会表现得烦躁不安。

63.开始玩一样东西时,很难转移他的注意力,使他停下。

64.喜欢做一些较安静的活动,例如,劳作、看书、看电视等。

65.玩游戏输时,很容易懊恼。

66.宁愿穿旧衣服,而不喜欢穿新衣服。

67.身体弄脏或弄湿时,并不在乎。

68.对于和自己家里不同的生活习惯很难适应。

69.对于每天所遭遇的事情,反应不强烈。

70.吃饭的时间延迟一小时或一小时以上也不在乎。

71.烦恼时,让他做别的事,可以使他忘记烦恼。

72.宝宝做事时,虽然给他一些建议或协助,他仍然依照自己的意思做。

(二)评分标准

NYSL 3～7岁儿童气质量表评分方法

活动量		规律性		趋避性		适应性		反应强度	
题号	小　　　大	题号	无规律　有规律	题号	退缩　　接近	题号	低　　　高	题号	微弱　　强烈
1	1 2 3 4 5 6 7	6	1 2 3 4 5 6 7	4	1 2 3 4 5 6 7	7	1 2 3 4 5 6 7	8	1 2 3 4 5 6 7
18	1 2 3 4 5 6 7	13	1 2 3 4 5 6 7	10	1 2 3 4 5 6 7	15	1 2 3 4 5 6 7	16	1 2 3 4 5 6 7
24	1 2 3 4 5 6 7	20	1 2 3 4 5 6 7	21	1 2 3 4 5 6 7	25	1 2 3 4 5 6 7	27	1 2 3 4 5 6 7
34	1 2 3 4 5 6 7	31	1 2 3 4 5 6 7	30	1 2 3 4 5 6 7	33	1 2 3 4 5 6 7	35	1 2 3 4 5 6 7
45	1 2 3 4 5 6 7	38	1 2 3 4 5 6 7	42	1 2 3 4 5 6 7	40	1 2 3 4 5 6 7	43	1 2 3 4 5 6 7
53	1 2 3 4 5 6 7	47	1 2 3 4 5 6 7	46	1 2 3 4 5 6 7	51	1 2 3 4 5 6 7	54	1 2 3 4 5 6 7
60	1 2 3 4 5 6 7	55	1 2 3 4 5 6 7	62	1 2 3 4 5 6 7	59	1 2 3 4 5 6 7	61	1 2 3 4 5 6 7
64	1 2 3 4 5 6 7	70	1 2 3 4 5 6 7	66	1 2 3 4 5 6 7	68	1 2 3 4 5 6 7	69	1 2 3 4 5 6 7

情绪本质		坚持度		注意分散度		反应阀	
题号	负向　　正向	题号	低　　　高	题号	不易　　易	题号	低　　　高
2	1 2 3 4 5 6 7	5	1 2 3 4 5 6 7	9	1 2 3 4 5 6 7	3	1 2 3 4 5 6 7
14	1 2 3 4 5 6 7	12	1 2 3 4 5 6 7	17	1 2 3 4 5 6 7	11	1 2 3 4 5 6 7
19	1 2 3 4 5 6 7	22	1 2 3 4 5 6 7	26	1 2 3 4 5 6 7	23	1 2 3 4 5 6 7
29	1 2 3 4 5 6 7	28	1 2 3 4 5 6 7	36	1 2 3 4 5 6 7	32	1 2 3 4 5 6 7
41	1 2 3 4 5 6 7	37	1 2 3 4 5 6 7	44	1 2 3 4 5 6 7	39	1 2 3 4 5 6 7
50	1 2 3 4 5 6 7	48	1 2 3 4 5 6 7	52	1 2 3 4 5 6 7	49	1 2 3 4 5 6 7
56	1 2 3 4 5 6 7	58	1 2 3 4 5 6 7	63	1 2 3 4 5 6 7	57	1 2 3 4 5 6 7
65	1 2 3 4 5 6 7	72	1 2 3 4 5 6 7	71	1 2 3 4 5 6 7	62	1 2 3 4 5 6 7

3～7岁儿童气质维度得分标准(男) $\overline{X} \pm SD$

维度	3岁	4岁	5岁	6岁	7岁
活动水平	4.03±0.86	3.89±0.78	3.92±0.79	3.74±0.89	3.84±0.85
节律性	4.58±0.85	4.64±0.83	4.49±0.82	4.53±0.84	4.65±0.82
趋避性	4.64±0.93	4.84±0.82	5.00±0.86	5.10±0.86	5.06±0.83
适应性	5.05±0.78	5.16±0.83	5.25±0.74	5.24±0.77	5.16±0.75
反应强度	3.97±0.87	3.90±0.84	3.73±0.81	3.64±0.83	3.57±0.75
情绪本质	4.58±0.63	4.62±0.60	4.58±0.63	4.65±0.68	4.64±0.64

续表

维度	3岁	4岁	5岁	6岁	7岁
坚持度	3.99±0.57	4.03±0.61	4.06±0.58	4.15±0.59	4.13±0.65
注意分散度	4.40±0.72	4.37±0.71	4.35±0.73	4.28±0.67	4.23±0.78
反应阈	3.26±0.85	3.04±0.80	3.25±0.70	3.36±0.76	3.49±0.75

3～7岁儿童气质维度得分标准(女)X±SD

维度	3岁	4岁	5岁	6岁	7岁
活动水平	3.98±0.83	3.80±0.83	3.60±0.89	3.51±0.91	3.54±0.93
节律性	4.63±0.85	4.48±0.91	4.49±0.89	4.57±0.89	4.52±0.86
趋避性	4.80±0.89	4.75±0.85	5.00±0.81	5.14±0.79	5.03±0.82
适应性	5.12±0.75	5.06±0.80	5.16±0.70	5.26±0.80	5.21±0.77
反应强度	4.04±0.85	3.87±0.95	3.60±0.80	3.58±0.83	3.52±0.82
情绪本质	4.79±0.62	4.76±0.73	4.70±0.64	4.84±0.60	4.80±0.60
坚持度	4.04±0.61	4.08±0.62	4.08±0.61	4.11±0.60	4.12±0.57
注意分散度	4.50±0.76	4.44±0.76	4.58±0.72	4.44±0.70	4.43±0.78
反应阈	3.04±0.80	3.14±0.79	3.10±0.72	3.27±0.74	3.27±0.77

(三)分数解释

难养型：

1.节律性、趋避性、适应性、情绪本质至少三项低于平均值；

2.反应强度高于平均值；

3.五项中至少两项偏离出一个标准差。

易养型：

1.如果反应强度高于平均值，则其他四项中最多有一项低于平均值；

2.如果反应强度不高于平均值，则其他四项中最多有两项低于平均值；

3.没有任何一项偏离出一个标准差。

启动缓慢型：

1.五项中至少三项得分低于平均值且趋避性或适应性有一项低于一个标准差；

2.活动水平得分不可高于二分之一个标准差；

3.情绪本质得分不可低于一个标准差。

二、儿童自我意识量表(PHCSS)

儿童自我意识量表(Piers—Harris Children's Self-concept Scale,简称 PHCSS)是美国心理学家 Piers 和 Harris 于 1969 年编制、1974 年修订的儿童自评量表,主要

用于评价儿童自我意识的发展状况,可用于临床问题儿童的自我评价及科研,也可作为筛查工具用于调查。该量表在国外应用较为广泛,信度与效度较好。

本量表采用统一指导语,由儿童根据量表自己在答卷上填写,可以个别进行,也可以团体进行。主试根据记分键计分。PHCSS 含 80 项是否选择型测验题,适用于 8~16 岁儿童,分 6 个分量表。

PHCSS 各因子项目数

因子名称	项目数
行为	16
智力与学校情况	16
躯体外貌与属性	13
焦虑	14
合群	12
幸福与满足	19
总计	80

(一)问题设计

下面有 80 个问题,是了解你是怎样看待自己的。请你决定哪些问题符合你的实际情况,哪些问题不符合你的实际情况。如果你认为某一个问题符合或基本符合你的实际情况,就在答卷纸上相应题号后的"是"字上划圈;如果不符合或基本不符合你的实际情况,就在答卷纸上相应题号后的"否"字上划圈。对于每一个问题,你只能作一种回答,并且每个问题都应该回答。请注意,这里要回答的是你实际上认为你怎样,而不是回答你认为你应该怎样。填时请不要在表上涂改,填完后连同本表一同交回。

1. 我的同学嘲弄我 　　　　　　　　　　　　　　是　否
2. 我是一个幸福的人 　　　　　　　　　　　　　是　否
3. 我很难交朋友 　　　　　　　　　　　　　　　是　否
4. 我经常悲伤 　　　　　　　　　　　　　　　　是　否
5. 我聪明 　　　　　　　　　　　　　　　　　　是　否
6. 我害羞 　　　　　　　　　　　　　　　　　　是　否
7. 当老师找我时,我感到紧张 　　　　　　　　　是　否
8. 我的容貌使我烦恼 　　　　　　　　　　　　　是　否
9. 我长大后将成为一个重要的人物 　　　　　　　是　否
10. 当学校要考试时,我就烦恼 　　　　　　　　　是　否
11. 我和别人合不来 　　　　　　　　　　　　　　是　否

12.在学校里我表现好我	是	否
13.当某件事做错了常常是我的过错	是	否
14.我给家里带来麻烦	是	否
15.我是强壮的	是	否
16.我常常有好主意	是	否
17.我在家里是重要的一员	是	否
18.我常常想按自己的主意办事	是	否
19.我善于做手工劳动	是	否
20.我易于泄气	是	否
21.我的学校作业做得好	是	否
22.我干许多坏事	是	否
23.我很会画画	是	否
24.在音乐方面我不错	是	否
25.我在家表现不好	是	否
26.我完成学校作业很慢	是	否
27.在班上我是一个重要的人	是	否
28.我容易紧张	是	否
29.我有一双漂亮的眼睛	是	否
30.在全班同学面前讲话我可以讲得很好	是	否
31.在学校我是一个幻想家	是	否
32.我常常捉弄我的兄弟姐妹	是	否
33.我的朋友喜欢我的主意	是	否
34.我常常遇到麻烦	是	否
35.在家里我听话	是	否
36.我运气好	是	否
37.我常常很担忧	是	否
38.我的父母对我期望过高	是	否
39.我喜欢按自己的方式做事	是	否
40.我觉得自己做事丢三落四	是	否
41.我的头发很好	是	否
42.在学校我自愿做一些事	是	否
43.我希望我与众不同	是	否
44.我晚上睡得好	是	否

45.我讨厌学校	是	否
46.在游戏活动中我是最后被选入的成员之一	是	否
47.我常常生病	是	否
48.我常常对别人小气	是	否
49.在学校里同学们认为我有好主意	是	否
50.我不高兴	是	否
51.我有许多朋友	是	否
52.我快乐	是	否
53.对大多数事我不发表意见	是	否
54.我长得漂亮	是	否
55.我精力充沛	是	否
56.我常常打架	是	否
57.我与男孩子合得来	是	否
58.别人常常捉弄我	是	否
59.我家里对我失望	是	否
60.我有一张令人愉快的脸	是	否
61.当我要做什么事时总觉得不顺心	是	否
62.在家里我常常被捉弄	是	否
63.在游戏和体育活动中我是一个带头人	是	否
64.我笨拙	是	否
65.在游戏和体育活动中我只看不参加	是	否
66.我常常忘记我所学的东西	是	否
67.我容易与别人相处	是	否
68.我容易发脾气	是	否
69.我与女孩子合得来	是	否
70.我喜欢阅读	是	否
71.我宁愿独自干事,而不愿与许多人一起做事情	是	否
72.我喜欢我的兄弟姐妹	是	否
73.我的身材好	是	否
74.我常常害怕	是	否
75.我总是跌坏东西或打坏东西	是	否
76.我能得到别人的信任	是	否
77.我与众不同	是	否

78.我常常有一些坏的想法　　　　　　　　　　是　　否

79.我容易哭叫　　　　　　　　　　　　　　　是　　否

80.我是一个好人　　　　　　　　　　　　　　是　　否

(二) 分数计算

PHCSS 含 80 项是否选择型测验题,分 6 个分量表,即行为、智力与学校情况、躯体外貌与属性、焦虑、合群、幸福与满足,并计算总分。本量表为正性记分,凡得分高者表明该分量表评价好,即无此类问题,如"行为"得分高,表明该儿童行为较适当;"焦虑"得分高,表明该儿童情绪好,不焦虑;总分得分高,则表明该儿童自我意识水平较高。

各项目标准答案如下:

1.否	11.否	21.是	31.否	41.是	51.是	61.否	71.否
2.是	12.是	22.否	32.否	42.是	52.是	62.否	72.是
3.否	13.否	23.是	33.是	43.否	53.否	63.否	73.否
4.否	14.否	24.否	34.否	44.否	54.否	64.否	74.否
5.是	15.是	25.否	35.是	45.否	55.是	65.否	75.否
6.否	16.是	26.否	36.是	46.否	56.否	66.否	76.是
7.否	17.否	27.否	37.否	47.否	57.否	67.否	77.否
8.否	18.否	28.否	38.否	48.否	58.否	68.否	78.否
9.是	19.是	29.是	39.是	49.是	59.否	69.是	79.否
10.否	20.否	30.是	40.否	50.否	60.是	70.是	80.是

各分量表组成题目

分量表	题号
行为	13　14　18　19　20　22　25　34　35　39　40　48　56　68　75　78
智力与学校情况	1　5　12　16　21　26　27　30　31　33　42　45　49　53　66　70
躯体外貌与属性	6　8　15　29　41　43　47　54　55　60　64　73　77
焦虑	4　7　10　28　37　38　44　50　58　59　61　62　74　79
合群	3　11　17　32　46　51　57　63　65　67　69　71
幸福与满足	2　9　23　24　36　52　72　76　80
总分	从 1 到 80 相加

(三) 分数解释

划界分下界为各分量表及总分第 30 百分位,低于 30 百分为自我意识水平偏低;用大于第 70 百分位作为划界分上界时灵敏度仅 6%,究其原因,我国异常儿童未表现为 PHCSS 得分高，相反许多在学校较为优秀的学生及学生干部 PHCSS 得分较高，可能反映了这类儿童对自己要求高，至于是否对挫折的耐受能力不足尚有待进一步研究。暂时不推荐用第 70 百分位作为自我意识水平过高的划界分。各年龄组划界分见下表。

PHCSS 各年龄组划界分

年龄	8~12 岁(男) n=503	13~16 岁(男) n=343	8~12 岁(女) n=506	13~16 岁(女) n=346
行为	11~16	11~16	12~16	12~16
智力与学校情况	9~16	9~16	9~16	9~16
躯体外貌与属性	6~13	7~13	6~13	7~13
焦虑	8~14	8~14	8~14	8~14
合群	7~12	8~12	8~12	9~12
幸福与满足	7~9	7~9	7~9	7~9
总分	48~80	50~80	50~80	52~80

本章小结

1.个性是个人在自然素质的基础上，在一定的社会生活条件下形成的具有一定倾向性的、比较稳定的、独特的各方面心理特征的总和，它体现了一个人独特的精神风貌。个性包括个性心理倾向性和个性心理特征，具有整体性、独特性、稳定性、社会性的特征。

2.学前儿童个性的形成有三个阶段，分别是先天气质差异阶段、个性特征的萌芽阶段、个性初步形成阶段。遗传素质、社会生活条件、教育和个体的主观努力影响着学前儿童个性的形成。

3.希波克拉底的体液说和巴甫洛夫的高级神经活动类型学说解释了学前儿童气质的生理基础。学前儿童的气质表现有三种学说，分别是托马斯的气质三类型学说、巴斯的活动特性说和卡根的抑制—非抑制说。

4.学前儿童自我意识的发生经历了三个阶段，2 岁左右自我意识开始产生。在教育的影响下，学前儿童的自我意识有了进一步的发展，儿童自我评价、自我体验、自我控制发展的总趋势是随着年龄的增长而增长。

5.研究表明，学前儿童的气质与环境有关；学前儿童的气质对个体行为具有一定的预测作用；学前儿童的年龄、性别以及家庭社会经济地位会影响其自我意识。

课后巩固

一、选择题

1.关于"个性"的理解,下面不正确的观点是(　　)。
　　A.人与人之间没有完全相同的,人的个性千差万别
　　B.在现实生活中,我们无法找到两个完全一样的人
　　C.人的所有行为表现都是个性的表现
　　D.同一年龄的人身上存在明显的共同特征

2.不同国家、不同民族的人的个性有比较明显的特点,甚至一个国家的南北方的人的个性也存在明显的地域性特征。这说明个性具有(　　)。
　　A.独特性　　　B.整体性　　　C.稳定性　　　D.社会性

3.个性形成过程的开始时期是在(　　)。
　　A.2岁前　　　B.2岁左右　　　C.3~6岁　　　D.学龄初期

4.成为儿童自我意识萌芽的最重要的标志是(　　)。
　　A.开始对自己进行评价　　　B.开始知道自己长什么样
　　C.掌握代名词"我"　　　D.开始把我自己作为一个独立的个体来看待

5."老师说我是好孩子"说明幼儿对自己的评价是(　　)。
　　A.独立性的　　　B.个别方面的　　　C.多方面的　　　D.依从性的

6.一个人所特有的,主要由生物性决定的、相对稳定的心理活动的动力特征是人的(　　)。
　　A.性格　　　B.气质　　　C.能力　　　D.个性倾向性

7.俗话说的"禀性难移"指的就是(　　)。
　　A.气质的稳定性　　　B.性格的稳定性
　　C.能力的稳定性　　　D.兴趣的稳定性

8.托马斯等人将儿童的气质类型分为三种,即易养型、难养型和(　　)。
　　A.情绪不稳定型　　　B.多愁善感型　　　C.掩蔽现象型　　　D.启动缓慢型

9."气质"概念的最早提出者是(　　)。
　　A.亚里士多德　　　B.希波克拉底　　　C.柏拉图　　　D.克瑞奇米尔

10.气质类型的特点是(　　)。
　　A.无好坏之分　　　B.都是好的　　　C.都是坏的　　　D.多血质最好

二、判断题

1.日常生活中人与人的差别是个性的表现。（　　）

2.幼儿期是个性初步形成时期。（　　）

3."树大自然直"，孩子的缺点随着年龄的增长会自然改正。（　　）

4.幼儿能独立、全面、客观地评价自己。（　　）

5.幼儿容易接受暗示。（　　）

6.人的气质在一生中变化相当大。（　　）

7.研究表明，不同气质类型的人具有不同的记忆优势。（　　）

8.巴斯认为，活动性幼儿在儿童期容易接受教育，容易受周围环境的影响；成年时与他人建立融洽的关系，和睦相处。（　　）

9.巴甫洛夫认为，高级神经活动类型属兴奋型的，气质类型是多血质。（　　）

10.托马斯认为，有40%的婴儿的气质类型为易养型。（　　）

三、材料分析题

1.琪琪是幼儿园大班的一个女孩，活泼好动，聪慧好学。每次学舞蹈，她总是班里学得最快的。她理解事物也快。上课时，积极举手回答老师的提问。她对爱好的课能集中注意力听讲，但过不了多久，就做小动作，一旦被老师发现稍一提示，马上就能克制自己。她对什么都感兴趣，但都不稳定，一会儿喜欢这个，一会儿喜欢那个。她喜欢和小朋友一起玩，从不一个人单独玩，并很善于和小朋友交往、相处。她做事动作快，反应灵敏，但往往粗心大意，虎头蛇尾。

请根据学前儿童个性发展的有关理论回答下列问题：什么是气质？气质一般分为哪几种类型？你认为琪琪偏向于什么气质类型？

2.中一班教室后面的墙上有一块"我是好宝宝"的展示区，上面有各个小朋友的照片和名字。每周结束时，张老师都会问每个小朋友"你这周表现得好不好"，大部分小朋友都回答"好"，但是张老师只发小红花给她认为表现好的小朋友，让他们贴在自己的照片旁边。你是否认同张老师的做法，请根据幼儿自我评价的发展特点进行分析和评价。

3.让幼儿对自己的绘画和泥工作品同别人的做比较性评价，当幼儿知道比较的对象是老师的作品（实际上是幼儿的作品）时，尽管那些作品比自己的作品还差，幼儿总是评价自己的作品不如对方；而当幼儿被告知比较的对象也是幼儿的作品时，则总是评价自己的作品比别人的好。这是为什么？请用相关的理论分析之。

四、活动设计题

分析下列小说中的人物的气质类型与特点,并在现代社会给他们找一份适合各自的职业。

人物1:鲁智深　　人物2:李逵　　　人物3:王熙凤

人物4:薛宝钗　　人物5:林黛玉　　人物6:张飞

如果他们是幼儿,分别应如何教育他们,请根据他们的特点制订一些教育策略。

参考文献

1.［奥地利］阿尔弗雷德·阿德勒.儿童的人格形成及其培养［M］.韦启昌译.北京：北京大学出版社，2014.

2.［西］阿尔曼多·S.卡夫拉.儿童心理百科：全面解答孩子成长中的为什么、怎么办［M］.梁雪樱，吴秀如译.北京：化学工业出版社，2013.

3.［美］查尔斯·S.卡弗，迈克尔·F.沙伊尔.人格心理学（第5版）［M］.梁宁建等译.上海：上海人民出版社，2011.

4.［美］David R.Shaffer，Katherine Kipp.发展心理学：儿童与青少年（第8版）［M］.邹泓等译.北京：中国轻工业出版社，2009.

5.［美］戴维·谢弗.社会性与人格发展（第5版）［M］.陈会昌等译.北京：人民邮电出版社，2012.

6.［美］黛安娜·帕帕拉，萨莉·奥尔兹，露丝·费尔德曼.孩子的世界：从婴儿期到青春期［M］.郝嘉佳等译.北京：人民邮电出版社，2013.

7.［美］华生.行为主义［M］.李维译.北京：北京大学出版社，2012.

8.［美］罗伯特·V.卡尔.儿童与儿童发展（第2版）［M］.周少贤，窦东徽，郑正文译.北京：教育科学出版社，2009.

9.［俄］列夫·维果茨基.思维和语言［M］.李维译.北京：北京大学出版社，2010.

10.［法］帕斯卡尔·艾德兰/文，罗伯特·巴尔博里尼/图.我们的身体［M］.荣信文化编译.西安：未来出版社，2012.

11.［瑞士］皮亚杰.皮亚杰教育论著选［M］.卢濬选译.北京：人民教育出版社，2015.

12.［美］罗伯特·S.费尔德曼.儿童发展心理学：费尔德曼带你开启孩子的成长之旅（第6版）［M］.苏彦捷等译.北京：机械工业出版社，2015.

13.［奥］西格蒙德·弗洛伊德.自我与本我［M］.林尘等译.上海：上海译文出版社，2011.

14.［美］约翰·W.桑特洛克.毕生发展（第3版）［M］.桑标等译.上海：上海人民出版社，2009.

15.［美］詹姆斯·卡拉特.生物心理学（第10版）［M］.苏彦捷等译.北京：人民邮电出版社，2012.

16.［美］珍妮丝·英格兰·卡茨.促进儿童社会性和情绪的发展：基于教师的反思性实践［M］.洪秀敏等译.北京：机械工业出版社，2015.

17.［美］William Damon，Richard M.Lerner.儿童心理学手册（第六版）［M］.林崇

德,李其维,董奇译.上海:华东师范大学出版社,2015.

18.[韩]申宜真.申宜真幼儿心理百科[M].陈放,付刚译.北京:世界图书出版公司,2009.

19.蔡迎旗.幼儿教育财政投入与政策[M].北京:教育科学出版社,2007.

20.曹中平.幼儿教育心理学[M].大连:辽宁师范大学出版社,2009.

21.陈帼眉.学前心理学[M].北京:人民教育出版社,2008.

22.但菲.幼儿社会性发展与教育活动设计[M].北京:高等教育出版社,2008.

23.丁祖荫.幼儿心理学[M].北京:人民教育出版社,2006.

24.何克抗.儿童思维发展新论——及其在语文教学中的应用[M].北京:北京师范大学出版社,2007.

25.黄希庭.人格心理学[M].杭州:浙江教育出版社,2002.

26.姬建锋,贾玉霞.学前心理学[M].西安:陕西师范大学出版总社有限公司,2012.

27.陈帼眉.幼儿心理学[M].北京:北京师范大学出版社,2007.

28.刘金花.儿童发展心理学(第3版)[M].上海:华东师范大学出版社,2013.

29.刘新学,唐雪梅.学前心理学(第2版)[M].北京:北京师范大学出版社,2014.

30.刘星.这样陪孩子走过黄金关键期[M].北京:北京理工大学出版社,2015.

31.陈帼眉,冯晓霞,庞丽娟.学前儿童发展心理学[M].北京:北京师范大学出版社,2013.

32.罗家英.学前儿童发展心理学(第2版)[M].北京:科学出版社,2011.

33.秦金亮,王恬.儿童发展实验指导[M].北京:北京师范大学出版社,2013.

34.沈德立,白学军.实验儿童心理学[M].合肥:安徽教育出版社,2004.

35.沈政,林庶芝.生理心理学(第2版)[M].北京:北京大学出版社,2007.

36.施晶晖.学前儿童社会性教育——兼论儿童职业意识培养[M].合肥:中国科学技术大学出版社,2010.

37.孙瑞敏.捕捉孩子的敏感期[M].哈尔滨:黑龙江科学技术出版社,2011.

38.王振宇.儿童心理发展理论[M].上海:华东师范大学出版社,2000.

39.吴荔红.学前儿童发展心理学[M].福州:福建人民出版社,2014.

40.周念丽.学前儿童发展心理学(第3版)[M].上海:华东师范大学出版社,2014.

41.席居哲.儿童心理健康发展的家庭生态系统研究[D].华东师范大学硕士学位论文,2003.

42.连桂菊.3~6岁儿童想象力的发展研究[D].首都师范大学硕士学位论文,2013.

43.赵冬梅.案例解析幼儿情绪情感培养[J].教育导刊(幼儿教育),2009(10).

44.周欣,赵振国,陈淑华.对早期儿童的学习与发展的再认识[J].学前教育研究,2009(3).

45.贺利中.影响儿童语言发展的因素分析及教育建议[J].教育理论与实践,2007(3).

46.霍瑛.从认知发展看儿童语言习得[J].边疆经济与文化,2009(7).

47.匡芳涛.儿童语言习得相关理论述评[J].学前教育研究,2010(5).

48.李卓.皮亚杰儿童认知发展理论与儿童语言习得[J].山西广播电视大学学报,2007(3).

部分练习题参考答案

第一章 学前儿童心理发展概述

一、填空题

1. 1882 儿童心理
2. 胎儿期 新生儿期 婴儿期 幼儿期 学龄前期
3. 一般的 典型的 本质的
4. 简单到复杂 具体到抽象 被动到主动 零乱到体系化
5. 观察法 实验法 谈话法 测验法

二、选择题

1.D 2.D 3.C 4.B

第二章 学前儿童发展的心理基础

一、单项选择题

1.A 2.C 3.A 4.A 5.C 6.C 7.B 8.B
9.D 10.C 11.D 12.C 13.B 14.B 15.D 16.A

二、多项选择题

1.BC 2.AB 3.BC 4.BC 5.CE 6.AB

第三章 学前儿童发展的生理基础

一、选择题

1.A 2.B 3.B 4.C 5.D

二、判断题

1.对 2.错 3.错 4.错 5.错 6.对 7.错 8.对 9.错 10.对

第四章 学前儿童注意的发展

一、填空题

1.选择功能 保持功能 调节监督功能

2.无意注意 有意注意

3.注意力缺陷

4.转移能力 广度

5.3～5

二、选择题

1.D 2.A 3.C 4.A

第五章 学前儿童感知觉的发展

一、填空题

1.20 厘米

2.深度

3.口腔 手部

4.观察

5."因果联系""对象总体"

二、选择题

1.C 2.C 3.C 4.A 5.A

第六章 学前儿童记忆的发展

一、填空题

1.识记 保持 回忆

2.动作记忆 情绪记忆

3.3

4.短时

5.内容 理解性

二、选择题

1.A 2.C 3.A 4.C 5.D

第七章 学前儿童思维的发展

一、填空题

1.直觉行动 具体形象 抽象逻辑

2.感知运算 前运算 具体运算 形式运算

3.概括性 间接性

4.自我中心

5.表征 概念 分类 关系 推理 问题解决

二、选择题

1. C 2. B 3. ABD 4.B

第八章 学前儿童想象的发展

一、填空题

1. 无意想象　有意想象
2. 再造想象　创造想象
3. 2
4. 依赖于成人的语言描述　是幼儿进行想象的必要条件　缺乏新异性
5. 印象画法　作图法　创作法　检查空间想象能力

第九章 学前儿童语言的发展

一、填空题

1. 实词　虚词　名词　动词　形容词
2. 语音　词汇　句子　口语表达
3. 0～6岁
4. 3～4岁
5. 主谓不分的单词句

二、选择题

1. A　2. ABD　3. C　4. C　5. ABCD

第十章 学前儿童情绪的发展

一、填空题

1. 满足需要　发生时间　持续时间
2. 激情　应激
3. 平静　持久
4. 哭
5. 面部表情　肢体语言　言语表情

二、选择题

1.C　2.C　3.A　4.B

第十一章　学前儿童社会性的发展

一、填空题

1.工具性攻击行为　敌意性攻击行为
2.权威型　专断型　放纵型　忽视型　权威型
3.受欢迎型　被拒绝型　被忽视型　一般型

二、判断题

1.对　2.对　3.对　4.对　5.错　6.错

三、选择题

1.B　2.C　3.A

第十二章　学前儿童个性的发展

一、选择题

1.C　2.D　3.B　4.C　5.D　6.B　7.A　8.D　9.B　10.A

二、判断题

1.对　2.对　3.错　4.错　5.错　6.错　7.对　8.错　9.错　10.错